简明自然科学向导丛书

人与鱼类

刘元林　编著

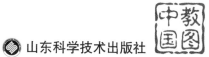
山东科学技术出版社

前言

　　科学家给"鱼"下的定义是：终生生活在水里，用鳃呼吸、用鳍游动的脊椎动物。只有满足了这 3 个要素，才能算是真正的"鱼"。虾、蟹、贝、藻等，尽管生活在水里，但不是鱼；墨鱼、鲸鱼、鲍鱼、甲鱼、章鱼等，尽管名字叫鱼，但实质上也不是鱼。它们同属"水生生物"，只能算是鱼的同类，所以本书把它们叫做"鱼类"。

　　人与鱼类，同属地球上的动物，是地球上最重要、最灵动的两大群体。陆地上因为有了人，而有了活力；水域里因为有了鱼，而有了灵气。也可以说，人是陆地上的"鱼"，鱼是水域里的"人"。

　　地球上是先有鱼而后有人的。人没有来到这个世界之前，鱼类的生活是个什么样子，我们无从得知，最多也只能从考古学家的考察和分析中得到一些零零碎碎的大致印象。但是有一点可以肯定，那就是：自从人类来到了这个世界以后，鱼类就没有了太平的日子。

　　人一直认为自己是由聪明的猴子变的，认为自己很高明，是地球上的老大，是万物的灵长，总认为"天生万物以养人"，"鱼生来就是供人吃、玩的"，从来不把鱼类这等低级动物放在眼里。人一来到这个世界，就瞅准了鱼类。从原始人类的茹毛饮血到文明时代的野味大餐，鱼类都是人类食物链中的"重磅"菜单。人开始只是为了果腹，尝到了鱼的鲜美之后，就肆无忌惮地开了杀戒。再后来，知道"吃鱼还可以健脑、强身"，便向鱼类展开了全面进攻，各种工具一齐上阵，大鱼小鱼一律通吃，大有一网打尽之势。

　　面对人类的过度捕杀，鱼类也曾向人亮过红灯，警告过、斗争过，甚至发生过鱼吃人、船毁人亡的事故，但丝毫没有动摇人吃鱼的欲望。

　　终于有一天，鱼类群体遭到了毁灭性的破坏，鱼类的食物链断了，主要经济鱼类数量越来越少，个体越来越小，人们形象地说"鲳鱼像铜钱，带鱼像筷子"。曾经为中国出口创汇做出重大贡献的中国对虾和带鱼、鲅鱼等这类

"常食鱼",已经形不成渔汛……人类终于发现："人类之嘴是鱼类之坟"！

其实,毁掉鱼类的不仅仅是"人类之嘴"！人类随着人口的急剧增加和知识、经验的积累,以及科技的进步,改造自然、征服自然的能量越来越大,一度把海洋看成是一个取之不尽、用之不竭的宝盆,又把海洋当成一个无底的垃圾箱,在肆无忌惮开发的同时,也毫无顾忌地排放着污水废渣。为了负载过多的人口,争取更大的空间,人们围海造地,拦河筑堤,海上油井也不时地倾废、溢油,污染了鱼类生存的水域,断绝了鱼类的洄游通道,毁坏了鱼类的家园。

于是,政府命令降低捕捞强度,鼓励捕鱼的渔民转产转业,制定鱼类保护措施,对渔业水域环境进行整治,设立鱼类自然保护区,甚至有类似"绿色和平组织"冒着生命的危险,抵制人们对重要鱼类的滥捕滥杀,禁止围海、填海和向海洋倾倒废物……可惜,这一切来得太晚了。濒临灭绝的鱼类群体和严重破损的人鱼关系,想在短期内恢复谈何容易？

鱼,不需要依赖人而生存、繁衍。没有人,鱼类照样存在,甚至可能活得更滋润;而人,如果没鱼或少鱼,则不仅会食而无味,且精神上也会感到缺憾、寂寞。因为人与鱼类,决不仅仅是"吃与被吃、玩与被玩"的关系。

在人类社会发展的历史长河中,人与鱼类早已沉淀了难以忘却的种种"人鱼情"。鱼被人当作神圣的宗教信物而膜拜,中国远古时代就有以鱼祭祖的传统,很多民族的图腾、饰物,常常可以看到鱼的图形,或表现出人对鱼的崇拜,或展现出人赋予鱼的吉祥、富裕、欢庆含义。"娃娃抱鱼图"、"无鱼不成席"、"五谷丰登,年年有鱼(余)"等喻美喻福的话语,是中国民间节日喜庆的最佳祝福。还有的以鱼喻人,表示着人与人之间"鱼水情感"等特殊含义。"美人鱼",很早就成为人间的美丽传说。"鱼水千年合"的婚联预示着人们期盼鱼水难分的坚贞爱情。古时的文人墨客也常常以鱼抒情、喻理。柳宗元在仕途不顺时写下的"潭中鱼可百许头,皆若空游无所依……倏尔远逝,往来翕忽",抒发着移情山水、与鱼同乐的愿望;少年苏轼在《鱼》一诗中写到:"湖上移鱼子,初生不畏人。自从识钓饵,欲见更无因",描写了上了钩的鱼对人类有了戒备意识,比喻人也应该吃一堑长一智的道理;而《庄子》中"涸辙之鲋""相呴以湿,相濡以沫"的典故,则寄托着对处于险恶困境中的人们相互关爱的慰勉。"临渊羡鱼"是人之常情,"竭泽而渔"理应受到谴责。

至于民间流行的"大鱼吃小鱼,小鱼吃虾米"之说,更是明了道出了人间尔虞我诈、弱肉强食的残酷与不公的社会现象。总之,这些都是以鱼及人鱼之间的关系,委婉表达了"人鱼情"和具体形象的世界观、价值观,生动揭示了处世理念。

可惜,饕餮的人类不仅过度捕鱼吃鱼,还对其豢养奴役,剥夺其自由天性,改变其遗传特性,破坏了人鱼之情。人啊,真的对不起鱼类!

每当走进餐馆吃饭,看见食客们在漂亮的热带鱼水族箱旁边的冷鲜台上挑选着各式各样的活鱼、鲜鱼,顿生恻隐之心。但等坐下就餐时,满桌仍是"鱼虾贝藻",我自然也难逃残害鱼类生命的罪孽。这时,也就只好安慰自己:既然鱼类不可避免的成为人类生命的能源,那我们就只能怀着感恩之心消费它们,然后尽最大努力的尊重和善待鱼类,回报和延伸它们的生命。但这种心理又常常会自相矛盾,连自己也怀疑这是不是"鳄鱼的眼泪"?

我生在海边,长在海边,参加工作以后又入了渔业这一行,可以说这一生与鱼结下了不解之缘。在孩童时代,鱼不是为了果腹或满足口福的,而是一个玩伴。时常跟小伙伴们一起到海边捉鱼、钓鱼,与鱼嬉戏。参加工作以后,主要是研究如何能多产鱼,如何能把鱼品加工好。后来随着渔业资源的变化,又研究如何遏制过度捕鱼,保护鱼类资源。在设计本书的写作思路时,我想到了"人与鱼类"这个题目。有朋友听后大惑不解:"人与鱼类,还不是吃与被吃、玩与被玩的关系?这有什么好写的呀?"其实不然!鱼类不仅仅是人们餐桌上的美味佳肴,也不只是供人观赏玩味,还是人类药品和工业的重要原料,为人类的创造提供了仿生学原理,还引申出许多富有哲理的故事和饶有趣味的"鱼文化",给人类以启迪。更重要的是,鱼类为维护自然生态环境在默默无闻地做着贡献,对保护整个地球生物圈的生态平衡起着至关重要的作用。甚至有国外专家报出惊动整个人类的研究成果,说鱼是人类的祖先!此成果一经公布,即得到科学界的强烈反应,一时间,所有的证据,从遗传学、胚胎学、组织学等等,都直接指向人类是由鱼演化而来的。乍一听,"鱼类变人说"与之前人所共知的"猴子变人说"似乎相悖,但细细想来,地球上的生命起源于海洋,而海洋里的高级生命是鱼,人在进化链上又与鱼类的蛋白基因有着相同的结构,由此看来,人由鱼变来并非信口开河,也绝非标新立异。

人是不是由鱼进化来的，我不敢妄加评论。但人与鱼的确不仅仅限于吃与被吃、玩与被玩的关系。而且，了解并重视改善人与鱼类的关系，有着积极的现实意义和深远的历史意义。

诚然，"弱肉强食"是动物间的生存原则，人类需要肉食、营养、药材，其中好多不得不从鱼类身上获取，鱼类又确是可再生资源，但决不能取之过度，更不可酷捕滥杀！过度和滥捕，不仅会毁了鱼类，也影响人类对鱼类的可持续利用。

建立人与鱼类的和谐，应该是人类共同的梦想。十几年前，在夏威夷海滩，我提着裤角在没膝深的浅海淌水，二三十厘米长的鱼在小腿旁游荡，不时用唇吻着我的脚面，那种人与自然和谐相处的惬意美极了；我也曾在温哥华海边，看见过当地的几位朋友，把钓上岸达不到捕捞规格和怀了卵的螃蟹重新放回了大海，那种保护鱼类资源的自觉意识让我敬佩；今天，在中国，很多人已经认识到了保护鱼类资源的重要，意识到人与鱼类和谐共存是人类自身生存的必要条件，甚至有人开始良心发现，对鱼类有了仁慈、悲悯，检讨和反省着以往对鱼类的不公。在天津、青岛、大连、烟台等地的海边，常常可以看到人们成群结队的提着水桶，从市场上买来鱼苗，再把鱼苗放回大海……

人类从畏惧自然，到凌驾破坏自然，再到尊重自然并与之和谐相处，虽然走过了一段愚昧无知的弯路，但现在总算有了可喜的进步，让我们看到了人与鱼类和谐相处的希望。

写这本书的目的，就是想同读者一起走进鱼类世界，欣赏有趣的鱼类故事，回顾反思人与鱼类相处的历史，探讨和展望人与鱼类和谐共存的未来。我们想告诉读者，鱼类很可爱，也可用，但不可过度滥用！也想呼唤人们善待鱼类，在科学的前提下，保护和合理利用鱼类资源，建立和发展人与鱼类和谐共存的美好明天。

或许，这也仅仅是个梦想！但愿有一天，能够梦想成真！

编　者

目录

CONTENTS

一、鱼类世界

先有鱼，后有人

地球，其实是个"水球"。水，占了地球表面积的 70％还多。

海洋是这个"水球"的主体，地球上的一切生命都源自海洋。

水，为鱼类的生存与发展提供了基础条件。

鱼的起源很早，在世界上还没有人类的时候鱼类就生活在海洋里了。古生物学家通过研究化石，发现早在 4 亿年前奥陶纪的岩石里就有远古时代的鱼类。虽然在数亿年的演化过程中有一些古老的鱼类已经灭绝，但另有其他新兴的种类继而产生。泥盆纪时，各种古今鱼类均已出现。这个时代既是鱼的初生年代，也是鱼的极盛时代。当时，由于其他的脊椎动物还不多，所以有人把泥盆纪称为"鱼的时代"。这个时代的鱼类主要分布在淡水中，全身被厚厚的一层甲壳包裹着，从外表上看，很像古代的武士穿上铝甲一样，所以又称为"甲胄鱼类"。这种"装扮"的鱼类，在水里肯定不会自由自在地游动，它们的骨骼也属于软骨骼。到了新生代，各种鱼类十分繁多，成为脊椎动物中最大的类群，这是鱼类的发展史中的全盛时代。原始有颌类大部分灭绝了，取而代之的便是软骨鱼类和硬骨鱼类的出现。鱼类全身坚硬的胄甲变成了薄薄的鳞片，身体变得轻松了，从而能在水里游泳自如，游泳的能力也加强了。并且，在漫长的进化过程中，它们产生了内部的硬骨骼，颌与头部背甲融为一体，从而形成了一个坚固、有效的咀嚼器。但也有的鱼种类，背上仍有一些背枢的痕迹。

"鱼类的诞生，标志着低等、原始的无脊椎动物向脊椎动物进化的一个质的飞跃。鱼类的发展、演化又提出了脊椎动物进化的明显谱系"。此后的

1

一切高级动物,两栖类、爬行类、鸟类、哺乳类,包括我们人类,都是在此基础上进化、发展而来的。

什么是鱼

渔港上挤满了买鱼的人,有人看着靠港的的渔船吆喝:"打鱼的回来啦!"登船一看,"打"上来的大多是虾和蟹;到超市想买条墨鱼,导购却把我领到了"鱼摊儿";妈妈指着水族馆里的鲸鱼对抱在怀里的儿子说:"看,这条鱼多大呀……"

现实生活中,人们往往会把"鱼"的概念搞混了。就像海马不是马,蜗牛不是牛一样,许多有着鱼名的动物也不是鱼。虾、蟹、贝、藻等,生活在水里,但不是鱼;墨鱼、鲸鱼、鲍鱼、甲鱼、章鱼等,尽管名字叫鱼,但实质上也不是鱼。它们只能算是"鱼的同类",严格地讲,应该统称为"水生生物"。

那么,什么是鱼?

科学家给"鱼类"下的定义是:终生生活在水里,用鳃呼吸、用鳍游动的脊椎动物。只有满足了这 3 个要素才能算是真正的鱼。

目前,世界上已知真正算是鱼的鱼类约有 30 000 种,是脊椎动物中种类最多的一大类。它们绝大多数生活在海洋里,淡水鱼约有 8 600 余种。我国现有鱼类近 3 000 种,其中淡水鱼有 1 000 种左右。

分类学家把鱼类分为盲鳗纲、头甲纲、软骨鱼纲和硬骨鱼纲四纲,在纲下面又分若干目,目下面再依次细分为科、属和种。我们平常见得最多的是软骨鱼纲类和硬骨鱼纲类。软骨鱼类,内骨骼全为软骨,鲨鱼就属于此类;硬骨鱼类的骨骼或多或少为硬骨,鲤鱼属于此类。

鱼类的身体可清楚地分为头部、躯干部和尾部三部分。由于生活习性以及所处的环境条件不同,鱼类的体形有很大差异,可归纳为纺锤形、侧扁形、平扁形和棒形 4 种。纺锤形是最常见的一种体形,适于鱼类快速游动,如常见的鲅鱼等;侧扁形中最典型的代表要属鲳鱼了,这类鱼运动不敏捷;平扁形的牙鲆,大多数栖息于水底,行动迟缓;棒形鱼类身体犹如一根棍棒,有点像蛇的体形,适于穴居或穿绕于水底礁石岩缝间,如鳗鲡和黄鳝。

和人一样,鱼类也有年龄,即生活的年数,是一个标志着鱼类生长程度的量化概念。鱼类从受精卵发育成熟一直到死为一个生命周期,也是指鱼类个体从受精卵发育到成鱼、衰老的生活过程。鱼类的寿命从几个月到若干年不等。在一年的不同时间里,鱼的生长速度不同。通常来讲,不同鱼类的生命周期长短差异很大。某些鲟科鱼类寿命可达上百年,热带小型鱼类的寿命仅有几个月。即使同种鱼类的不同种群,生命周期往往也存在明显的差异。鱼类的年龄和寿命的高低还与鱼类生长的环境以及体长、体重呈正相关。鱼类寿命越高,体长越长,体重也越重。生活在低纬度特别是赤道一带水域的鱼类,身处高温区,新陈代谢旺盛,觅食强度高,生长迅速,一般寿命比高纬度水域的鱼类短。

生命周期长的鱼类与生命周期短的鱼类,在生态习性上存在着较为显著的差异。有的年满 1 周岁便性成熟,终生只繁殖一次,产后即死亡,种群只由一个年龄组组成,如大银鱼,我们称为单周期型鱼类;有的鱼类虽可重复性成熟,但寿命较短,年龄组成简单,如沙丁鱼等,我们称为短周期型鱼类;还有的鱼类生命周期较长,一生重复产卵次数较多,年龄组成较复杂,资源量逐年变动也较为平稳,如牙鲆和大、小黄鱼等,我们称为长周期型鱼类。

鱼类的生命周期,往往要经历许多个性质不同并且不相重复的发育阶段才可完成。鱼类的生长阶段可以分为 3 个时期:第一阶段为胚胎发育期:鱼类个体是作为受精卵在卵膜内进行发育的,在胚胎发育后期,鱼卵开始从卵膜内发育向卵膜外发育转变,也开始从依靠亲体内部环境向直接适应外部环境发生转型,从外形到各种身体特征已经越来越接近成鱼。这个阶段鱼类生长波动十分剧烈,饵料充足,生长迅速,反之就生长缓慢;第二阶段为成鱼期:鱼类处于性成熟时期,年富力强,已经具备了生殖能力,并于每年一定季节进行产卵繁殖活动。所有的体内贮藏物质大多转成生殖产物,每年在繁殖季节进行产卵或排精活动,因此生长相对稳定,增长率变化不大;第三阶段为衰老期:鱼类逐步走向衰老,新陈代谢明显减弱,生长极为缓慢或者停止生长。以上是在自然条件下鱼类生长的大致过程,但是我们不排除有些鱼类在生长过程中会受到一些人为或非人为的外界干扰,从而使得它们的生长并不严格遵守以上规律。能够影响鱼类生长的主要因素是水温和饵料。水温合适、饵料充足,鱼就发育得好,长得快。

鱼类广泛分布于江河湖海之中,其中海洋里的鱼类最多。也有些鱼生活在地下河、山涧、淤泥等特殊的环境里。少数种类的鱼,还可以脱离水源

存活一段时间。

根据鱼类的外形、生活习性及栖息环境也有不同的分类说。根据外形，分为有鳞鱼和无鳞鱼，如鲈鱼是有鳞鱼，鳗鲡和鲅鱼就是无鳞鱼；根据栖息环境，有海水鱼和淡水鱼之分。还有一些有着特殊习性的鱼类。

溯河性鱼类与降河性鱼类

这是一群特殊的、不安分的鱼，在它们的一生中，生活环境有着正反两极的重大变迁。

溯河性鱼类，是指在海洋中生活、繁殖期间却要到江河或海河交汇处产卵的鱼类。它们一生中要经历两次重大变化，一次是幼鱼时从淡水迁入海洋，另一次是成年时又从海洋回到淡水。溯河性鱼类很多，如我们熟知的鲥鱼、鲚鱼、银鱼、鲟鱼、大麻哈鱼等。大麻哈鱼平时生活在海洋之中，到生殖时期就集群溯河而上，在淡水产卵生仔。而且，它们的"回归性"特别强，世世代代都不会忘记从海洋再回到它原来出生的淡水河流里，进行繁殖。

降河性鱼类的产卵洄游方向与溯河性鱼类相反，是由江河游向海洋中繁殖的鱼类，以鳗鲡最为典型。它们平时栖息在淡水里，性成熟后开始向江河下游移动，在河口聚成大群，游向深海，孵化后，幼鱼逐渐向原来的栖居处洄游。

目前，江河上水利设施的大量兴建，对溯河性鱼类和降河性鱼类构成了严重威胁。水坝和水闸直接挡住了鱼类的洄游通道，繁育后代无法进行了。怎么办？于是人们便想了一些办法，在水利工程设计和建设时，根据各类溯河性鱼类和降河性鱼类的特点，制作了各式各样的洄游过道，我们也称为"鱼道"，这样鱼类不太费力气就能通过。当然，要使洄游鱼类正常洄游，最好的办法还是减少江河水道上的闸坝数量。

底层鱼类

底层鱼类，就是指那些习惯于生活在水底的鱼类。底层鱼类是一个庞大的"大家庭"，不但鱼种众多，而且数量也十分可观，是我国沿岸和近海海域中最大的一个类群，在我国的海洋渔业中占有相当重要的地位。

底层鱼类之所以在广袤的大海中选择了栖底而居，是因为它们在漫长的进化过程中，逐渐形成了一些适于底层生活的形态、生理和行为机制。一方面，这些底层鱼类通常是捕食性的，游泳能力较差，水体底层数量繁多的底栖动植物又给了它们相对良好的索饵条件，所以它们不愿意离开水底这块宝地;另一方面,长期生活于水体底层使得它们有了耐高压、耐黑暗等适应习性,更有利于它们成为主宰水底的强者,所以它们又很难有走出水底到上层生活的能力。

尽管都生活在水的底层,但底层鱼类的生物学特性不同。有的寿命较长,像大黄鱼、小黄鱼、海鳗、真鲷、鲈鱼、马面鲀和鲬等,它们当中各个年龄层次的个体都有。有的寿命比较短,像白姑鱼、带鱼、多齿蛇鲻、鳕和黑鲷等,它们的最高年龄也不过几年,组成群体的年龄层次不过一两个。在生长速度方面,生长最快的当首推鲈鱼。根据以往的数据统计,鲈鱼满 1 龄时体长就可达到 24 厘米,第四年就可达到 54 厘米左右,这种增长速度是十分惊人的。因此,鲈鱼也是人们进行水产养殖的一个很好的目标鱼种。生长速度仅次于鲈鱼的是红鳍笛鲷、大黄鱼和带鱼,体长增长速率也十分可观。当然,也有的底层鱼类生长比较缓慢,如棘头梅童鱼和叫姑鱼等小型鱼类,它们满 1 龄时的平均体长仅为 10 厘米左右,此后的生长更趋缓慢。在性成熟方面,底层鱼类也是不一样的。大黄鱼、海鳗、黄姑鱼、带鱼、真鲷和鲈鱼之类的底层鱼类,性成熟年龄平均为 3 龄;而小黄鱼、白姑鱼、红鳍笛鲷、马面鲀等则普遍 2 龄性成熟;许多小型鱼类则往往在 1 龄时便性成熟。

由于过去底拖网的过度捕捞,目前底层鱼类的资源日渐衰退,而且普遍出现了性成熟低龄化和小型化的现象,减少底拖网作业是保护和恢复底层鱼类资源的重要措施。

中上层鱼类

与底层鱼类不同,中上层鱼类习惯于生活在水体的中层和接近表层的地方。中上层鱼类的鱼种数量也不占少数,仅海洋鱼类就包括鳀鱼科、鲱鱼科、鲳鱼科、鲭鱼科、鲅鱼科、鲐鱼科、金枪鱼科等数十个科的近千种。从体形大小上来看,它们是千差万别的。较小的有用两个手指就可以捏起来的鳀鱼,较大的就要算是金枪鱼和旗鱼了,它们的长度甚至会超过小型渔船。电影《老人与海》中的那条硕大的鱼,就是生活在海洋中上层的旗鱼。

中上层鱼类之所以生活于水体的中上层,这是因为:其一,由于水体表层光照相当充足,所以往往存在着丰盛的浮游动植物群,那么大量的滤食性鱼类就会来此觅食,久而久之,它们便加入了中上层鱼类的队伍;其二,那些如金枪鱼等游泳能力极强的鱼类在水体表层受到阻力更小,高速游泳的空

间也更加开阔,所以它们也是组成中上层鱼类的重要成员。

按照栖息环境不同,可以将中上层鱼类划分为 3 种类群:一是主要栖息于近岸、海湾、河口、岛屿、岩礁附近水域的沿岸类型,具有种类多、个体小的特点,如中华小沙丁鱼、青鳞鱼等。其中有些鱼类也可以进入淡水生活,还有的种类在生殖季节会进行溯河或降河洄游,产卵后返回河口区或近岸内湾栖息,当幼鱼生长到一定阶段再洄游入海。二是广泛分布于大陆架水域的近海类型。属于这一类的中上层鱼类体形中等,如太平洋鲱鱼、鲐鱼、蓝圆鲹和蓝点马鲛等。其中一些种类如鲐鱼和蓝点马鲛具有长距离洄游的习性,另一些种类如蓝圆鲹和金色小沙丁鱼等具有越冬和产卵定向洄游的习性,它们往返于局部海域的深水区和浅水区之间,整个生命周期基本上是在局部海域度过的。三是主要分布于大陆架斜坡或深海的外海类型,多属于大洋性种类,普遍具有个体大、行动敏捷、游泳速度快、能借助海流长距离运动的特性。这些中上层鱼类时而也会游至大陆架的近海区域,甚至在沿岸水域偶尔也会有它们的身影。属于这一类型的鱼类相对较少,主要有青干金枪鱼、东方旗鱼等,这些鱼类往往属于经济价值极高的优质水产品。

鱼的邻居们

水下世界是一个多民族的大家庭,除了有鱼,还有与它紧密相关的虾、蟹、贝、藻等邻居们,相互依存,繁衍发展。当然,像人类一样,为了自身的利益,它们时而也少不了强肉弱食,相互残杀。这里,简单介绍几种主要的鱼的邻居。

底栖生物

在水的世界里,生物不都是生活在一个水层面上的,有的生活在水的上层,有的生活在水的中层,有的则生活在水的底层,还有少数在水的上、中、下层混居。总之,它们一般都有一个相对固定的生活区。

这里说的就是生活在水底层的植物和动物。它们有的生活在坚硬的岩石上,如海蛎子;有的生活在松软的滩涂里,如文蛤等。还有些游动的动物,为躲避捕食者,常年隐蔽地生活在水体底部的岩石裂缝和凹陷处。

底栖生物的种数,要比中上层的生物多得多,大致可分为三大类:大型底栖动物,包括海星、珊瑚等;小型底栖动物,是沙或泥中常见的小动物,如小蠕虫、小型甲壳动物等;微型底栖动物,这一个体最小的类群大部分由原生动物,特别是纤毛虫组成。按照生活类型,它们又可分为固着动物、穴居动物、攀爬动物和钻蚀动物。底栖动物是鱼类等经济水生生物的天然食料,但有些底栖动物如蟹、虾等,本身就有很高的经济价值。有些大型蚌类,还用于生产淡水珍珠,经济价值也很高。

底栖植物是以水体中的物体以及水体底质为基质,用附着器或假根等过着固着生活。红藻、褐藻、轮藻和绿藻等大型底栖藻类,是底栖植物的基本组成,往往会在水底形成藻被层。它们常会在海域里造成大量碎屑,增加水域的营养成分。小型底栖藻类,是水底周丛生物的主要成员。它们对杂食性和啃食性鱼类具有重要的饵料意义。最不显眼的当属单细胞藻,它们生活在沙砾上或淤泥表面上,是浅海水域初级生产力的一个重要来源。

水生植物

水域中的鱼类长得模样不一样,吃的东西也不一样。有的属肉食性,喜欢吃肉甚至自己的同类;有的属滤食性,喜欢吃点藻类、小虫等;有的则属草食性,喜欢吃生长在水里的植物。最具代表性的当属草鱼,它们每长 0.5 千克需要吃掉十几千克水草。我们经常看到,一些水库岸边、池塘沿边光秃秃的,有的只剩下了草根,那一般都是草鱼饿疯了以后干的好事。所以,水生植物对鱼类特别是草食性鱼类是非常重要的。

这样一说,你可千万不要以为水生植物就是草。它的家族大得很,凡是依赖于水环境或至少生命中有一段时间是生活在水中的植物,都属水生植物。根据它们在水中的位置,可分为挺水植物、沉水植物、浮叶植物 3 个类型。

挺水植物是根必须固着在水下的土壤或岩礁中,枝叶硬挺且能挺出水面的水生植物,如荷花、香蒲等。沉水植物是指整株植物全都浸泡在水里,只有开花时才将花及少部分茎叶伸出水面的水生植物,因受到光线和水中溶氧量的限制,也没办法生长在太深的水底,具有一定观赏价值,如马来眼子菜、苦草等。浮叶植物有两种,一种是整株漂浮于水面上,会随水流、风力到处为家,如浮萍、满江红;另一种是叶子浮于水面,而根是固定于土中的,无法随着水流、风力漂游,如睡莲、菱角。

水生植物不仅仅是鱼的食料,它在水体中还有着其他重要作用。如沉水植物在生理上极端依赖于水环境,因而对水质的变化十分敏感,对水体中的营养物、重金属元素及一些悬浮物质具有较好的吸附作用,净化能力很强。浮叶植物个体大,吸收、储存营养物质和利用光能的能力强,能与藻类形成竞争,抑制浮游藻类的生长。

近年来,随着园林水景的广泛应用,水生植物作为一种既有造景作用又具生态功能的植物材料,日益受到人们的重视。

甲壳类

一提到"甲壳类",我们会立即想起披甲戴盔的斗士。不错,甲壳类正是这样的一类水中"虾兵蟹将"。常见的主要有虾蟹类,还包括藤壶及沙中较小型的枝脚类等。

甲壳类具有一些共同特征:大多在水中生活,用鳃或皮肤呼吸;身体由头部、胸部和腹部三部分构成,头部常与胸部体节愈合称为头胸部;头部有两对触角。甲壳动物不同种类个体大小差别很大,最小的如猛水蚤体长不到1毫米,最大的巨螯蟹在两螯伸展开时宽度可达4米。也有少数生活在陆地上,甚至可分布于4 000米的高山上。常见的甲壳动物除虾、蟹外,还有丰年虫、卤虫、哲水蚤、鼠妇(潮湿虫)、钩虾等。

甲壳类动物身上的外壳无法随着身体一起长大,所以当它们长大到外壳装不下时,就得把旧壳脱去,换一身新壳。在它们的新壳变硬之前,旧壳已经先蜕去。此时,虾蟹类的柔软身体就没有外壳保护,相当危险!但是寄居蟹就没有这种麻烦,它们没有属于自己的外壳,只有把柔软的躯体后部藏入一个空的螺或其他软体动物废弃的硬壳内,以躲避敌害。当寄居蟹长大而原来的螺壳住不下时,它还会找个大一点的螺壳换新居呢!

大部分虾类都在海床上觅食,它们一向以其他鱼类吃剩的食物果腹,而有许多的小虾类为了躲避掠食者,大半时间都潜伏在沙中。不论是大虾或小虾都有专门用来游泳的扇形尾部,使它们能以极快的速度游开,逃离掠食者的"魔掌"。

蟹及龙虾,体形较大,可以说是甲壳类的强者。它们也有10只连接到胸腔的肢脚,其中8只用来行走,最前面的两只则演化为用来捕捉猎物及送食物入口的螯,口器则是由数对有力的颚构成。螃蟹的体形是宽而扁平的,它们的尾部卷覆在胸部的正下方。受到威胁时,凶猛胆大的蟹会挥动螯肢来吓阻敌人,而胆小的蟹就只有仓皇地躲入石缝中,或将身体埋入沙堆里了。

龙虾是一种体形硕大、类似寄居蟹的甲壳类动物,但是它的身上有坚硬的甲壳及扇形的尾部;平常多在海床上觅食,如果遇到危险时,即借着拍打尾部使身体向后弹起而迅速逃逸。

甲壳类对环境的适应能力强,耐温、耐盐范围广,耐低氧能力也强,很多时候会给鱼类带来威胁。

南极磷虾

这是一个生活在特殊环境的特殊鱼类。一提起南极,好冷啊!想必好多人都会打个寒颤,但这又是个神秘的令人向往的地方。这里不仅有可爱的企鹅,还有丰富的磷虾。这里的磷虾是地球上数量最大、繁衍最好的单种生物资源之一。在南极生态系统中,仅南极磷虾就足以维持以它为饵料的鲸鱼、海豹和企鹅等动物的生存和繁衍。根据最新估计,南极磷虾的生物量为 6.5 亿～10 亿吨,如此庞大的资源量,自然会引起人们利用南极磷虾来解决人类摄取蛋白质的极大兴趣。

磷虾属于甲壳动物,在世界上共有 85 种,生活在南极海域的磷虾仅7～8 种。它身体几乎透明,壳上点缀着许多鲜艳的红色斑点。因摄食含有叶绿素的浮游藻类,其消化系统呈鲜艳的草绿色,黑色的眼睛大而突出。由于它的身体比重比水大,如果停止游泳就会沉到水底。南极磷虾在夏季产卵,每次产卵约万粒,受精卵被释放在大洋表层,随后不断下沉到深海孵化成磷虾幼体,然后开始其漫长的上浮历程,当到达有阳光和饵料的水表层后,迅速生长、变态。它能忍受长时间的饥饿,在没有饵料的情况下仍能活200 天。南极磷虾有集群的习性,在海上结群的磷虾使海水呈红色斑块,有时会延伸到方圆几千米,每立方米水体的密度可达几千尾。它们白天一般生活在深水中,夜幕降临后才浮到水面摄食,具有夜间垂直移动的习性。

由于世界性近海渔业资源的衰竭,南极磷虾资源已备受人们的关注。自 20 世纪 60 年代初,前苏联率先赴南极试捕磷虾之后,相继日本、德国、智利等国家也开展了对南极磷虾的开发和研究。

贝类

贝类,是大自然赐予人类极宝贵的资源。目前,全世界贝类有 12 万种之多。河川、溪流、湖泊、海洋,到处都有它们的足迹。它们是自然界生物中仅次于昆虫的第二大族类。它们那奇特无比的造型、赏心悦目的色彩、绝妙精美的花纹,展示着大自然鬼斧神工的馈赐,让人叹为观止。

我们通常所说的贝类,大多指的是海洋贝类。其实,它们是一类软体动物。其特点是体软不分节,由头、足、内脏囊、外套膜和壳5部分组成。根据其外壳形体特点和结构,这些贝类又可分为5类:腹足类,如海螺等,它们形状呈螺旋形扭转;双壳类,像蛤蜊、牡蛎和扇贝等,它们一般由两扇贝壳组成,呈瓣状;头足类,包括乌贼和章鱼等,它们的壳长在身体内;多板类,比如石鳖,这类贝壳多达8块壳板,组成一幅奇特的形状;掘足类,比如角贝等,壳顶向前,腹面弯曲,呈浅帽状。5种贝类中,腹足类和双壳类最多见,占贝类总量的80%～90%。

典型的贝壳有3层结构,外层为有质层,称为壳素,是一种硬蛋白;中层较厚称棱柱层或壳层;内层为叶状的霰石结构,极富光彩,称珍珠层。外层和中层由外膜的背部边缘分泌而成,内层则由外套膜全部表面所分泌。有些贝壳却并不具备这3层结构,如江珧贝壳等。

贝类具有重要的经济价值,不仅可以食用,还可入药。大多数贝类肉质细嫩,味道鲜美,营养丰富。比如,牡蛎有"海中牛奶"之称,贻贝有"海中鸡蛋"之称。在医药方面的应用也很广泛。在我国最早的药书《神农本草经》中所记载的十几类海洋药物中,就有牡蛎、文蛤、海蛤等贝类。现代医学证明,鲍鱼可治疗肝风眩晕、青盲内障;砗磲可镇静安神;从骨螺中提取的骨螺素是一种肌肉松弛剂;用红螺、海蛤、海螵蛸及海藻制成的"四海舒郁丸",可用于治疗甲状腺癌,等等。

贝类还有很高的观赏价值。如虎斑宝贝、山猫眼宝贝、卵黄宝贝、马蹄螺、唐冠螺等,五光十色,造型绰约多姿。用贝壳制作贝雕画,已经成为绘画工艺品相结合的独特艺术门类。用小型贝壳粘成的造型工艺品,是海滨城市重要的旅游商品。还有很多贝类是重要的工业原料。

头足类

头足类,从字面上来理解,就是一群足生长在头部的动物。事实上,它们的身体构造也确实如此。

头足类动物,是生活在海洋中的一类软体动物。说是软体,其实它们也有硬骨,只不过是它们把骨头长在柔软的身体内部去了。常见的头足类主要有乌贼、章鱼、鱿鱼等。人们习惯把它们叫做墨鱼、章鱼,以为它们都是鱼，其实不然。它们在形态上很相似，但仔细看起来就会发现，乌贼是属于十腕目的，有10爪，其中有一对特别长，有一个内壳。章鱼属于八腕目的，有8个爪，没有内壳。乌贼身子细，而章鱼身子粗且短。

头足类遍及世界各个海洋，化石种很多，现生种仅有500余种。常以壳的形式、鳃和触手的数目作为头足类分类的依据。大多头部、足部和躯干部都很发达，都能在海洋中做快速、远距离的游泳运动，有的还具特殊功能。如章鱼能在水底洞窟、岩隙或石块中潜居，并能利用生在头部的"八条脚"将有坚硬外壳的蟹紧紧抱住，继而食之；乌贼、柔鱼能利用腹部的"漏斗"以喷水方式获得的反冲力而快速游动，所以有"海底火箭"之称。它们还都有一套施放"烟幕"的绝技，体内有一个墨囊，囊内储藏着分泌的墨汁，遇到敌害时，就紧收墨囊，射出墨汁，使海水变得一片漆黑，它们则趁机逃之夭夭。头足类都长有长短不等的足，它们把这些足当做自己的武器，来对付敌人；生活在深海中的大王乌贼，体长18米，体重约30吨，它的一条"腿"的直径有25厘米，如同一根电线杆一样粗。它"腿"上的吸盘有好几百个，最大的吸盘有盛菜的盘子那么大。大王乌贼不仅是头足类中的"老大"，而且也是全部无脊椎动物中最大的。它敢于同最大的齿鲸——抹香鲸进行殊死搏斗！乌贼是这个家族中的"侏儒"，能在海底发光。最小的微鳍乌贼，只有1.5厘米，如同一粒小花生米那么大，体重只有0.1克。它的背部生有吸盘，经常把自己的身体吸附在海藻上休息。

头足类是重要的海洋生物资源，肉味鲜美，营养丰富，是一种优质绿色食品。其肉可供鲜食，也可提炼海洋药物。从章鱼的煮汁中可以提取牛磺酸，为止虚汗剂和特殊兴奋剂，用于治疗结核病、关节炎、神经病、腺质病和血液障碍等；乌贼类的墨囊是一种很好的内科止血药，还可保护造血干细胞，有抗辐射作用；柔鱼类和枪乌贼类的内壳，有抗肿瘤的功效。从它们的卵中提取的卵磷脂，是天然的乳化剂和营养补品，可以降血脂，治疗脂肪肝、肝硬化等。

棘皮类

棘皮类动物主要是海参、海胆、海星一类。这类动物身上一般都带有刺、棘或疣，所以被人们称之为棘皮动物。

棘皮动物全部为海生，是海洋中重要的底栖动物。它们分布范围很广，从平坦的潮间地带到万米多深的大海都可见到它们。棘皮类大多为狭盐性动物,在半咸水或低盐度海水中很少见到。它们对水质污染特别敏感,所以在被污染了的海水中很少见到它们的身影。棘皮动物再生力一般很强,如果它们身体的腕、盘或其他器官发生损伤或断落,都能很快再生。某些种类还常有自切现象,自己能切断身体某个部分,却还能照样好好地活着。切掉的那个部分,也能很快长出来。少数种类还会像蚯蚓那样,无需两性交配,就能进行无性裂体繁殖。棘皮类动物,栖息环境因种类的不同而有差异。大多匍匐于海底或钻到泥沙底内生活,也有少数的能够钻石或浮游生活。摄食方式也是多种多样,有的为吞食性,有的为滤食性,还有的为肉食性。

说到棘皮,你可千万别起一身"鸡皮"!尽管棘皮类大都外表比较丑陋,但它们的"心灵"还是很美的。棘皮动物大多可食用,且营养丰富,有的还具特殊的药用价值。比如海参,它属于传统补品,具有补肾壮阳、养阴润燥的功效。随着海洋药用生物研究的不断发展,人们还发现海参越来越多的医药用途,不仅能提高人体免疫力,而且还具有抗癌作用,是今后研制抗癌、抗菌等新药的丰富资源之一。我国有 20 多种海参可供人们食用,刺参、乌参、乌元参、梅花参等都具有一定的经济价值,其中刺参的营养成分最全、药用效果最好、经济价值最高。在我国北方近几年刺参的人工养殖发展迅猛,群众养殖刺参的积极性高涨,养殖规模和产量每年都以很快的速度增加,已经形成了一个新的产业,在海水养殖业中占有极其重要的地位。同时,它还带动了相关产业的发展,已经成为群众发家致富的新门路。

当然,棘皮类动物也有的外表很美,但心灵丑恶,像海星。它看起来挺美,像海里的星星一样,色彩斑斓,但却是其他海洋动物的天敌,是很多养殖贝类的敌害。

藻类

藻类是地球上最早登上生命舞台的绿色植物。它们大多生活在水中,少数生活在阴湿的地面、岩石壁和树皮等处。

有人曾经将连绵成片的海藻,形象地称为"海中林",的确如此。海洋底部生长着巨大的藻类植物所组成的生物群落。这些大型藻类又以褐藻为主,它们一般只出现于夏季 20℃ 等温线以内的海域。大型藻类所生长的海底基质,通常被称为藻床。藻床沿北美洲和南美洲的西海岸分布,一直能够伸展到亚热带纬度的海区。在西太平洋,延伸的大型藻床分布于日本沿海、中国北部和朝鲜近海海域。可以说,地球表面的海洋中分布着连绵不绝的"海中林"。它们与陆地上的森林交相辉映,共同构建了地球生态圈的脊梁。

藻类植物的形貌各异、色彩缤纷,大小、结构千差万别。有的像小圆球,有的像圆盘,有的像拳头,有的像大头针,有的像铁链,有的像表带……它可分为九大家族——绿藻、蓝藻、裸藻、硅藻、甲藻、红藻、黄藻、金藻和褐藻。由于各种藻类的色素在种类和含量比例上的差异,使藻体呈现不同的颜色。我们常会见到池水是绿色的,那是因为里面富含绿藻。著名的"红海"是因为水里生长着一种属于蓝藻家族的红色毛状带藻,体内含较多的红色素,藻体便呈现红色,把那碧蓝透绿的海水"染"红了,红海就是这样得名的。

藻类成员并非都是微小的浮游种类,它们之中也有"巨人"。早在400多年前,哥伦布在大西洋航行时,曾惊讶地进入了约有450平方千米的"马尾藻海",海里漂浮着无数的马尾藻,最大的体长竟达500多米。我们常吃的海带,也是长达十几米。

正如陆生植物一样,海藻大家族中也有一年生和多年生的区别。其中,一年生海藻,主要指那些以一年作为一个生命周期的海藻。也就是说,这类海藻的生命史,只有短短的一年时间。在这一年里,海藻从附着藻床到逐渐生长成形,从"枝繁叶茂"到"凋谢枯萎",整个过程相对比较紧凑,生命史的每个阶段大约仅维持数月,这类海藻的整个生命也就相对较短。陆地上的一年生植物大多是一些小型低矮的草本植物,与之相似,海洋中的一年生海藻也多是些小型海藻。与之相对的是多年生海藻,就是生命史长达数年的藻类植物。多年生海藻的整个生命史,是分为若干个生命周期的。而这个生命周期通常是一年时间,也就是说它们在一年的时间里从孕育到生长,再到衰败。但是衰败后,在新的一年到来之际往往又会"春风吹又生",最终将整个生命延续达数年之久。这真的可谓是"一岁一枯荣"啊!多年生海藻,主要是那些大型的褐藻类。它们常年附着在海底的藻床,绵延数百里,构成了海底藻类世界的基础。多年生海藻,作为海中林的主要组成部分,往往是海洋世界中生物多样性很高的区域,对于整个海底生物群落发挥了不可小视的作用。它们不仅为海洋中的生物类群提供了丰富的养分,而且还为很多附底动植物提供了附着空间和适宜的生活环境。大型藻叶片的巨大表面和密布的丛林,包括各种一年生小型海藻、微型生物以及成群的苔藓和水螅,使各种各样的软体动物、甲壳动物、棘皮动物生活其上或其间。海胆是大型海藻的主要消费者,很大部分藻叶被这些草食动物所消耗。鱼类往往也来此摄食那些生活在藻林中的小动物,并将这片生境作为保护地,以躲避海狮、海豹和鲨鱼等大型捕食者的袭击。

藻类植物的适应性很广,它们几乎进驻了所有水域。由于藻类含有叶绿素和其他辅助色素,所以能进行光合作用,为各种生物奠定了基础。藻类大多含有丰富的蛋白质、脂肪、糖类、盐类以及维生素类等,多数为鱼类饵料,有的可供人类直接食用,有的可作为提取琼脂、碘、钾等的原料,有的还是重要的中药材。但有些藻类对鱼类和人类的危害也不小。如海水中某些藻类或浮游生物大量繁生,使海水变质成为红色或黄色,这叫赤潮。赤潮往往使水中大量鱼类、藻类等中毒死亡,造成很大危害。

"人上一百,形形色色"。成万上亿的鱼类和它的邻居们给我们展示出了渔业生物的多样性。所谓渔业生物多样性,就是指繁衍生息在同一水域环境中的不同动、植物的多样个性。

生物多样性包括4个层次,即遗传多样性、物种多样性、生态系统多样性和景观多样性。渔业生物多样性具有极为重要的生态、科研、社会、文化和经济价值。它不仅为人类提供了多样的水产品、药品以及各种工业原料,而且还从不同的角度联起手来保护了人类的生存环境。例如,海洋中数量巨大的浮游植物就是大量吸收二氧化碳的主力军,为控制大气中二氧化碳含量超标、防治温室效应做出巨大贡献。再例如,沿海的海藻场、红树林以及珊瑚礁等,可以固集土壤,防止水土流失,有力地抵抗了海啸、风暴潮对人类的侵袭。此外,渔业多样性还具有休闲旅游和教育等各种服务于人类社会的功能。试想,如果我们的休闲渔场和水族馆里只有少得可怜的几种水生生物,那将是多么令人感到无滋无味啊!

但令人遗憾的是,渔业生物多样性正在世界范围内遭受巨大的威胁和挑战。这些威胁除了自然因素外,主要来自人类的干扰,包括过度捕捞、环境污染、生物栖息环境的退化以及无控制的旅游活动和外来物种的入侵等。其中,罪魁祸首主要是过度捕捞和产卵场的污染破坏,严重冲击海洋生态系统,还导致一些珍贵物种濒临灭绝。物种一旦消失,就不会再生。消失的物种不仅会使人类失去一种自然资源,还会通过生物链引起连锁反应,影响其他物种的生存。因此,加强对渔业生物多样性的保护已经刻不容缓。保护渔业生物多样性,就是保护我们人类自己。

有水就有鱼

有水就有鱼?不然!鱼类赖以生长繁育是有条件的。

不同的鱼有不同的条件要求,但不管哪种鱼,都必须有适可的水域、充足的氧气和足够的食物这三条最基本的条件保障。

适可的水域,主要是指合适的容量、合适的水温和合适的盐度。如果一条庞大的鲨鱼误入淡水池塘,那池塘里水的容量和盐度,则无法让它生存下去。同样,把适宜在淡水里生长的淡水鱼放进大海里,它也会很快"咸死"。因为它们喝惯了淡水,很难一下子适应得了海水的盐度。当然,也有一些鱼类经过一段时间的训化,可以改变它们对水域环境的要求。

所谓盐度,表示海水中含盐的多少。目前海洋的平均盐度是35‰,也就是1 000克海水中,含有35克盐。从远古时代的淡海水,过渡到现在的咸海水,海水的盐度是不断变化的。冰的融化、水的蒸发,以及降雨、降雪、波浪、洋流等因素,都会使海水的盐度在不同海域和不同海深发生着变化。比如,地球上盐度最高的红海和波斯湾,那里气候炎热,降雨稀少,而且两岸皆是沙漠地区,河流稀少,海洋的淡水补给入不敷出,最终形成了盐度高达40‰。地球上盐度最低的是波罗的海,这是一片被两个半岛围在陆地中的海域,由于气温较低,蒸发量很小,有许多河流从陆地上带来大量的淡水,再加上雨水补给充沛,所以海水的盐度只有5‰~15‰。

关于海水平均盐度的获得,也有一段古老的历史。1872年,英国政府在皇家协会的建议下,将一艘巡洋舰改造成了科学考察船。船上的枪炮被取下,换上了各式各样的科学仪器。考察船上云集了物理学家、化学家和生物学家。他们搭乘这艘船奔向大海,对地球上的海洋进行一次全面的"身体检查"。在为期4年的航行中,考察船行进了68 890海里,科学家们测量了海洋各处的盐度,共采集了77份海水的样本。最终发现,这些海水样本的盐度几乎没有高于38‰的,也极少有低于33‰的。将77个样本的盐度数据进行平均,得出海洋的平均盐度约为35‰。

盐度作为一种生态因子,对鱼类有着重要的作用。当然,它们生活在具有一定盐度的水环境中,对盐度的变化有一定的适应范围和耐受极限。有些鱼类,能生活在较大的盐度变化范围内,对盐度变化的适应能力很强;而有些鱼类,只能生活在很狭小的盐度变化范围内,对盐度的变化十分敏感,甚至不能忍受盐度的微小变化;还有些鱼类,不同的生长时期对盐度有不同的要求,有的经过驯化也可以适应不同的盐度环境。例如,大马哈鱼在海水中生长,但要洄游到河流里才能性成熟和繁殖;生活在淡水里的罗非鱼,经过驯化以后,既可以在淡水中养殖,也可以在完全的海水中养殖,等等。

众所周知,我们人类和生活在陆地上的动物,都要靠呼吸氧气才能生存。生活在水中的各种动物也一样,如果没有氧气它们也无法生存。不同的是,生活在水中的动物,不能像陆地上的动物那样从空气中直接呼吸氧气,而只能依靠它们特殊的"肺"——鳃,把溶解在水中的氧气也就是溶解氧过滤出来,满足自己呼吸的需要。

一般情况下,水域中的氧气,一是来源于自然界的空气,二是来源于水生植物的光合作用。当然,生活在水中的鱼要消耗掉很多的溶解氧,于是,水中的溶解氧含量就在不停地变化着。当产生的速度大于消耗的速度时,水中的溶解氧含量就会上升;反之,溶解氧含量就会下降。

水中溶解氧的含量,对于鱼类而言是非常重要的。因为它直接关系到鱼类能不能正常地生活。一般而言,要保证鱼类正常的生活和生长,1升水中至少含有4毫克以上的溶解氧。如果溶解氧含量太少,比如每升水中少于1毫克的话,那么鱼就会因为呼吸不到足够的氧气窒息而死,就是我们通常所说的"憋死"。

不管是自然界的鱼类还是人工养殖的鱼类,食物对它们来说都是非常重要的,这与"人以食为天"同理。生活在自然界里的鱼类,有一个食物链。看过《动物世界》里狮子吃羚羊的场面的人,一定会觉得这太残忍了。其实,自然界里这种弱肉强食、"大鱼吃小鱼,小鱼吃虾米"的关系并不意味着残忍。从生态平衡的角度上看,它们之间的关系既是对立统一的,又是自然和谐的。吃与被吃的行为,在生物之间是紧密联系的,就好像一条链般互相紧扣。正是因为这样,才营造了一个永不停息的能量与物质变化发展的过程。

鱼的食物链的起点,都是由能够将太阳能转变成化学能的水生植物开始,如浮游植物、水草等,再经摄食它们的水生动物,如鲢鳙鱼、草鱼、贝类、海参等,辗转到更高层次的肉食性水生动物,如金枪鱼、鳜鱼等。不论是动物或植物,当它们死后,个体便会被细菌分解,再次进入营养循环。这样,就形成了首尾相接的食物链。例如,大海里的沙丁鱼是以浮游动物和浮游植物为食的,而它经常是肉食性动物鲸鱼的口中物。鲸鱼对沙丁鱼的猎杀是凶残的,但这种残酷的捕杀既是鲸鱼生存的需要,同时也是保持海洋生态平衡所必不可少的。如果没有鲸鱼对沙丁鱼的控制,沙丁鱼就会迅速发展起来。当沙丁鱼发展到一定数量,浮游动物和浮植物就难以承受。随着浮游动物和浮游植物的减少,沙丁鱼也就失去了生存的条件。因此,鲸鱼对沙丁鱼的捕杀,不仅能控制沙丁鱼的数量,从某种意义上说同时也是提高了沙丁鱼的质量,维持了海洋生态系统的平衡。

浮游生物是水域中的"初级生产力",当然也就是鱼类食物链的基础。大多时候都是水中的重要的食物来源和水体环境的维护者,但有时也会成为危害鱼类乃至人类的"凶手"。

浮游生物可分为浮游植物和浮游动物。浮游植物是指水中浮游生活的微小植物,主要是指那些浮游藻类,像小球藻、螺旋藻等。它们虽然个体非常微小,肉眼很难看清它的形态结构,只有在显微镜下才能露出它们的真实面貌。但种类繁多,数量庞大,几乎包括了藻类的全部。在环境适宜、营养充足时,其繁殖速度非常快。而且它利用无机物进行光合作用,合成有机物,同时释放出氧气,增加了水体中的溶解氧,并为鱼类和其他动物直接或间接地提供饵料,也是水体中的初级生产者、溶解氧的重要来源。但在海洋中,由于近几年工业污染或其他原因,多种浮游植物在一定环境条件下会暴发性繁殖或高度聚集而引发赤潮。这时,它们就会一改温和的面孔,又威胁着鱼类及其他水生生物的生命。

浮游动物是指悬浮于水中的水生动物,如水蚤等。它们也非常微小,运动能力很差或完全没有游泳能力。有的虽然有游泳能力,但不能作远距离的移动,也不足以抵挡水的流动。大多数浮游动物只能悬浮在水中依靠风和水流的作用随波逐流。与浮游植物不同,浮游动物是依靠摄食现成的有机物来获得碳及其他所必需的化合物,它们中的大部分以浮游植物为食物。从某种意义上来讲,浮游动物是窃取了浮游植物的劳动果实,但它们当中相当一部分也是鱼类的上乘饵料。

说到浮游生物,就不得不说说营养盐。营养盐不是我们生活中吃的那种盐,而是由氮、磷、硅等元素组成的盐类,是浮游生物生长所必需的,它们在某种程度上决定着浮游生物的繁殖和数量,也就成了水域初级生产力的"限制性因素"。

水体中营养盐的多少,主要受河水流量、海流、季节、水温、降水、有机物分解速度等因素的影响。比如,雨水多了,水体里的浮游生物就多;入海的淡水少了,带入的营养盐就少,就会影响浮游生物的数量,鱼类的食物也就少了;夏天气温高,有机物分解速度快,水里的营养盐就多;到了冬天,气温低了,有机物的分解慢了,水体里的营养盐就随着减少了。

你可不要认为凡是营养就一定要多吸收。营养多了,也会造成营养过剩引发疾病。如同人一样,水体里的营养盐高了,同样也会抑制鱼类的生长和发育,甚至会导致鱼类死亡。比如,这几年随着工业的发展,工业和城市的大量污水入海带入过多的氮、磷等,造成大海中营养盐过高,海水富营养化,使海水中水生植物特别是藻类大量繁殖,水质状况变差,频频引发赤潮,破坏了生态平衡,消耗了海水中的溶解氧,给海洋生态环境和经济动物造成危害,不少地方出现鱼、贝类大量死亡,损失惨重。因此,经常测定水中的营养盐含量,是评价水体质量特别是水产养殖用水质量的一项重要工作。通常测定营养盐的含量,主要是测定其中氮和磷这两个指标,因为它们是决定营养盐高低的主要因素,也是决定水中浮游植物多少的主要因子。通过测定氮和磷的含量,还可以监测河口、海岸工业、农业的排废情况,以便及时采取有效的治理措施。

在水产养殖业中,我们经常听说"养水"、"肥水",有时还向池塘里投放些肥料,其实这就是在培育水里的浮游生物,使其达到为养殖生物提供充足的食物和稳定水质的目的。特别是我们养殖的鱼类,在它们刚开始张嘴吃东西的时候,觅食能力还很弱,吃不了大的、硬的食物,只能在水里寻觅那些体积小、营养全的浮游生物。所以,水域里浮游生物的多少,对它们来说就显得更为重要了。

水、氧、饵,任何一项的任何一个环节一旦出现了问题,都会威胁鱼类的健康甚至生命!

子非鱼，焉知鱼之忧

在"海底世界"，人们经常会看到那些大鱼小鱼在水里一会儿游过来，一会儿游过去，自由自在，好不惬意。其实，子非鱼，焉知鱼之忧？鱼类有乐，但更多的是忧！它们不仅要绞尽脑汁躲避着随时可能发生的自然灾害和人类的追捕，而且还要马不停蹄地为觅食、越冬、产卵而奔波。大多时候，鱼类在水里的游荡不是盲目的自乐，而是在为觅食、越冬或产卵奔忙。

洄游

鱼类跟候鸟一样，在特定的时期会大规模集群进行周期性、定向性和长距离的迁移活动，这就是洄游。

"鸟有鸟道，鱼有鱼道"。鱼类洄游，是满足其某一生活时期所需要的环境条件的一种有效手段，也是有一定行走路线的。"一日三迁，早晚溜边"、"三月三，鱼上滩"、"过了谷雨，百鱼近岸"、"鱼儿顶浪游，钓鱼站浪口"，民间的这些传统谚语，充分说明了鱼的洄游是有规律的。

由于鱼类的生存环境及其本身的生物学特性存在差异，使得鱼类的洄游距离存在巨大差异。如鳗鲡的洄游距离可达几千千米，而一些小型鱼类的洄游距离只有几十千米。我们通常把这些具有洄游习性的鱼类称为洄游性鱼类。也有部分鱼类是不洄游的，像海洋里的牙鲆，终身就生活在一个较小的区域内，只做短距离游动。淡水水域里的鱼类，终生生活在自然环境变化不大的较小范围内，而没有明显的洄游行为，我们称这些鱼类为定居性鱼类。

究竟是什么力量促使鱼类达到某一个生长阶段后，在没有指引的情况下自发进行这种长距离定向移动呢？主要是因为鱼类的洄游是以遗传特性为基础，在内在生理与外在环境条件的驱使下完成的适应性行为，鱼类的性腺发育状况与含脂量的多寡分别是产卵洄游和越冬洄游的内在条件，而升、降温以及盐度和海流等外界刺激是洄游时期的早晚、速度快慢等的制约因素。因此，可以认为鱼类的洄游是内外因素相互作用的结果，是鱼类种群地理学演绎适应的产物。

按照鱼类不同的生理需求，所导致洄游的目的不同，将鱼类洄游分为产卵洄游、索饵洄游和越冬洄游。鱼类的这些行为，把鱼类相应的 3 个生命过程联系起来,使鱼类能够去寻找自己的最佳生活环境。产卵洄游:当鱼类生殖腺成熟时,由于生殖腺分泌性激素到血液中,刺激神经系统而导致鱼类排卵繁殖的要求,并常集合成群,去寻找有利于亲体产卵及后代生长、发育和栖息的水域而进行的洄游。索饵洄游:越冬后的尚未性成熟鱼体或在经过生殖洄游以及其他繁殖活动后消耗了大量能量的成鱼,游向饵料丰富的海区,进行大量索饵、生长育肥、恢复体力、积蓄营养、准备越冬和来年生殖。越冬洄游:鱼类是变温动物,对于水温的变化甚为敏感。各种鱼类适温范围也不同,当环境因素发生变化时,鱼类为了追寻适应其生存的适温水域,便开始集群性的移动,这种移动就是越冬洄游。

产卵

鱼类是有灵性的,一般不随地产卵,而是有选择地确定产卵场。

鱼类一般都有自己固定的产卵季节,这个季节有适合的温度及光照。有些鱼类不仅需要特定的产卵季节,还需要到特定的地点产卵。绝大多数鱼为卵生,但也有少数种类直接生下小鱼。大多数的鱼在卵产下之后,就不再理睬,但有些鱼类则有守护小鱼的习性。鱼的产卵数量一般很多,但能够顺利成长为鱼的只占极少的一部分。

产卵场是鱼类基于性成熟的生理刺激而集群产卵的水域。产卵场是在自然环境和水文状况均适合亲鱼排卵、鱼卵受精孵化及幼鱼成长的条件下形成的。同时,水文条件适宜、敌害较少、开口饵料丰富的产卵场往往会形成较大的渔场。因此,产卵场也是人们加强管理和重点保护的重要阵地。

我国近海有很多著名的产卵场。如莱州湾渔场,它是对虾、小黄鱼、鲅鱼、梭子蟹、海蜇等的产卵场;舟山近海,是带鱼、鲳鱼、鳓鱼等重要经济鱼类的产卵场。这些产卵场,都是繁育重要经济鱼类的主要海区。在这些区域进行捕捞作业会受到相当严格的控制,这对保护资源和全面恢复渔业资源起到了十分关键的作用。

鱼类的产卵习性是多种多样的。有的鱼类为了寻求适宜的产卵场,保证鱼卵和幼鱼能在良好的环境中生长发育,常常要进行由越冬场或索饵场向产卵场的集群移动。生活在大洋中的大麻哈鱼,要逆流游动数千千米进入江河上游产卵。大黄鱼由福建北部的洞头洋,洄游至江苏海域的吕泗洋。青、草、鲢、鳙等鱼类,由静水湖泊洄游至江河中特定河段的产卵场产卵,距离长则几百千米,短则几十千米。产卵群体在索饵场中,经过大量摄食和肥育之后,其性腺更加趋于成熟,身体其他机能也得到最大程度的提高,为长距离、高强度的产卵洄游蓄积能量。经过长途跋涉的产卵鱼群,在到达它们所理想的产卵场时,绝大多数辛勤的"母亲"已经疲惫不堪,尤其是那些溯河洄游逆流而上的鱼群更是如此,有的甚至为此献出了自己的生命。然而,这些并不能阻碍鱼群生殖活动的正常进行,它们会不惜一切代价地开始复杂多样的交配以及产卵活动。

产卵场是鱼类等水产动物孕育繁衍后代的重要场所,也是渔业资源量得到补充的宝贵腹地。大力开展产卵场环境及资源养护工作,是极为明智和必要的。只有这样,我们的渔业资源才能够长久不衰,蒸蒸日上。

索饵场与越冬场

索饵场,是指鱼类索饵觅食的场所;越冬场,则是指适于鱼类避寒的场所。这两个场所都是鱼类大量集群的水域。因为这里有丰富的饵料和适宜的水温,是鱼类最适宜生存的地方。

索饵场可以说是鱼类的"餐厅",不过这个"餐厅"可大得很,而且设在水下。一般而言,在那些有淡水注入的河流入海口及寒、暖流交汇的海域,营养盐类及有机物质十分丰富,饵料生物繁生密布,大都可以诱使鱼类集群摄食。有些鱼类即使在大海洄游的沿途已经达到了摄食、肥育的目的,但它们最终还是会赶到"餐厅"来就餐,因为这里的就餐环境好,食品的种类多,可以满足食欲。滤食性鱼类有高密集的浮游生物;草食性鱼类有茂密丛生的水草;肉食性鱼类则来寻觅在同一个餐厅就餐的、任其欺侮的小鱼小虾……总之,大多到达这里之后的鱼群就会停止洄游,无忧无虑地挑选着自己可口的"饭菜",在这里生长、育肥,蓄积更多的能量以便进行其他生命活动。在我国,规模较大的索饵场应首推舟山渔场。

鱼类是一种变温动物,它们必须生活在温度适宜的水体中,才能维持正常的新陈代谢和生长发育。由于气候的规律性变化,水域的环境温度会阶段性地变化。因此,当鱼类所生活的水域进入温度较低的冬季时,它们需要从温度不适合的水域向适温水域迁徙,目的地就是越冬场。鱼类越冬洄游的特点是,洄游方向朝着水温逐步升高的方向,往往由浅水环境向深水环境,或由水域的北部向南部移动。长江中下游流域中许多大型鲤科鱼类,平时在江河、湖泊中摄食肥育,冬季来临前,则纷纷游向干流的河床深处或坑穴中越冬。鱼类越冬场的位置、洄游路线和迁移速度常常受水温状况的影响,尤其是受水域等温线分布状况所左右。水温梯度大,鱼群活动范围窄,密度相对就大;降温快,洄游速度相应快。

很多动物同人一样,吃得饱、吃得好就发育得好,长得快;反之,就发育不好,生长缓慢。在自然界中,鱼类经常会在一定阶段由于某种原因而面临食物匮乏,受到饥饿胁迫,使生长受到影响。在饥饿一段时间后再恢复摄食时,其生长速度在一定时间内将超过正常摄食的个体,这种现象称为补偿生长。人类早就发现了鱼类的这个生长特点,并早已自觉不自觉地利用这一特点来饲养动物。比如,农民饲养生猪,开始在它很小的时候,尽量喂些细粮而且喂得也很勤,等到长大了就喂得不那么勤了,吃得也差了,有时还故意饿着它。等接近宰杀之前就开始"撑肥"。这样一般经过1个月左右猪就可以快速增重达到商品规格。目前,在一些兽类的饲养和研究中,很多牲畜饲养场也科学地利用了动物补偿生长机制,在一定时间段适当减少或停止对牲畜的投喂,过一段时间再加大投喂,促其快速生长,从而在节约饲料、降低成本的同时,实现了动物补偿期的生长速度高于平时的正常生长水平,达到了快速育肥的目的,从而给生产者和经营者带来了更好的经济效益。这样岂不就是一箭双雕了吗!值得注意的是,任何动物对饥饿的耐受能力都是有一个限度的,过分减少投喂量或是超常的饥饿时间,都可能令其停止生长或死亡。因此,我们对补偿生长机制的利用,应当建立在一个科学性、系统性的实验研究基础上。在水产养殖领域,对水产动物补偿生长机制的研究也被许多研究人员所热衷。尤其是近年来,鱼类补偿生长研究已成为水产动物营养生理学的研究热点之一。例如,有报道鲮鱼有显著的补偿生长效应,花鲈具有超补偿生长现象,太平洋鲑鱼也具有完全的补偿生长效应。同时,针对一些虾蟹类和海参、海胆等补偿生长机制的研究和发现也层出不穷。这些研究成果已经开始应用到了生产中去。一些鱼类养殖场,在小苗阶段有意增加养殖密度,减少投喂或基本不喂,使其处于保活、微长状态。待鱼苗长到一定规格以后再分疏放养,逐渐加大投饵量,使其在短期内快速生长,效果也很显著。实践证明,补偿生长机制几乎对于每种鱼类的养殖都有应用的价值。

二、鱼类故事

世间的一切事物都有着前因后果的发展过程,于是也都有着美丽动听的故事。

有关"美人鱼"的传说,已有 2 000 多年的历史,它跨越了文化、地域和世纪,在全世界广泛流传着,不但打动过无数读者的心,给飘泊在海洋中的海员以美好的憧憬与祝愿,而且也激发了人们丰富的想象力。1912 年,丹麦雕塑家爱德华·埃里克森根据安徒生童话并加上自己的想象力,用紫铜雕塑了"海姑娘"的塑像,置放在哥本哈根港口海滨公园的沙滩上。至今,已有许多国家都铸有"美人鱼"雕像,"美人鱼"以她那古老而又神奇的魅力吸引着我们。甚至在世界一些遥远的地区,还不时传来发现真实"美人鱼"的报道。

其实,像"美人鱼"一样,生活在水里的千姿百态的鱼,都有着自己美丽的传说和故事。尽管这些千奇百怪的故事听起来有些荒诞,甚至带有浓厚的迷信和神话色彩,但同样给人以启迪和丰富的联想,有的已经被科学界列为严肃的研究课题。

现在,让我们来看看这些鱼类们的故事吧,或许会给你些许启迪与联想,也许看完之后你会更喜欢这些可爱的生灵。

带鱼

带鱼又叫刀鱼。据传说,西王母娘娘渡东海时,她的侍女飞琼的腰带被大风吹到海上,化成为带鱼。

这个传说自然是不可信的,但带鱼的体形确如其名。它身体侧扁而细长,到尾部逐渐变细,真的好像一条绸带。浑身银灰色,背鳍很长、胸鳍小,鳞片退化。它们头尖口大,牙齿也很尖锐,因而面孔显得很凶猛。它们的体长一般为 0.6～1.2 米。1996 年 3 月中旬,浙江有一渔民曾捕到一条长 2.1 米、重 7.8 千克的特大带鱼,堪称"带鱼之王"。带鱼属于洄游性鱼类,通常栖息于水深 20～100 米的近海,生殖期游至水深 15～20 米海域,有明显的垂直移动现象。白天群栖于中、下水层,晚间上升到表层活动。带鱼游动时不用鳍划水,而是通过摆动身躯来向前运动,行动十分自如。既可前进,也可以上下窜动,动作十分敏捷。经常捕食毛虾、乌贼及其他鱼类,是典型的肉食性鱼类。带鱼非常贪吃,有时甚至会同类相残。渔民在钓带鱼时,经常见到这样的情景,钩上钓一条带鱼,这条带鱼的尾巴被另一条带鱼咬住,有时一条咬一条,一提一大串,渔民们形象地称之为"带鱼咬尾巴"。《古今图书集成》中对"钓带"作业中的"带鱼咬尾巴"现象,也作了生动的描绘:"入夜料然有光,北风严寒其来尤盛,一钓则衔尾而升。"当一连串的带鱼被钓起出水时,犹如闪光的银剑,与碧波蓝天相辉映,颇为好看。

带鱼分布比较广,以西太平洋和印度洋最多。我国沿海的带鱼可以分为南、北两大类。北方带鱼在黄海南部越冬,春天游向渤海,形成春季鱼汛,秋天结群返回越冬地,形成秋季鱼汛;而南方带鱼每年沿东海西部边缘随季节不同作南北向移动,春季向北作生殖洄游,冬季向南作越冬洄游,所以南方带鱼有春汛和冬汛之分。在鱼汛到来之际,带鱼集成大群,场面异常壮观,正是捕钓带鱼的绝佳机会。东海的舟山渔场是我国带鱼最大产地,其次是福建的闽东渔场。

带鱼是我国主要经济鱼类之一。它肉肥嫩而味美,尤其是带鱼的腹部。有渔谚说:"加吉头鲅鱼尾,带鱼肚子鲫鱼嘴。"因为带鱼的游动主要依赖腹部,所以肚子可谓全身精华部位,脂肪丰富,肉质细软,入口即化,营养价值很高,富含蛋白质、钙、钠等无机质,以及 EPA、DHA 等高不饱和脂肪酸,是名副其实的健康食品,且具有养肝止血的功效。带鱼全身都是宝,带鱼鳞含有大量油脂、蛋白质和有机盐等营养物质,还可提取海生汀、珍珠素、咖啡碱、咖啡因等。

鲈鱼

鲈鱼,不是"鲁鱼"。之所以很多人把它写成了"鲁鱼",是因为它主要产于山东。其实,在我国很多地方甚至日本以及朝鲜沿海均有生产。鲈鱼,还有人称之为花鲈、花寨、鲈子等,是一种凶猛的肉食性鱼类。它主要摄食鱼和虾蛄等甲壳类动物，多生活于近岸浅海以及河口的咸淡水中下层。

鲈鱼从外形上看符合海洋洄游性鱼类的普遍特征。流线纺锤形轮廓，有利于它进行快速、长距离的游泳。与其他海洋鱼类不同的是，它体长而侧扁、吻较尖、口大并且有一斜裂。其下颌长于上颌。鼻孔每侧两个，且位于眼的前面。鳃盖骨扁平，体被栉鳞，背鳍、腹鳍及臀鳍皆有发达的鳍棘。鲈鱼背侧呈灰青绿色，腹侧则为银白色，而且背侧上方及背鳍散布若干黑色斑点，这也是鲈鱼又得名"花鲈"的原因。鲈鱼因其体表颜色的差异而被分为白鲈和黑鲈。黑鲈的黑色斑点不明显，除腹部灰白色外，背侧为古铜色或暗棕色；白鲈鱼体色较白，两侧有不规则的黑点。这些"与众不同"的特点，使得鲈鱼具有自己鲜明的形态，也使得我们可以很容易地从一堆鱼中将它辨认出来。

鲈鱼适盐较广，善栖息于河口半咸水区，等到冬季再游回较深海区产卵、越冬。每年的10～11月份为鲈鱼的盛渔期。鲈鱼具有很高的经济价值，它的肉质坚实洁白，不仅营养价值高，而且口味鲜美，因此也是广大消费者十分欢迎的海洋鱼类。我国的鲈鱼生产除了满足国内的消费者饮食需求之外，同时还出口到世界很多国家和地区。我国沿海的鲈鱼出口口岸，主要在山东、辽宁、河北、天津、江苏、上海和浙江等地。既然鲈鱼如此珍贵，那么它当然也是我们进行资源增养殖和保护的重要对象。

鲅鱼

"鲅鱼饺子"、"鲅鱼丸子"洁白丰润，口感细腻饱满，鱼肉新鲜爽口，因而久负盛名。直到现在，胶东半岛还有"谷雨"前后鲅鱼上市时，子女向老人送鲅鱼，让父母包鲅鱼饺子尝鲜的习俗。

鲅鱼学名蓝点马鲛，它的体态光滑而娇美，呈纺锤形，一般体长30～50厘米，最长可达1米。背部蓝黑色，布满蓝色斑点，腹部银灰色。巡游起来，经常紧贴着水面，露出尾鳍和背鳍。有时还会跃出水面，鳞光闪闪，非常壮观。鲅鱼牙齿尖利，身体敏捷，生性凶猛。其流线型的身体使之游泳的速度奇快，经常成群追捕小型鱼类，其中鳀鱼即是它的最爱。

为什么人们喜欢用鲅鱼做水饺呢？这不单因为鲅鱼的肉质结实、细腻、鲜美，更重要的是鲅鱼的刺特别少。去除中间一根主刺，就可以放心大胆的入馅了。鲅鱼除了用作水饺馅外，还可做成咸干品、罐头食品、熏制品等，味道同样令人回味无穷。

鲅鱼主要分布在我国的渤海、黄海、东海和朝鲜近海。它们经常成群结队地游至近海繁殖和觅食。大的鲅鱼群远远望去，黑糊糊的一片，速度极快，并不时蹿出水面。每逢鲅鱼的汛期，钓鱼爱好者常常喜欢驾船出海钓鲅鱼。因为鲅鱼靠近水面，容易发现，而且生性凶猛，即使上钩后也难以驯服，经常咬断鱼线逃跑，这反而更能激发钓鱼爱好者的挑战欲望。最奇特的是，人们钓鲅鱼时常常不用鱼饵，只用一线一钩。这是因为鲅鱼群的密度非常大，只要驾船赶上鲅鱼群，鱼竿往其中一甩，就有可能钓上大鲅，人们形象地称之为"甩鲅"。

20世纪60年代以前，鲅鱼并不是我国渔业的主要捕捞对象。但80年代以后，随着传统渔业资源的衰退，鲅鱼开始成为黄、渤海的主要渔业资源，年产量最高达到几十万吨。进入90年代资源开始逐渐衰竭，特别是随着鳀鱼等的滥捕，破坏了鲅鱼的食物链构成，近几年已经出现小型化趋势。

牙鲆

牙鲆俗称牙片、偏口，是比目鱼的典型代表。它身体纤巧翩翩，味道营养也属上乘。因而，自古以来就是我国著名的经济鱼类，深受人们喜爱。

牙鲆身体扁平，呈卵圆形，如同一片树叶。仔鱼的身体两侧是对称的，但是随着身体的发育，右眼会逐渐移向左侧，变成两眼同侧的怪物。当两眼变为同侧时，为了更好地观察环境，牙鲆也就开始了它"侧躺"在海底的底栖生活了。而且，牙鲆有双眼的一侧，体色可随环境的变化而变化，因而又有"海中变色龙"之称。牙鲆的牙齿非常尖利，是一种肉食性动物，以小型的鱼类和虾类为食。

牙鲆生性胆小，而且机警敏捷，常栖息在泥质的海底。它那树叶一样扁平的身子，每时每刻都紧贴着水下底层沙土，几乎和沙土融为一体。即使这样，它还不放心，不断巧妙地扇动着周身的鳍翅，涌起的细沙就会天衣无缝地遮盖住自己的身体。这种保护已经很绝妙了，但牙鲆鱼还是胆战心惊，不敢有一丝疏忽大意。一束光线的晃动，一个黑影的闪现，一个声音的传导，都能使牙鲆鱼万分惊慌，并且随时准备逃跑。但是，牙鲆无论怎样伪装和掩埋，却总是自作聪明地将两个小眼睛露在沙土外面窥视。聪明反被聪明误，这常常使它倒了大霉。因为有经验的渔民，只要发现水下灰蒙蒙的沙子上有两个小亮点儿,就知道那里潜伏着一条牙鲆鱼。不过,如果你没有经验,那是很难逮住它的。因为狡猾的牙鲆,逃跑速度太快了。当然,狐狸再狡猾也斗不过好猎手。渔民发现牙鲆时,就将渔枪瞄准鱼头前面半尺远猛刺下去。牙鲆见到渔枪的闪光,猛地往前一冲,却正好撞到渔枪尖上。

牙鲆个体硕大,肉质细嫩鲜美,吃起来也很方便。它中间整整齐齐一排骨刺,用快刀剥开,便上下揭起两张肥厚的肉片,甚好摆弄。牙鲆也是做生鱼片的上好材料,因此是一种传统的名贵经济鱼类。不过,由于过量捕捞和环境污染,逐渐造成了自然资源大幅度下降。20 世纪 90 年代以来,牙鲆养殖业获得了很快的发展。在山东沿海的很多地方,都建设了大规模的养殖基地,目前正在大力发展工厂化养殖生产。

鲳鱼

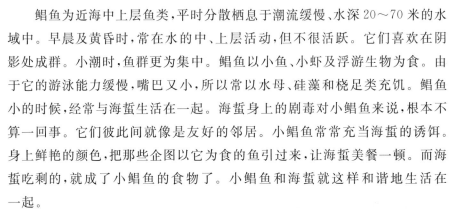

鲳鱼,又名白鲳、镜鱼、平鱼。它们身体短而高,极其侧扁,正面看过去像一条竖线,从侧面看则是一个菱形。体长一般在 20 厘米左右,浑身银白色,尾巴分叉很深,好像燕子的尾巴一样。鳞片圆形,非常细小,多数鳞片上有细微的黑色小点。

鲳鱼为近海中上层鱼类,平时分散栖息于潮流缓慢、水深 20～70 米的水域中。早晨及黄昏时,常在水的中、上层活动,但不很活跃。它们喜欢在阴影处成群。小潮时,鱼群更为集中。鲳鱼以小鱼、小虾及浮游生物为食。由于它的游泳能力缓慢,嘴巴又小,所以常以水母、硅藻和桡足类充饥。鲳鱼小的时候,经常与海蜇生活在一起。海蜇身上的剧毒对小鲳鱼来说,根本不算一回事。它们彼此间就像是友好的邻居。小鲳鱼常常充当海蜇的诱饵。身上鲜艳的颜色,把那些企图以它为食的鱼引过来,让海蜇美餐一顿。而海蜇吃剩的,就成了小鲳鱼的食物了。小鲳鱼和海蜇就这样和谐地生活在一起。

鲳鱼在我国沿海都有分布,其中以东海和南海较多,是名贵的海产经济鱼类。在东海一年四季都可以捕捞鲳鱼。春、夏季鱼群产卵洄游时,是主要的捕捞时节。主要渔场有黄海南部的吕泗渔场,可形成较大的鱼汛。渔期自南往北逐渐推迟,广东及海南岛西部渔场为 3～5 月份,闽东渔场 4～8 月份,舟山及吕泗渔场为 4～6 月份,渤海各渔场为 6～7 月份。

鲳鱼骨少肉多，肉质细腻，营养丰富，含有丰富的蛋白质和多种矿物质，有补胃、养血、益气、充精的功效，适宜体质虚弱、脾胃气虚、营养不良之人食用。《本草拾遗》上写道：鲳鱼"肥健，益气力。"而《随息居饮食谱》也有记载："鲳鱼甘平，补胃，益气，充精。"

鮟鱇

鮟鱇，发音与"安康"一样，大概最早给这种鱼取名字的人为了图吉利才把这个名字送给它们的吧。虽然名字很好听，可它们的长相实在是不敢恭维，经常被渔民称为蛤蟆鱼、"丑老婆子"。

鮟鱇的身体像个大布口袋，一般体长 40～60 厘米，大者可达 100 厘米，长得一副"獐头鼠眼"的丑模样，胖胖的身体，大大的脑袋，一对鼓出来的大眼睛。在那扁平的大嘴巴里，还长着两排坚硬的牙齿，一副咬牙切齿的凶相。不仅长相难看，就连它发出的声音也好像是老人咳嗽一样。但俗话说"人不可貌相"，鮟鱇长相虽丑可浑身是宝，胃、肝、骨、皮等都是难得的珍品，无论炖、蒸、烧、熏都深受人们欢迎，是我国出口创汇的重要产品。

鮟鱇不仅好吃，而且还有很多有趣的故事。人会钓鱼，相信大家无所不知。那么你有没有听说过鱼也会钓鱼呢？鮟鱇就是一种会钓鱼的鱼，人们称它们为"奇异的渔夫"。它们平时栖息在海底，身上的皮肤会随着海底不同的颜色而变化，能与海底融为一体，不容易被发现。它们头顶上长着一个由背鳍特化而成的鳍刺，就像我们用的钓鱼竿一样。它们捕食的时候总是静静地趴在海底，守株待兔，只把头顶上那个鲜嫩的蠕虫般的鳍刺显露出来，不停地摇摆，很多小鱼以为是可口的美味，就过来吃，这时狡猾的鮟鱇就张开它的血盆大口，一下就把小鱼吞到肚中。鮟鱇心满意足地回到海底，故伎重演，等待下一个受害者。有些生活在深海里的鮟鱇，它们"钓鱼竿"的前端有个小囊，就像我们玩的灯笼，能发出红、蓝、白等不同颜色的光来。在暗无天日的深海，这一点点光是那么明显，让更多贪心的小鱼以为是食物，而中了鮟鱇的圈套，成了它们的食物。

长期以来，科学家们都被一个奇怪的现象所困扰，为什么从深海里捕上来的鮟鱇鱼都是雌鱼，而没有雄鱼呢？经过长期的研究，终于发现了其中的奥秘。原来，这是由鮟鱇鱼奇特的婚姻关系所造成的。鮟鱇鱼一经孵化，幼小的雄鱼马上就开始寻找"对象",找到了合适的"对象"便立即附着在雌鱼的身上。过一段时间,幼小的雄鱼的唇和雌鱼的皮肤连在一起,最后完全愈合。从此之后,雄鱼除了生殖器官继续长大以外,其他器官一律停止发育。而且这个幼小的雄鱼从此就过着寄生生活,依靠吸取配偶身体里的血液来维持生命。鮟鱇鱼的雌雄体长相也相差甚远,雌鱼大而美、雄鱼小而丑。有人曾捕到一条 1 米长的雌鮟鱇鱼,而附着在它身上的雄鱼仅有 2 厘米,犹如雌鱼身上长的肉瘤,可称得上是个名副其实的"小女婿",如果不仔细观察,根本想不到这会是另外一条鮟鱇鱼。

鲻鱼和梭鱼

鲻鱼和梭鱼是两种十分相近的鱼类,它们具有十分相似的外形,而且它们都适应盐度变化较大的环境,通常都会生活在河口附近。此外,它们同样都是滤食性鱼类,都依靠滤食小型动植物或刮食底泥中植物碎屑获得营养。

鲻鱼和梭鱼尽管相近,但在外部形态等方面的差异还是比较显著的。鲻鱼身体形状略显短粗,梭鱼则相对细长;鲻鱼头部背方平扁,腹面钝圆,呈锥状,梭鱼头部平扁,后部较宽,呈棒状;鲻鱼眼较大呈白色,梭鱼眼较小呈赤红色;鲻鱼口张开成弧形、紧闭成"八"字形,而梭鱼口张开成横形、紧闭成"人"字形;鲻鱼体表覆盖的是圆鳞,梭鱼体表覆盖的则是弱栉鳞。此外,鲻鱼和梭鱼在个别鱼鳍的鳍条数、背鳍起点、尾鳍形状以及体色方面也存在差异。

在生活习性方面,鲻鱼和梭鱼同样存在着一些差异。比如在游泳能力方面,鲻鱼由于体内利于高速游泳的血红肌比较发达,因而它们在通常情况下比起梭鱼要游得更快,游得更长。也正是因为鲻鱼有着更加强劲的游泳能力,所以鲻鱼通常在远离海岸的海域产卵、繁殖,而游泳能力稍逊一筹的梭鱼只能在离岸不远的河口及相邻水域产卵繁殖。不同的肌肉组成在一定程度上还决定了两种鱼类的肉质特点,相比较而言,梭鱼的肉质更加鲜嫩、细滑,而鲻鱼的肉质和口感就要相形见绌了。这也是鲻鱼售价低于梭鱼的原因。从分布的角度来看,鲻鱼和梭鱼在中国、日本、朝鲜等国沿海均有分布,不同的是鲻鱼的分布范围似乎更加广阔,在印度洋以及欧洲部分海域也能见到它的身影。至于食性,鲻鱼和梭鱼具有更多的相同之处,差异较小。它们都是以刮食沉积在底泥表面的底栖硅藻和有机碎屑为主,也吃一些丝

状藻类、桡足类、多毛类、软体类和小型虾类等。这两种鱼的摄食强度,有昼夜、季节、个体之间的差异。

刚才已经提到了,梭鱼的肉质比较细嫩,味道也比较鲜美。但是在梭鱼之中又尤以"开凌梭"的味道最佳。开凌梭是指每年晚冬早春时节,冰凌融化,河道初开时的梭鱼,它们往往是每年北方餐桌上最早出现的一种鱼。开凌梭出现以后,其他各式各样的鱼才会纷至沓来。很多北方人都有这样的经历:经历了严寒,盼到了初春,开凌梭也就接踵而至了。开凌梭由于经过一冬的摄食和肥育,所以体内储藏着大量营养物质,其味道自然是鲜美无比。总之,这种美味值得一尝!

真鲷

真鲷是一种鲷科鱼类,有些地方称之为"加吉鱼"、"红加吉"。它披着一身通红的鳞甲,有"加吉"的寓意,所以是喜庆家宴上的常客。真鲷肉质细腻,营养丰富,味道鲜美,特别是头部吃起来更有味道,素有"加吉头鲅鱼尾"之谚。在胶东半岛沿海,真鲷一直被列为宴席鱼类之首。整鱼上席后,席间取出鱼头,制成鲜、酸、辣俱全的醒酒汤,既解馋,又醒酒,妙不可言。清蒸最能保持真鲷自然的鲜美度,"清蒸加吉鱼"即蓬菜"八仙宴"的一道名肴。更有趣的是,许多民间妇女和厨师为了给客人助兴,还能即席用真鲷鱼骨拼制成形态逼真的一只凤凰或一只山羊,令人拍案叫绝。

真鲷属于暖水性底层鱼类,在沿海至大陆架暖水流区域均有分布,其中主要分布于印度洋和太平洋西部,我国近海均产之,但近年产量不多。黄、渤海渔期为5～8月份和10～12月份;东海闽南近海和闽中南部沿海渔期为10～12月份,11月份是盛产期。真鲷体侧扁,呈长椭圆形,一般体长15～30厘米,体重300～1 000克。自头部至背鳍前隆起。体被大弱栉鳞,头部和胸鳍前鳞细小而紧密,腹面和背部鳞较大。真鲷头大口却较小,左右额骨愈合成一块,上颌前端有犬牙4个,两侧有臼齿2列,前部为颗粒状,后渐增大为臼齿;下颌前端有6个,两侧有颗粒状臼齿2列。前鳃盖骨后半部具鳞。全身呈现淡红色,体侧背部散布着鲜艳的蓝色斑点。尾鳍后缘为墨绿色,背鳍基部有白色斑点。

真鲷食性杂,其稚鱼阶段的食物以浮游动物和桡足类为主。从幼鱼阶段起,便开始摄食底栖的甲壳类、软体动物、棘皮动物、小鱼和虾等。真鲷因海水温度关系,有春季和秋季两个生殖群体。福建中部平潭以北至闽东沿海,真鲷产卵期在3~5月份。雌鱼性成熟要4龄以上。雄鱼性成熟2龄即可。每尾鱼平均产卵量在100万粒以上。

真鲷作为我国的一个名贵鱼种,在高端水产品市场起到了举足轻重的作用。但由于海洋资源衰退,捕捞产量很小,所以市场上并不多见,好在现在已经实现了人工养殖,并逐渐形成养殖规模,从而缓解了人们对"红加吉"的相思之苦。

黑鲷

说黑鲷,人们也许不太熟悉,可是只要一说到"黑加吉",沿海居民家喻户晓。由于其外形酷似真鲷,而且通体乌黑,所以俗名才称黑加吉。它还有其他地方名:海鲋、青鳞加吉、青郎等。其肉味鲜美,含脂量高,深受沿海地区消费者的欢迎。

黑鲷鱼体呈长椭圆形、侧扁,一般体长10~30厘米,体重200~600克。上下颌前端各有犬牙6枚,两侧均具发达臼齿。背鳍棘强硬,尤以第4、5棘最长,臀鳍以第2棘最大,尾鳍呈叉形。头部外缘轮廓平直,眼上方平滑不隆起。体被弱栉鳞,全身灰黑色偶尔掺杂黄色,腹部较淡,体侧具若干条褐色纵纹。胸鳍和背鳍基底均为黄色、边缘暗灰色,尾鳍黄色、边缘黑色。黑鲷主要分布于北太平洋西部,我国沿海均产之,其中尤以黄、渤海产量较多,主要渔场在山东沿海,渔期在春、秋两季。黑鲷喜在岩礁和沙泥底质的清水环境中生活。黑鲷为广温、广盐性鱼类,在盐度为4‰~35‰的环境中能够存活,在盐度10‰~30‰的环境中长势良好。这种鱼的耐低温能力较真鲷要强,生存温度为4~34℃,生长适宜温度为17~25℃。一般4龄之前生长速度较快。黑鲷食性广泛,以小杂鱼、虾、贝、多毛类及海藻等为食。在自然海区用尾部挖掘软体动物及环节动物,然后食之。黑鲷生长迅速,体长1龄鱼为12.1厘米,2龄鱼为18.7厘米,3龄鱼为22.4厘米。当年孵化的幼鱼,在虾塘中养殖,当年就可长成体长17.5厘米、体重250~300克的商品鱼。黑鲷的繁殖季节各地不同,山东为5月份;浙、闽在3月中旬至5月份,盛期在"清明"前后。

黑鲷还是一种具有很高养殖潜力的经济鱼类。它适应性强、食性广,适于集约化养殖,目前已经成为海水养殖的重要品种。由于黑鲷有性别分化现象,体长 10 厘米左右的幼鱼,全部为雄性鱼;体长 15~20 厘米出现典型的雌雄同体的两性阶段;到 25~30 厘米性分化结束,大部分转为雌鱼。因此,在选择亲鱼时,要注意大小个体搭配,即雌雄搭配。黑鲷的怀卵量约 150 万粒,分批成熟,分批排卵,每次排卵 3 万~10 万粒,一般在晚上 8~10 时,连续排卵 30 天左右。

黑鲪

学名叫做许氏平鲉的黑鲪,其实根本不像个"文化人"。它全身灰黑,愣头愣脑,常被人们称为黑头、黑鱼、黑老婆等。黑鲪虽其貌不扬,但肉质坚实而洁白,脂肪含量较少,营养价值也颇高,是北方人餐桌上的常客,且刺少,特别适宜老年人和儿童食用。

黑鲪鱼体近似纺锤形,侧扁、头大、嘴大、眼大,鳃骨盖边缘有硬锯齿状,臀部有硬棘,背鳍鳍棘尖硬,体背呈灰黑色,腹部灰白色,体表有不规则的黑色斑块。黑鲪的头部背棱较低,后有锐棘。背鳍有 13~14 根,极为锋利。它的双颌、框前骨及鳃盖无鳞,身体大部披黑色鳞片,闪耀着蓝黑色的光芒。

黑鲪主要分布于我国的黄、渤海和东海,渔获季节为每年的 4~6 月份。它是一种杂食性鱼类,常以小型鱼类、甲壳类以及头足类等为捕食对象。在恶劣的环境下,也能靠撕食海藻为生。可见,这种鱼的食性是比较广泛的。这就决定了它在食饵并不丰富的海区也能正常生存,生命力顽强。从生殖的角度来看,黑鲪既不是卵生也不是胎生,而是一种十分少见的卵胎生鱼类。具体说来,仔鱼的胚胎卵在亲鱼的体内发育成小鱼苗,一经产出即可游动和捕食。

别看黑鲪"五大三粗",却生性胆小。光线强烈的白天,它多躲藏在离岸较远处的深水区、礁石缝隙、沉船处或养殖筏下。少部分趁潮水游到近岸处的黑鲪,也总是藏匿在隐秘处,觅食也不是很积极的。只有在夜幕降临后,才会放松警惕、成群结队地游向岸边浅水区摄食。黑鲪的这种胆小稳重的习性,正是白天在岸边钓不到或很少钓到黑鲪,而夜晚却往往能满载而归的主要原因。

近年来,黑鲪以其生长快、适温范围广、适应性强、鱼病少及饵料效率高等优点,渐成虾池混养的珍品,而且由于耐寒力强,可在海区自然越冬,苗种易获得,适合北方地区常年压荏养殖。目前的主要养殖方式有网箱、网笼及池塘养殖等。

六线鱼

六线鱼,因身体有 6 条侧线而得名。在北方某些地区还称之为黄鱼。但它与通常意义上的黄鱼并不是同一种类。六线鱼是近海冷温性底层鱼类,主要分布于我国渤海、黄海、东海以及朝鲜、日本的海区,我国的黄、渤海最为常见。

在形态特征方面,六线鱼呈优美的纺锤流线型。体长最大可达 20～30 厘米,体重可达 250～1 000 克。鱼体被小片栉鳞,十分容易脱落。每侧各有 3 条侧线。整个鱼体呈黄褐色,臀鳍浅绿色,尾鳍截形、灰褐色。可以说,六线鱼是一种体态优美的小型鱼类。

六线鱼"好静不好动"。它经常在岩石多且海草茂盛的海底,静静地生活着。因其体色和四周的岩石很相像且不好动,故不易被发现。六线鱼习惯在半泥沙、半沙砾底质的浅海底层生活,以小虾和软体动物为食。六线鱼还有一些"近亲",主要有黑背六线鱼和花斑六线鱼,它们和六线鱼十分类似,只是外形上稍具差异,所以有时统称它们为六线鱼。由于这些六线鱼广泛分布于太平洋北部浅海,我国黄海、渤海沿海有一定产量,其中以辽宁省沿海产量最多,因此六线鱼也属于黄、渤海经济鱼类之一。每年的春末夏初,是捕捞六线鱼的旺季,此时,也是六线鱼肉质最好、味道最美的时候。

对于弱肉强食的黑鲷和鲾等大型鱼类来说,小六线鱼是它们的主要食物之一。同样,我们人类也是很喜欢吃这种鱼的。它肉质鲜嫩,红烧、清蒸、氽汤味道均佳。尤其是质量好的六线鱼氽汤,其汤汁如同奶油状,汤鲜、肉嫩,风味绝佳,是我国北方沿海高级宾馆、饭店的一道名菜,也是家庭宴会中必备的佳肴。

星鲽

星鲽俗称花豹子、花边爪,是鲽科家族里的典型代表。它外形与牙鲆极似,乍一看很难区分。其实,它们同族不同宗。最明显的区别

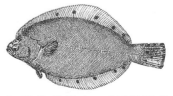

在于它们眼睛长的位置。从尾巴向头部方向看,鲽类眼偏右,而鲆类眼偏左,所以俗有"左鲆右鲽"之说。鲽类身体近似圆形,而鲆类则偏长。还有,

鲽类喜温,鲆类好冷。可能正是因为它有这样的习性,所以很多人都喜欢"热(吃)鲽冷(吃)鲆"。也就是夏天吃鲽类鱼,冬天吃鲆类鱼。你了解了星鲽和牙鲆的这些特点,就不会鲽鲆混淆了。

星鲽可分为圆斑星鲽和条斑星鲽两大类。圆斑星鲽背鳍、臀鳍、尾鳍均有黑色圆斑分布,有迷彩式白色斑点。条斑星鲽体色很像松树皮,呈棕褐色,并且有条状花纹。

星鲽是黄、渤海常见的鱼类,喜欢底栖生活,食物比较杂,主要摄食虾、蟹类、小型贝类以及小鱼等。星鲽的生长速度比起牙鲆来是慢一些,但它的个体比较大。成鱼最大体长可达 100 厘米,体重可达 8~10 千克。星鲽与其他鲽形目鱼类相似,都具有雌性生长快于雄性个体的特点,3 年的雌性个体体长与体重是同龄雄性的 1.5 倍。星鲽含有较高的胶原蛋白,因而肉质、口感均可与"洋货"大菱鲆媲美。特别是在炎热的夏天,它比大菱鲆、牙鲆更为鲜美,具有很高的经济价值与养殖价值。可惜的是,它在大海里的资源量已经少得可怜,苗种的繁育难题至今还没有攻破,所以人们对它只能望"鲜"兴叹了。

鲐鱼

鲐鱼是一种中上层海洋鱼类,在渤海、黄海、东海、日本海等海域均有大量分布。每年秋冬季节,鲐鱼就会大量涌向市场。但由于人们对它的烹调技术知之较少,因而价格相对便宜。

鲐鱼的体形较粗壮,呈纺锤形,一般体长 20~40 厘米,体被细小圆鳞,体背呈青黑色或深蓝色,腹部白而略带黄色。鲐鱼以小型的鱼类、虾类和甲壳类为食,非常凶猛,而且常常自相残杀,"大鱼吃小鱼",因而生长发育很快,渔业资源非常丰富。但由于烹调和加工技术的局限,在 20 世纪 60 年代以前,人们很少捕捞它,只是作为其他鱼种的附属捕捞品。近年来,随着传统渔业资源如带鱼、黄鱼等的日渐枯竭,鲐鱼开始成为重要的捕捞对象。

其实,鲐鱼的营养价值是很丰富的。它含有大量的优质蛋白和钙、磷、铁等矿质元素,而且体内的脂肪含有丰富的鱼油珍品——DHA 和 EPA,具有重要的生理活性。不过,脂肪含量高也使鲐鱼非常容易腐败变质,脂质中的脂肪酸具有大量不饱和烃链,易发生自动氧化,降解产物会产生令人不愉快的腥臭气味,并使营养成分降低。另外,鲐鱼肌肉中组胺酸含量较高,保藏不当,会转化为组胺,组胺对人体是有毒的,食用后会感到头晕、口干、心悸,但一般一天后症状就会自行消失,不会有生命危险。

鲅鱼的肉质紧实、细嫩,可红烧、清蒸、腌制,也可取其肉加工成肉丸。该鱼刺少,还可加工成鱼排、鱼条、鱼香肠等。然而,由于鲅鱼的汛期比较集中,除了鲜食之外,对其深加工是未来的发展方向。例如,鲅鱼松、鲅鱼酱、鲅鱼干等都是高值的营养食品,深受人们的喜爱。

半滑舌鳎

半滑舌鳎是一种暖温性近海底层的鱼类,主要分布在渤海、黄海。半滑舌鳎肉味鲜美,口感爽滑,鱼肉久煮而不老,无腥味和异味,加之高蛋白、低脂肪的营养特点,长期以来就被人们视为海鲜珍品,已成为最具发展潜力的养殖品种。

半滑舌鳎是一位天才的"伪装家",因为它极好地利用了保护色和拟态的方法来伪装自己。从外形上看,半滑舌鳎酷似舌状,因此也有人叫它"舌头鱼"。它的两只眼睛不同于其他鱼类"一左一右",而是生于背面中线偏下方,并且距离很近。因此,半滑舌鳎也是我们平常所说的"比目鱼"的一种。半滑舌鳎的眼睛之所以不同于其他鱼类的"一左一右",与它长期的底栖生活是息息相关的。可以想像一下,当它趴伏于海底沙石中的时候,无论是食物还是天敌都只会从它的头顶出现,那么两只眼睛正好便于观察和捕食。其实,半滑舌鳎适应底栖生活的身体特征,还远不止这双位于头顶的眼睛。它那扁平呈流线型的体形、背腹部质地不同的鳞片以及体表分泌的黏液,都是它生存繁衍所离不开的"独门绝招"。它那扁平流线型的体形,可以使它游动时减少阻力,且不会被水流冲击。它身体腹侧生有白色弱栉鳞,背侧则为砂色强栉鳞。人们拿在手里会感觉它腹面十分光滑,而背面却十分粗糙。这样的体表和体色,也对它的伪装十分有利。当它趴在海底时,粗糙的背面酷似海底沙质的表面,很难被它的猎物和天敌发现。一旦真的被天敌发现,半滑舌鳎也不会束手就擒,因为流线型的体形能保证它拥有很快的速度逃生。即便被天敌追上,其体表分泌的大量黏液有时也能使它很快溜掉。

河鲀

提起河鲀,很多人会谈"鲀"色变。这也难怪,因为它的确含剧毒,曾经使一些盲食者食之亡命。但它的鲜美,常常使人们垂涎三尺,因而民间又有

"冒死吃河鲀"一说。

其实,河鲀不是全身都有毒。它的毒素主要分布在卵巢和肝脏,其次是肾脏、血液、眼睛、鳃和皮肤。肌肉是无毒或微毒的,而且洁白如霜,肉味腴美,鲜嫩可口,含蛋白质甚高,营养丰富,只要处理得当,即可做成席上珍馐,所以民间将其奉为"百鱼之首"。凡品尝过河鲀的人都赞美道:"不吃河鲀,不知鱼味。"河鲀肉除味道鲜美外,还有降低血压、治腰腿酸软等功能。亚洲的日本、朝鲜及中国均极喜爱吃河鲀,尤其日本人嗜食河鲀当称世界之最,主要用于制作生鱼片,仅东京河鲀专门餐馆就达百家。河鲀毒素量的多少,常因季节的不同而有变异,每年2~5月为卵巢发育期,毒性较强;6~7月产卵后,卵巢退化,毒性减弱;肝脏也以春季产卵期毒性最强。你可不要认为是毒就是坏的东西,河鲀的毒素可具有很高的药用价值呀!它不仅是临床医学中的高级镇痛剂,还有恢复精力之功效,价格十分昂贵。

河鲀,又称河豚。河鲀体短且有斑纹斑点,呈长椭圆形,头吻很宽,唇、牙发达,上下颌各有两个板状的门齿,有尾柄。大多数种类生活于温热带海洋,少数生活在淡水中,是一种底层肉食性鱼类。它们生性凶猛,从稚鱼长出牙开始就会出现互相残咬的现象。当河鲀遇敌时,由于其体内气囊迅速充气而使腹部膨胀成球,浮于水面以逃避敌害,离水后也能膨胀而发出"咕咕"声,所以民间也称之为"气鼓鱼"。常见的河鲀主要有弓斑东方鲀、红鳍东方鲀、假晴东方鲀和暗纹东方鲀等,在我国、朝鲜、日本以及其他东南亚国家的沿海均有分布,我国沿海一带几乎全年均可捕获。在长江、珠江则在春、夏之间出现汛期,为沿海及江河中下游的主要渔业对象之一。河鲀浑身是宝,就连它的皮韧性也很强,还可以制革,开发前景十分广阔,现在已经成为很多沿海地区养殖的主要品种。

大黄鱼和小黄鱼

在陆地的动物世界里,既有悦耳的鸟鸣,也有凄凉的狼嚎,还有学舌的鹦鹉、阴森的猫头鹰叫……那么在汹涌澎湃的海洋中,鱼儿是不是也有自己的声音和音乐呢?

是的,其中最著名的"歌唱家"当属黄花鱼——大黄鱼和小黄鱼。大黄鱼、小黄鱼都是我国名贵的传统经济鱼类,它们的形态、习性都非常相似,因背部褐色、腹部金黄色,通称为黄花鱼。大小黄鱼的鱼鳔都能发出巨大的响声。尤其是大黄鱼,每年在"立夏"前后的产卵季节,雄鱼会发出"咯咯"、雌鱼会发出"哼哼"的巨大鸣声。在夜深人静的海面上,渔民们经常可以清晰地听到这种来自于大洋深处的鸣声。这种发声一般认为是鱼群用以联络的手段,在生殖时期则作为鱼群集合的信号。声音之大,在鱼类中少见。明代的《渔书》记载,"每年四月,自海洋绵亘数里,其声如雷,海人以竹筒探水底,闻其声,乃下网截流取之"。

大黄鱼又称大黄花,体长而侧扁,尾部较细长,尾柄长为尾柄高的 3 倍多,肉质细嫩鲜美、蛋白质含量高、胆固醇含量低,可治疗贫血、滋补身体而成为海水鱼类中的极品,历来是宴席上的珍馐佳肴,有"琐碎金鳞软玉膏"之誉。大黄鱼的鱼鳔是有名的"海八珍"之一——鱼肚,自古以来就是强身健体、美容养颜的滋补佳品。鱼头中的耳石可以入药,有消热去瘀、通淋利尿之效。小黄鱼又称小黄花,比大黄鱼的体形稍小,鳞片较大,尾柄较短,尾柄长为尾柄高的 2 倍多。小黄鱼虽个体较小,但也是味道鲜美,富含各种活性营养成分,是婴幼儿及病后体虚者的滋补和食疗佳品。

大、小黄鱼都曾经是我国四大海洋经济鱼类之一,在 20 世纪 50 年代以前,资源非常丰富,它们都曾创下了几十万吨的捕捞量,仅次于带鱼。但是随着过度捕捞和环境的恶化,70 年代末已经形不成较大的鱼汛,到了 80 年代,近海已经难觅踪迹。近年来,大黄鱼养殖业发展迅速,浙江、福建都已经建立了较大规模的养殖基地,取得了明显的经济效益。

鳕

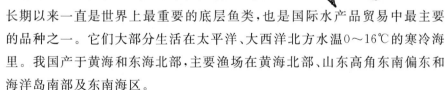

鳕,通称为鳕鱼,又被人们形象地称为大头青、大口鱼、大头鱼等,属冷水性底层鱼类,长期以来一直是世界上最重要的底层鱼类,也是国际水产品贸易中最主要的品种之一。它们大部分生活在太平洋、大西洋北方水温0~16℃的寒冷海里。我国产于黄海和东海北部,主要渔场在黄海北部、山东高角东南偏东和海洋岛南部及东南海区。

鳕鱼胃口非常好,几乎什么都吃。它们在水里张着口,遇到什么都吞下去,就连同种的其他幼鳕也不例外。鳕鱼的这种贪婪,使它们非常容易上

钩。据说,这反而引不起垂钓者的兴趣了。垂钓者发明了一种不带鱼饵的鱼钩,鱼钩上面仅仅放上一个小铅块。有的渔民发现,有时候他们往船下扔泡沫塑料,也能吸引出大群的鳕鱼。因为它们吃得多,所以长得也快,10年多就能长到1米大。繁殖力也强,体长1米左右的雌鱼,一次可产300万~400万粒卵。它们通常聚集在一起,集群生活,因此捕捉也很容易。正因为如此,鳕鱼自古就是有名的食用鱼,世界上很多国家都把鳕鱼作为主要食用鱼类之一。

鳕鱼也是古今中国人饭桌上的重要食品,肉质白细鲜嫩,清口不腻,是宴请宾客的美味佳肴。除鲜食外,它们还被加工成各种冻、干食品。此外,鳕鱼的肝脏大而且含油量高,富含维生素A和D,是提取鱼肝油的重要原料。除了食用之外,鳕鱼肉、骨、鳔、肝均可入药,其皮也可制成皮革。鳕鱼还有个特别之处,就是特别能抵抗严寒,甚至在南极和北极的冰海中仍然能看到它们活跃的身影。那么,鳕鱼究竟为什么能生活在0℃以下的水中呢?鱼类生理学的研究结果表明,原来在它们的血液中有一种特殊的生物化学物质,叫做抗冻蛋白,它能够降低水的冰点,从而阻止血液的冻结。抗冻蛋白赋予鳕鱼惊人的抗低温能力。

虽然鳕鱼产量大,繁殖能力强,但也并不是无穷无尽的资源。有报告指出,30年来全球鳕鱼捕捞量已经剧减了约70%,如不采取有效措施,鳕鱼资源很可能在15年内枯竭。目前,计划捕捞与资源保护相结合已经成为世界各国的共识。也就是要在基本满足我们人类需要的同时,尽可能地保护鳕鱼资源,禁止过度捕捞和非法捕捞,走可持续发展的道路,让我们的子孙后代永远都能享受到大海给予我们的馈赠。

鳀鱼

鳀鱼又称离水烂、老雁食等,是鳀科鱼类的通称。世界上有十多个种类,广泛分布在西太平洋、秘鲁沿海、大西洋东部等温带和亚热带海域。我国的黄海、东海、渤海均有大量分布,是世界资源量最大的鱼类之一。

鳀鱼的个头较小,一般长8~16厘米,体形瘦长。在海洋食物链中,鳀鱼处于承上启下的中间环节。它以各种水蚤、磷虾等浮游动物作为食物,同时又是许多大型鱼类的美餐,对海洋生态环境的维持有着重要意义。

鳀鱼是温水性中上层鱼类,有明显的昼夜垂直移动习性。白天表层水温较高时,一般栖息于中层或近底层,下午黄昏左右就会向上移动,到凌晨时分又会逐渐下潜。人们根据鳀鱼的这一习惯,一般选择晚上鳀鱼位置比较固定的时候进行捕捞。鳀鱼的这一特性也使 20 世纪 60 年代的秘鲁出现了"鱼从天降"的奇迹——1962 年,大自然把无穷无尽的鳀鱼群推向秘鲁近海,海中鳀鱼的密度让人吃惊,即使闭着眼下网也能满载而归。这使得秘鲁这个渔业小国,一举成为世界第一产鱼大国。这其中的主要原因,是一股沿着秘鲁海岸的寒流,由于种种原因改变了方向,使秘鲁沿海附近的底层深海冷水大量上涌,底层海水营养物质的大量上浮,使浮游生物暴发性繁殖,也使得鳀鱼等鱼类繁殖到了天量。

鳀鱼的脂肪含量非常高,上岸后很容易腐败变质,因此得名"离水烂"。我国在 20 世纪 80 年代以前,基本上没有进行捕捞作业,鳀鱼资源在很长的时间里没有得到合理的开发利用。但是,随着其他经济鱼类的过度捕捞和衰退,鳀鱼开始受到人们的重视。不过,因为它"离水就烂",鲜销比较困难,一般都是就地加工,做成干制品、罐头食品等。

鳀鱼的另一重要用途就是用于鱼粉饲料的加工。在鳀鱼渔获量最大的秘鲁,95% 以上的鳀鱼都用来加工鱼粉,也使得秘鲁成为最大的鱼粉生产国,占全球鱼粉贸易总量的一半以上。

孔鳐

提起孔鳐,可能会有很多人不知其为何物。可一说到它的别名"老板鱼",那可是大名鼎鼎了。

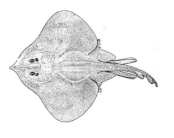

孔鳐是一种冷水性小型鳐科鱼类。这位海中的"老板"可不像我们人类的老板那样风光。它的胆子很小,一般栖息在较寒海区的沙底,白天浅埋沙中,只露出两个小眼睛和喷水孔,一有点风吹草动,连眼睛也不敢露了。只有到了晚上,才悄悄地出来找点吃的,而且只能以小虾、小蟹、软体动物和小鱼为食。你说,哪有这样的"老板"呢?

不是"老板",那为什么人们叫它"老板"呢?这可能是因为它体形的缘故。孔鳐胸鳍扩大,向前伸延至吻端,就像两把扇子分列两侧,而腹鳍则前部特化呈足趾状。背部褐色,腹部淡白色,两只小眼睛呈椭圆形,后面有喷水孔,尾巴平扁而狭长,整个身姿、体态优美而扁平,形似扁板,在海里就像一只大鸟游来游去。所以,人们给它起了个"板鱼"、"老板鱼"的名字,也有的地方称之为"锅盖鱼"、"劳子"。但此"老板"与现在企业的"老板",是风马牛不相及的两回事。当初人们给它起"老板鱼"这个名字的时候,也根本就没有想到当今"老板"用语的泛指。

孔鳐主要产于我国的辽宁、山东、江苏以及朝鲜、日本等海域。它虽不是"老板",但身价高贵,是当今"老板"们的常用菜。从这个角度说,叫它们"老板"也不过分。孔鳐肉质细嫩、洁白、鲜美,鱼刺很少,只有中间一条大骨,而且属软骨鱼类,分出来的都是些软骨一样的鱼刺,脆嫩可嚼,含钙极高,可以跟鲨鱼翅媲美。所以,孔鳐常被拿来烧汤或是清炖,尤其老板鱼炖豆腐是北方筵席上的传统名菜。

孔鳐也可加工成干制品,山东地区称为"劳子干",别具一番风味,被视为过春节不可缺少的"年货"。不过,由于鳐鱼鱼肉中含有尿素的氨味,所以鲜食时应先用沸水氽过方可烹制。

鳓鱼

鳓鱼,我国北方称白鳞鱼、鲞鱼、脍鱼,南方称曹白鱼。我国沿海均有分布,是一种传统的中型海产经济鱼类。

鳓鱼体长一般30~40厘米,身披圆鳞,无侧线,背鳍和腹鳍均比较短小,尾鳍呈深叉形。体侧为银白色,背部黄绿色,背鳍和尾鳍淡黄色。宋代《雅俗稽言》中形容说:"鳓鱼似鲥而小,身薄骨细,冬天出者曰'雪映鱼',味佳,夏至味减,率以夏至前后以巨艘入海捕之。"鳓鱼为近海洄游中上层鱼类,主要以鱼类、头足类、多毛类、长毛类等为食。其洄游季节性较强,对温度的反应敏感。在水温低时,它们都在近海水域栖息,当水温升高则靠近沿岸活动,偶游入河口处。每逢春、夏季,它们会成群结队地游到河口沿海产卵,即形成渔汛。鳓鱼游速很快,渔民说它是"小小鳓鱼无肚肠,一夜游过七爿洋",因此很难捕捉其行踪。传统的捕捞方法多用流刺网。这是一种长方形的网片,放网时数十至数百片联结起来,对着潮流横设在海中,好似一道道屏障,拦截了鱼群的去路,当鱼经过时即被网缠绕而捕获之。

鳓鱼在我国渔业史上是最早的捕捞对象之一,已有5 000多年的历史,在新石器时代的遗址中,就多次在墓葬中发现鳓鱼骨头。鳓鱼不仅鲜食可口,而且经过腌制加工之后,其味超乎其他咸干鱼之上,如广东的"曹白鲞"、浙江的"糟鳓鲞"等,均久负盛名。以传统的烹调方法制成的鳓鱼罐头,更别具风味,远销国内外。但作为食用鱼,鳓鱼鳞大而多,刺也很多,这给食用带来了一些麻烦。

鲨

提起鲨,人们顿觉恐怖。特别是看过电影《大白鲨》的朋友,更会对那条庞然大物不寒而栗。那么,自然界中的鲨鱼究竟是什么样子呢?

鲨属于软骨鱼类,在古代叫做鲛。已知最早的鲨,出现于大约4亿年前,比恐龙还要早两亿多年。目前全世界的鲨鱼共有250种,我国海洋里有70多种。最大的鲨要属鲸鲨,体重可达80吨,体长25米。鲨食肉成性,凶猛异常,所以被人们称为"海中之狼"。它们的嗅觉非常灵敏,对海水中的气味,尤其是血腥味特别敏感,受伤的鱼类哪怕只有极少量的出血,都可以把它从远处招来。鲨有5～6排锋利的牙齿,随时更换,即使活到100岁,牙齿也完好无损。鲨的骨架都是由软骨而非普通的骨头组成的。鲨没有鳔,总是通过不停的游动来保持身体不下沉。

鲨鱼不像我们想像中那样以吃人为乐的,只有大白鲨、噬人鲨等少数几种鲨,在非常饥饿并闻到了血腥味或遭到攻击的时候才会攻击人类。近年来,全世界有记载的鲨鱼伤人事件平均每年只有28起。2003年,全世界只有55起关于鲨鱼无缘无故袭击人类事件的报道。相对于有关人被其他动物攻击或人在意外事故中伤亡的报道,这个数字是微不足道的。相反,人类对鲨的伤害却远远超过了它们对人类的伤害。从古至今,人类一直捕鲨以取得它们的肉、鳍、牙齿、皮和软骨。特别是鲨鱼的鳍,经过加工以后被称为"鱼翅",是难得的珍馐佳肴,刺激着人们想方设法地捕杀鲨鱼。据统计,每年有1亿条鲨鱼被人们残忍地割掉了鱼鳍!现在,由于过度捕杀,鲨鱼种类逐年减少,部分种类濒临绝种。如果不加以控制,恐怕数十年后鲨鱼便会从地球上消失。

大菱鲆

大菱鲆又称为欧洲比目鱼,我国市场上人们根据其英文名"turbot"音译为多宝鱼,是原产于东北大西洋的一种特有、名贵的比目鱼类。

大菱鲆色彩斑斓,绚丽多姿,两眼在上,扁扁的身子、柔软的身躯,在水中游起来非常漂亮,宛如水中蝴蝶,故又有"蝴蝶鱼"之称。它既是一种美食,又是一种名贵的观赏鱼类,有"肉味像冷水鱼,身姿却似热带鱼"的美誉。它的性格温和,平时游动很少,以小鱼、小虾、贝类、甲壳类为食,近年来已成为各国开发的优良海水养殖鱼类之一。不过,大菱鲆是一种冷水性底栖鱼类,常栖息于70~100米的深海,如果人工养殖的话,对温度的要求就非常严格,最高的生长温度在21~27℃,28℃以上就会致死。它的耐低温能力很强,7℃以上仍可以正常的生活。

大菱鲆肉质鲜美,营养组成全面,配比合理,肉多而刺少,鳍边和皮下有丰富的胶原蛋白,其口感近似于甲鱼的裙边和海参,滑爽滋润。古罗马人就十分赞赏大菱鲆的美食和营养,称之为"海中雉鸡",贮存于水池中,留作重大节庆之日享用。直到现在,大菱鲆仍然是欧洲等各国喜食的鱼类,常常供不应求。

我国自20世纪90年代中期由欧洲引入大菱鲆,在山东、河北等地都建立了大规模的养殖基地。短短数十年间,大菱鲆的产量已经超过了欧洲的产量。大菱鲆鲜美的肉质、漂亮的身姿,又有一个多福多宝的吉祥名字,使它迅速成为我国高档的海鲜菜肴。最流行的做法当属清蒸,不过它有一特殊之处,通常海鱼都是"躺卧"的姿态而烹,唯独它是腹部向上,真正的"仰卧"姿势,因为它背面"乌卒卒",极不雅观,而腹部就不同了,"白雪雪"的,能够引起食客的食欲。

大西洋鲑

提起大西洋鲑,可能有人不知道。可一说"三文鱼"、"大麻哈鱼",大家就不会陌生了吧。其实,它们是同一种鱼,是目前世界上最主要的人工养殖种类和养殖产量最高的海水鱼类。"三文鱼"是一种冷水性鱼类,在我国一直没有开展大规模的商业化育苗和养殖,我们在饭店吃到的生鱼片,大多是进口货。

三文鱼体长而侧扁,吻端突出,眼小口大,体被细小鱼鳞,身上有斑斑麻点,是一种非常有名的溯河性洄游鱼类。它通常在淡水江河的中上游产卵。幼鱼在淡水中生活一段时间,然后降河入海,游到海洋里长成。再在海中生活几年,直到性成熟时又在体内神秘基因的催动下,千里迢迢地踏上返回栖息地产卵繁殖。它们为了完成生殖任务而花费的力气是非常惊人的。它们能飞越瀑布和堰坝等横在河流中的障碍物。"飞越"瀑布的壮举,多少年来一直被人们赞为奇观。它们一到了淡水区就停止摄食,所以体重就渐渐减轻,健康而优美的体貌也每况愈下。特别是外部形态,银白的鲜艳色彩逐渐被暗赤褐色取代。三文鱼的产卵场所,一般选择在水流相当湍急的沙砾底质的浅水区。一旦亲鱼到达产卵场,雌雄先成对地分散。接着雌鱼开始工作,通过身体和尾巴的摇动,掘出浅坑,把卵产在坑中。同时雄鱼来使它受精,受精卵下沉并附着在河底。由于水流能迅速地通过细沙砾的间隙,使卵能得到充足的氧气。之后,雌鱼用细沙砾把卵覆盖。由于长途洄游、筑坑产卵异常艰辛,产卵时又停止进食,所以这些爸爸妈妈们在完成孵化幼子的任务以后,大多体力耗尽,很快死去,残躯又化为幼鱼的饲料。

野生三文鱼的另一大特点,是肌肉通常呈现漂亮的橙红色。据研究表明,可能是食用大量小虾的缘故。虾壳中含有虾青素,在虾壳中色素与蛋白质结合而呈现青色。不过被三文鱼消化后,与蛋白质分离,在三文鱼体内逐渐积累而呈现为橙红色。人工养殖的三文鱼,由于没有虾类饲料,肌肉是白色的。于是生产者就在饲料中添加少量的虾青素,经过一段时间的喂养,就会形成与自然捕捞产品基本一致的肌肉纹理和颜色。这一过程,称为间接着色或生物着色。

三文鱼肉质红润、紧密、细嫩,无论生食或熟食,均味道鲜美,而且营养丰富,富含深海鱼油,能降低胆固醇含量,可有效防治心脑血管疾病及减轻因风湿、牛皮癣等疾病产生的痛苦,是世界上最有益健康的鱼类之一,被誉为"鱼中至尊"。

金枪鱼

金枪鱼因外形似枪而得名,它包括鲭科、箭鱼科和旗鱼科共计约 30 种鱼类。其中经济价值较高的是蓝鳍金枪鱼、马苏金枪鱼、大目金枪鱼、黄鳍金枪鱼、长鳍金枪鱼和鲣鱼。蓝鳍金枪鱼、马苏金枪鱼、大目金

枪鱼、黄鳍金枪鱼是生鱼片原料,长鳍金枪鱼和鲣鱼则是罐头原料。

金枪鱼生活在海洋中上层水域中,分布在太平洋、大西洋和印度洋的热带、亚热带和温带广阔水域,属大洋性远距离洄游鱼类,洄游范围遍及世界各大洋和沿岸水域。身长 1～2 米,体重一般 40～100 千克,最大的蓝鳍金枪鱼体长可达 4.3 米,重约 800 千克。金枪鱼是鱼类中的游泳能手,整个身体呈流线型,像鱼雷一样,可以减少它在游动过程中产生的阻力。尾部呈半月形,使它在大海里能够很快地向前冲刺。据记载,它最高游速可达每小时160 千米,比陆地上跑得最快的动物还要快。有一种金枪鱼能够从美国的加利福尼亚沿岸游到日本近海,全程长达 8 500 千米,平均每天游 26 千米;另一种金枪鱼横跨 7 770 千米宽的大西洋只用了 119 天,每天所游的路程都超过了 65 千米;还有一种金枪鱼竟然能够从澳大利亚湾穿越印度洋,最终抵达大西洋彼岸。它们长途洄游的耐力实在令人钦佩!金枪鱼在整个世界海洋东闯西窜,没有固定的栖息场所,所以有人把它称为“没有国界的鱼类”。金枪鱼有一个鲜为人知的特点,就是它们的体温不像其他鱼类和外界水温保持一致,而是比周围水温高。为什么呢?原来它身体两侧的皮肤肌肉血管网丛能储存热量,并且它们随时都在不知疲倦地快速游泳,肌肉的不停收缩使它们体温升高。金枪鱼的主要食物是各种鱼类和甲壳类等动物。金枪鱼种群意识很强,在大海中,成群的金枪鱼会排着整齐的队列向前游动。

金枪鱼生活在较深的海洋中,受污染程度很小,是一种全营养食品,特别是金枪鱼体内所含有的 DHA(即脑黄金)和 EPA,比其他鱼类高出很多,经常食用对人体健康极有好处,成为国际营养学会推荐的世界三大营养源之一。金枪鱼渔业则被称为“远洋渔业的黄金产业”。目前,世界上有 70 多个国家和地区从事捕捞金枪鱼的渔业生产。

四大家鱼

四大家鱼指青鱼、草鱼、鲢鱼、鳙鱼。之所以称它们为“家鱼”,是因为它们是我们国家特产的经济鱼类,也是我国淡水水产养殖业里的“当家鱼”。

我国的淡水养鱼历史悠久,刚开始主要是养殖鲤鱼。到了唐代,因为皇室姓李,所以鲤鱼的养殖、捕捞、销售均被禁止,养鱼者只得从事其他品种的生产,这就有了青、草、鲢、鳙鱼。北宋时,这四种鱼类被进一步发展到更广泛的区域养殖。它们不仅易养味美,而且能直接减少水体中的氮、磷含量,减轻水体富营养化,大受养殖生产者和水产品消费者的欢迎。久而久之,这四种鱼就成了我国传统的"当家鱼"。在中国的淡水养殖品种结构中,四大家鱼一直占据主要位置,产量约为总产量的 80%。

将这四种鱼称为"四大家鱼"并相提并论,是有一定道理的。因为这四种鱼首先由野生状态成为"家养"状态,它们的人工繁育技术、鱼苗鱼种培育技术和成鱼养殖技术,都有很多共同点。而且养殖者常常把它们同塘混养,共用一水。鳙生活在水的中上层,主要吃浮游动物;鲢也生活在水的中上层,主要吃浮游植物;草鱼一般生活在水的中层,主要吃水生植物的茎和叶;青鱼生活在水的下层,主要吃螺、蚌等水底动物。这样以来,四种鱼相互依存,相得益彰。生长在上层的鱼类的粪便,在水里繁殖浮游动物,为下层的鱼类提供了食物;生长在下层的鱼类,也为上层鱼类清理了水质。所以它们的混养,既充分地利用了水体,又提高了饵料的利用率。

但是,四大家鱼又各有特点。青鱼,个体大,肉厚、多脂、味美,刺大而少,富含营养,是经济价值很高的家鱼,特别是在"美食家"居多的江南更受欢迎;草鱼,又称鲩鱼,肉嫩而不腻,是一种生长快、适应性较强的鱼类,它性情活泼,在气候温和时整天东游西逛,常游弋于水的中上层和近岸水草区觅食,夏日是草鱼最为活跃、食欲最旺盛、生长最快的时期;鲢鱼,又叫白鲢,喜群游,常浮游,怕惊扰,喜雀跃,遇到响动或小鸟掠过水面,立刻引起鱼群骚动而跃出水面,此起彼落,看得人眼花缭乱;鳙鱼又叫花鲢、胖头鱼,外形似鲢,侧扁,鱼头大而肥,肉质雪白细嫩,深受人们喜爱,特别是近几年鱼头火锅的时兴,人们对它更加青睐。

鲤

说起鲤鱼,相信没有人不熟悉它。鲤鱼是淡水鱼类中品种最多、分布最广、养殖历史最悠久、产量最高者之一。2000 多年来,一直被人们视为上品鱼。

鲤鱼俗称鲤拐子,它们身体侧扁而腹部圆,口呈马蹄形,须 2 对,体侧金黄色,尾鳍下叶橙红色。鲤鱼平时多栖息于江河、湖泊、水库、池沼的水草丛生的水体底层,以食底栖动物为主。其适应性强,耐寒、耐碱、耐缺氧,几乎分布于北半球的所有淡水区域,特别是在东南亚和非洲。鲤鱼与中华民族有着极深的渊源,在人民心目中是勤劳、善良、坚贞、吉祥的象征。在我们的

日常生活中鲤鱼及其形象几乎随处可见:黄淮一带有"没有老鲤不成席"的说法,至今民间还保留着逢年过节拜访亲友送鲤鱼的风俗,以示尊敬和祝贺;以鲤鱼的形象象征吉庆有余的年画比比皆是;成语"鲤鱼跳龙门"有中举、升官、飞黄腾达或逆流前进、奋发向上等寓意。

鲤鱼是世界上最早养殖的鱼类。早在殷商时代,我国便开始池塘养殖鲤鱼。在春秋战国时期,范蠡就编著了世界上最早的养鱼著作——《养鱼经》,其中详细记载了池塘养殖鲤鱼。到了汉代,池塘养鲤已很盛行,从皇室到地主都经营着养鲤业。到了唐代,因为皇帝姓李,"鲤"与"李"同音,因而鲤鱼身价倍增,摇身一变成了皇族的象征,于是"养鲤"、"捕鲤"、"卖鲤"、"食鲤"都成为皇族最大的禁忌,违者必处以重罚,所以唐代鲤鱼养殖业渐渐衰败。后来,鲤鱼从我国渐渐传到其他国家。如今,鲤鱼已成为一种世界性养殖鱼类。新中国成立之后,随着生物工程技术的迅猛发展,科学家们通过人工杂交育种技术,培育出丰鲤、荷元鲤、芙蓉鲤、建鲤等多个生长快速、品质良好的鲤鱼新品种。同时,鲤鱼因为自身绚丽的色彩,有很高的观赏价值。在日本,红色的鲤鱼被称为"锦鲤",象征吉祥、幸福,更有"神鱼"和水中"活宝石"的美称。

鲤鱼味道鲜美,营养丰富,是内陆地区鱼席上的当家菜。"糖醋鲤鱼"作为鲁菜最有名的代表菜名扬天下。

鲫

鲫是我们日常生活中最常见的淡水鱼之一。如果你有机会去黄山游览,在天都峰上,有一处名叫"鲫鱼背"的景观,其形颇似出没于波涛之中的鲫鱼之背。看了它,你大致上就知道鲫鱼是个什么样子了。

鲫,俗称喜头、河鲫鱼等。鲫体侧扁而高,体长为体高的 2.2～2.8 倍,腹部圆,头较小,吻钝,口端位,无须,下咽齿侧扁。背鳍和臀鳍均具一根粗壮且后缘有锯齿的硬刺。鳞较大,整个身体呈银灰色,背部深灰色,腹部灰白色。

鲫鱼最大的特点是对环境的适应能力特别强。从亚寒带到热带,不论水体深浅,也不管是流水或静水,还是清水或浊水,什么环境均能适应。它们一般比较喜欢栖息在水草丛生、流水缓慢的浅水河湾、湖汊、池塘中。对水温、食物、水质条件、产卵场的条件都不苛求,能在其他养殖鱼类所不能忍受的不良环境中生长繁殖。鲫鱼属于杂食性鱼类,它们的食谱广、杂,动物性食物以枝角类、桡足类、苔藓虫、轮虫以及虾等为主;植物性食物则以植物的碎屑为主,常见的还有硅藻类、丝状藻类、水草等。鲫鱼在我国除青藏高原外各地各种水域都有出产。在自然水体中,鲫鱼的产量在淡水鱼总产量中所占的比例高居首位。鲫鱼适应性强,在各种水体皆可生长、繁殖,且一年即达性成熟,种群恢复快,故一直被作为养殖搭配的对象。鲫鱼的养殖品种繁多,常见的各种金鱼便是普通鲫鱼经过人工筛选、驯化而成的变种。

鲫鱼,性温平味甘,有益气健脾、温中下气、清热解毒、利水消肿、通脉催乳之功。中医常用其治疗脾胃虚弱、食欲不振、水肿、腹水、产妇少乳等症。在寒风萧萧、冷气袭人的冬季,鲫鱼肉肥籽多,味尤鲜美,故民间有"冬鲫夏鲇"之说。我国古医籍《本草经疏》也对鲫鱼有极高评价:"诸鱼中唯此可常食。"鲫鱼含有丰富的营养成分,如常食,益体补人,尤其是产妇食鲫鱼汤后,能增加乳汁。

团头鲂

提到团头鲂你可能不太熟悉,但提起它的另外一个名字"武昌鱼",你一定会有如雷贯耳之感。

说起武昌鱼这个名字的由来,还要追溯到三国末期。当时吴国国主孙皓想从建业迁都武昌,遭到了朝内部分大臣的强烈反对。其中左丞相为劝阻吴王迁都而授意,编了一首民谣:"宁饮建业水,不食武昌鱼;宁还建业死,不止武昌居……"从此,武昌鱼的称谓便流传下来,渐渐成为家喻户晓的美味佳肴。据此,武昌鱼这个名字至今已经有 1 700 多年的历史了。让武昌鱼真正名扬天下的,还是我们敬爱的毛主席。他在 1956 年畅游长江,写下了脍炙人口的名篇《水调歌头·游泳》,词开头两句,就提到了这种悠久历史的美味:"才饮长沙水,又食武昌鱼。"

团头鲂,身体高而短,侧扁形,从侧面看呈菱形。头短小呈三角形,口小,无须。体背灰黑色,腹侧灰白色,沿体侧并有若干纵列的黑色条纹,鳍为青灰色。原产于我国长江流域,以中游数量最多。它们主要栖息于水流缓慢的河流或湖泊的中下层水域,以泥质底并有水草丛生的静水水域最多。幼鱼以浮游动物为主食,成鱼则以水生植物为主食。最大体长可达 40 厘米,通常为 20 厘米左右。

团头鲂生长较快,肉味腴美,含肉量多,是我国主要食用经济鱼类之一,深受群众欢迎。水产科技的发展,逐步解决了团头鲂人工繁殖的问题。团头鲂已经成为市场畅销品种,养殖经济效益较好,而养殖条件要求不高,养殖技术易掌握,是适宜广大养殖户养殖的品种之一。近年来,团头鲂还作为对外交流的友好使者,先后到日本、美国、墨西哥、刚果等国家"安家"。

黄河刀鱼

提起刀鱼,人们往往会想到海里的带
鱼,其实淡水里也有刀鱼。在黄河入海口,
由于受渤海和黄河的双重关照,水产资源极为丰富。这里常年流入大量的黄河淡水,海水含氮量高,有机质多,饵料充足,加上盐度季节性变化大,浮游生物异常繁盛,从而成为鱼类繁殖、觅饵、生息的良好场所,素有"百鱼之乡"的美称。被列为百鱼之首的,则是黄河刀鱼。

黄河刀鱼又名刀鲚或毛刀鱼,因其体形酷似一柄尖利的刀而得名。这种刀鱼在我国长江口、珠江等水域也有,但黄河刀鱼别具风味。它与其他地区的刀鱼比起来,大而肥,鲜而纯。黄河刀鱼腹部呈银白色,脊背却像镀上一层金,透出金灿灿的鲜黄色。它们成群地在水中穿梭,速度极快,一闪即逝。因此,在水中游起来如刀光剑影,煞是好看。黄河刀鱼尽管多刺,但脂肪丰富,肉质细嫩,既有海水鲜味,又有黄河水的香味,熟后鲜味奇佳,浓香异常。据说将此鱼放在阳光下暴晒,最后只剩下鱼骨和一汪油迹。不过,并不是所有在黄河里捕获的黄河刀鱼都是这样的。它们在洄游途中,消耗大而摄食少,越往上游越瘦,刺也越硬。大多数刀鱼游至东平湖就停止洄游,但这时鱼已瘦成皮包骨头,难以食用了。所以,食用黄河刀鱼的最佳地点非黄河口莫属。黄河入海口有句渔谚:"麦稍黄,刀鱼长。"每年4月初到麦熟前,黄河刀鱼会从黄河口逆流而上,此时正是捕捞的最佳季节。

泥鳅

泥鳅,又叫"鳅鱼"。它分布特别广泛,我国除西北高原地区以外,从南到北的湖泊、池塘、沟渠和水田底层,凡是有水域的地方几乎都有它。

泥鳅浑身滑溜溜的,背部和两侧为灰黑色,全身又布满黑色小斑点,在它的尾柄处有大黑点。小小的眼睛,嘴的周围长着5对触须。喜欢在静水区的底层栖息着。它们的生命力极强,不会因不良环境或生病而死亡。泥鳅的肠子很特别,在它的肠壁上密密麻麻地布满了血管,前半段起消化作用,后半段起呼吸作用。泥鳅在水中氧气不足时,会到水面上吞吸空气,然后再回到水底用肠进行呼吸,废气由肛门排出。所以在泥鳅比较集中的地方,人们往往能看到水里冒出很多气泡。

泥鳅还有个有趣的名字,叫"气候鱼"。因为它们能够准确地预报天气,是一种活的晴、雨预报表。当天气晴朗,大气压力高,有较多的氧气溶解在水中时,它们主要依靠鳃进行呼吸,这时它们会安静地潜伏在水底,活动减少,这预告着天气晴朗;相反,气压低,溶氧量减少时,它们仅仅依靠鳃呼吸无法满足需要,只好浮出水面吸取氧气,用肠帮助呼吸,有时甚至还会成群跳出水面,显得非常躁动,这就是即将下雨的前兆了。当它们呈假死状态,漂在水上,或长时间头朝上,浮在水面不沉下去,就表示可能有暴雨来临;当它们竖直了身体,上下垂直,还剧烈游动,头部不断透出水面呼吸,而且还迅速地将气体由肛门排出,就是预告大风即将到来了。有经验的渔民根据泥鳅的各种不同表现,就可以知道天气的变化,这比天气预报还准确呢。

泥鳅肉质细嫩,味道鲜美,深受国内外食者推崇,称赞它是"水中小人参"。因为泥鳅经过春天的养育,到了夏令初秋的天热时节,肉质最为肥美,故民间有"天上的斑鸠,地下的泥鳅"的说法。泥鳅的营养价值在鱼类中名列前茅,还有较高药用食疗价值。《本草纲目》上说:泥鳅甘、平、无毒,能温中益气;《医学入门》中称它能"补中、止泄"。泥鳅含蛋白质高,有消炎抗癌作用,对解渴醒酒、利小便、壮阳、收痔等都有一定药效,尤其热天食用能降温去火,因而受到大家的青睐。泥鳅是目前外贸出口的重要水产品之一,市场前景非常广阔。

银鱼

银鱼因体色银白、全身透明而得名。它们是一年生的小型经济鱼类,广泛分布于沿海和通海的江河及其流经的湖泊、水库等水域。我国银鱼产区主要集中在长江及淮河下游的浅水湖泊中,尤以太湖银鱼最负盛名。目前畅销于国内外市场的主要是太湖新银鱼和长江间银鱼两种。太湖新银鱼俗称小银鱼,长度在3～6厘米;长江间银鱼又称短吻间银鱼,俗称大银鱼、面条鱼,长度为8～20厘米。它们共同的特点是身体细长,略呈圆筒形;头部平扁,呈三角形。吻短,口小。生活时全体透明,从头的背面可以清楚地看到脑的形状。死后全体为乳白色,各鳍较透明、无色,体侧每边沿腹面各有一行黑色素小点。它们终生浮游在水体中、下层,以浮游动物为主食,也吃少量的小虾和鱼苗。

我国对银鱼的认识历史十分悠久。据《太湖备考》记载,吴越春秋时期,太湖就盛产银鱼。银鱼周身透明,在阳光照耀下,发出闪闪银光,故取名"银鱼"。相传春秋时代,吴王夫差打败越国后,为了庆祝,与西施泛舟太湖寻欢作乐,常将吃剩的鱼肉倒入湖中,后来这些鱼就化成了银鱼。因此,银鱼还有个名字叫"鲙残鱼"。它们成群漫游在水中,如银梭织锦,似银箭离弦。出水以后,顷刻变白,除了一对眼睛似两粒乌砂,全身洁白无瑕,晶莹得像用白玉、象牙、水晶、银粉制成的精美工艺品。纤细的骨骼不仅肉眼看不见,就是手和舌的触觉也难以分辨,真是娇美无比。

银鱼肉质细腻,无鳞无刺无腥味,可制成各种美味佳肴。清康熙年间,银鱼就被列为"贡品"。现在,冰鲜银鱼大部分出口,远销海外,人称"鱼参"。经过暴晒制成的银鱼干,色、香、味、形经久不变,制成各类应时名菜不比鲜银鱼逊色。银鱼还有医用价值,《日用本草》《食物本草》《医林纂要》《隋息居饮食谱》《本草纲目》等医著说,银鱼有"补肺清金、滋阴、补虚劳"、"宽中补胃、养胃阴、和经脉"等功能。

乌鳢

乌鳢,俗称乌鱼、黑鱼,是一种淡水名贵鱼类。由于乌鳢的头很像蛇头,所以在英文和俄文中,都把乌鳢称为"蛇头鱼"。乌鳢分布极广,在我国除西部高原地区外,从黑龙江至海南的河川、湖泊、水库、池塘等各种类型的水体中都有它们的身影。

乌鳢身体细长,前部圆筒状,后部侧扁,嘴很大,长满了锋利的牙齿。喜欢生活在水体的底部,为凶猛的肉食性鱼类。乌鳢有两大特点,一是十分凶猛,攻击力强。乌鳢以鱼、虾等为食,但它们从不主动追赶猎物,更多的时候像个老练的猎手,隐藏自己等待猎物上钩,以突然袭击的方式,一举咬住小鱼吞进肚里。二是爱子如命,产卵后,雌雄鱼会一起守护在育婴室的周围,不让别的鱼类或蛙类靠近。小鱼会游水以后,它们又常常随行于左右。若有其他鱼类或蛙类企图对幼苗偷袭,亲鱼就全力以赴驱赶这些不速之客。而且,常是雄鱼先上阵,如果失败了,雌鱼再挺身而出,前仆后继,壮烈之至,真是可怜天下父母心啊！

乌鳢肉质细嫩，骨刺较少，味道鲜美，营养丰富，食用后可滋身健体，入药有去瘀生肌补血的功效。现在已经成为淡水养殖的重要品种。

鲶鱼

听到"鲶鱼"这个名字，你脑海中会浮现出什么样的鱼？也许你会说"大概就是那种嘴巴旁边有胡子，圆头滑身的鱼吧"。不错，在日文中，它们的名字就是"有圆滑头部的鱼"。不过，鲶类是世界上淡水鱼中种类最多的一群，现存的鲶形目一共有 2 400 多种，分别属于 30 个科。它们的色彩、体长、形态变化多端，有很多鲶鱼长得的确让人很难把它们和鲶鱼联想在一起。

各种鲶鱼在身长和体重上的差异很大，最小的一种鲶鱼身长只有 4～5 厘米。泰国的渔民曾捕捉到一条重达 293 千克的鲶鱼，可能是世界上迄今捕获的最大鲶鱼。鲶鱼大多在嘴边长有像猫的胡须一样的触须，头部扁平，大部分独居生活，少数群居生活。鲶类眼睛基本退化，视觉非常差。它们大部分栖息在淡水中，只有少数种类在海中栖息。它们的胃口非常好，无论是动物还是植物统统是它们的腹中美餐。俗话说：鱼儿离不开水，但鲶鱼就有离开水暂时在陆地上生活的能力，甚至靠着胸鳍支持和尾部拍打，还能在地面上走几步呢。

鲶鱼营养丰富，肉质细嫩，美味浓郁，易消化、刺少、开胃，特别适合老人和儿童食用。除此之外，鲶鱼还可用于水肿病人利尿。在产妇乳汁不足时，还起催乳作用。对治疗黄胆、肺病、心脏病等病症，也有一定疗效。

罗非鱼

罗非鱼因原产于非洲，形似鲫鱼，故又称"非洲鲫鱼"，是世界上最重要的水产养殖品种之一，在我国的水产养殖中也占有十分重要的位置。

早在 1946 年，罗非鱼由吴振辉、郭启鄣首次引进台湾。为纪念这两个人，当时把罗非鱼叫做"吴郭鱼"。目前在我国养殖的罗非鱼品种主要是尼罗罗非鱼、奥利亚罗非鱼和它们的杂交品种——尼奥罗非鱼。它们的共同特点是食性比较杂，容易饲养，饵料来源丰富，生长快，适应性强，各种水域都能生长，且很少发病。唯一的缺点是它们很怕冷，当水温低于 15℃时就有生命危险。

罗非鱼对子女的爱护和照顾无微不至，称得上模范父母了。每年当水温达到 25℃ 左右时,罗非鱼的繁殖季节就到了。未来的罗非鱼爸爸便开始忙碌起来,在池边浅水区用嘴衔走泥土,掘出一个圆形的小窝作为新房。此时身体的颜色也变得深而发绿,背鳍和尾鳍的边缘还镶上了红边,非常美丽。它做好准备工作后,就开始追求自己心仪的雌鱼了。等到它们交配之后,雌鱼会把所有的卵都含在嘴里,让它们在自己嘴里孵化。为此,雌鱼竟然十几天不吃不喝,一直等到小宝宝们可以游动时,母鱼才张嘴放它们出来,但仍一直守在小鱼们身旁。一遇到危险,便马上张开大嘴,把小鱼们吸入口中。就这样,雌鱼不辞辛劳地养育着小鱼,直到它们能独立生活。有了罗非鱼妈妈的精心养育,小鱼成活率很高。一对罗非鱼进入生殖期后,一年能繁殖几代,很快就会子孙满堂了。

泰山赤鳞鱼

说起山东的名胜,恐怕你最先想到的便是"五岳之尊"的泰山了。不过你是否知道,一种在泰山上生活着的鱼,自古以来就被人们所极力推崇,它就是泰山赤鳞鱼。

泰山赤鳞鱼中当以泰山黑龙潭产的金赤鳞最为名贵。它生长于海拔 270～800 米的泰山山涧溪流中,一般长不足 20 厘米,喜欢吃藻类及浮游动物。泰山上的溪流是赤鳞鱼所喜爱的特有的生态环境,所以也有"赤鳞鱼不下山"之说。真正使它们名扬天下的,是它们极其鲜美的味道。有史书记载:"将其暴于暑天之日下,不到一个时辰,即化为油。"可见肉质的细嫩。据《泰山药物志》记载,赤鳞鱼有补脑益智、生清降浊、养颜补气、延年益寿、明目聪耳、坚齿健身之功效。李白、杜甫等游泰山时,品尝过赤鳞鱼的美味。清代乾隆皇帝曾多次游览泰山,每次必食此鱼。赤鳞鱼与云南洱海的油鱼、弓鱼,青海湖的湟鱼,富春江的鲥鱼,并称为我国五大贡鱼。

泰山赤鳞鱼自 1992 年就被确定为山东省唯一重点保护的淡水鱼类。20 世纪 90 年代以来,通过水产科技工作者的努力,在人工条件下成功地进行了泰山赤鳞鱼的繁育养殖,打破了"赤鳞鱼不下山"的说法,昔日御用贡品已经进入了百姓的餐桌。

鳜鱼

鳜鱼,又名桂花鱼、桂鱼、季花鱼、花鲫鱼等。

鳜属包括多种鳜鱼,其中最著名的是翘嘴鳜,其次是大眼鳜。鳜鱼是我国的特产,移植国外后,大受欢迎,称之为"中华鱼"。鳜鱼在我国分布极广,南起广东,北至黑龙江,中部长江、黄河及许多大小湖泊都是它的栖身之所。它外型漂亮,体黄绿色,有鲜明的黑斑,很多人把它当作观赏鱼养殖。鳜鱼虽然漂亮,可一点也不温柔,是非常凶猛的肉食性鱼类。从刚刚孵化成小鱼苗的时候,就以其他鱼类的鱼苗为食,能吞食相当于自身长度70%～80%其他鱼类的鱼苗。饥饿时,甚至会手足相残。它们胃口好,生长快,长大后主要以小虾、小鱼、小泥鳅等为食。鳜鱼还有个非常有趣的习性,就是它们经常成对活动。在一条鳜鱼后面往往还有一条紧随,就像前一条忠实的随从,形影不离地跟随着主人。人们在垂钓的时候就可以利用鳜鱼的这个特点,把已经钓到的鱼有意在水中溜几个回合,等后面的鱼跟随而来,就可以把另外一条也捞上来,真可谓一箭双雕啊。

鳜鱼属食肉性动物,又吃活食,所以鱼肉细嫩,味道鲜美,鱼刺少,味清香扑鼻,鲜脆可口,可谓"席上有鳜鱼,熊掌也可舍"。所以历来被认为是鱼中上品、宴中佳肴。每年春季的鳜鱼最为肥美,被称为"春令时鲜"。中国各大菜系中,都有鳜鱼名菜,如徽菜的臭鳜鱼、苏菜的松鼠鳜鱼、鲁菜的烤花揽鳜鱼、绍兴的清蒸鳜鱼等。文人墨客对鳜鱼也是情有独钟,诗画众多,其中唐代词人张志和的"西塞山前白鹭飞,桃花流水鳜鱼肥"是最有代表性的一句。

我国鳜鱼养殖开始于20世纪30年代,经过半个世纪的不断努力,至80年代末,基本上完善了从人工繁殖苗种培育至成鱼饲养的全人工养殖工艺技术。我国鳜属鱼类虽然很多,但目前真正被开发利用的仅有翘嘴鳜和大眼鳜。

鳗鱼

不知道你吃过烤鳗没有,那种特殊的香甜保证让你直吞口水。它肉质细嫩,味美,具有相当高的营养价值,被称之为"水中人参"。自古以来,鳗鱼就是我们较为熟悉的一种鱼,但是它的生态习性却是个谜。科研人员经过近半个世纪的探索,终于找到了它们产卵的场所。

鳗鱼的体形细长,很像一条蛇。它是肉食性动物,牙齿细小呈镰刀状,虫子、小鱼、鱼卵等都是它们的盘中美餐。鳗鱼虽然出生于海中,但必须到淡水中才能长大,然后再回到海中产卵繁殖。这种为了繁殖后代而进行的遥远的旅行是动物生活史上的一个奇迹,我们称之为降河性洄游。每年初春,大批小鳗鱼从大海中涌入江河。通常雄鳗进入淡水后,就定居在江河的下游区域,雌鳗继续沿江向上游,游至中上游水域才定居下来。鳗鱼会在淡水中生活5~8年,等到它们发育成熟了,就会顺江河而下进入大海。雌雄鱼在河口处汇合,一起开始远涉重洋的"蜜月"长途旅行。这个旅途十分漫长,甚至超过几千千米,对于小小的鳗鱼来说,是需要多么惊人的体力和勇气啊!它们经过漫长的旅途到达目的地之后就开始繁殖。小鳗鱼长大以后又会像它们的父母一样,在淡水中长大成熟,之后又回到大海中繁殖。由于它们的生活史如此复杂,现在人们还没有办法模拟它们繁殖所必需的生态条件,所以目前养殖只能用靠捕捞自然的鳗苗。

鲟鱼

鲟鱼是世界上现有鱼类中体形大、寿命长、最古老的一种鱼类,迄今已有2亿多年的历史,被称为水中"活化石"。

世界现有鲟鱼26种,主要分布于北半球。我国有9种:黑龙江有鳇鱼和史氏鲟,图们江有库页岛鲟,新疆额尔齐斯河有小体鲟和西伯利亚鲟,伊犁河有裸体鲟,达氏鲟和白鲟则定居在长江的淡水水域中。鼎鼎大名的中华鲟是世界鲟科鱼类分布最靠南的一种,目前主要生存于长江。中华鲟作为鲟鱼类的一个代表种,由于数量稀少、濒危,已被列为国家一级野生保护动物。

鲟鱼体呈梭形,尾鳍为歪形尾,像我们常见的鲨鱼尾。口在头部的下方,多能伸缩吞吸食物。鲟鱼个体大,最大个体曾有过680千克的记录。鲟鱼不仅肉质鲜美,而且鱼卵可做成名贵的鱼子酱,有"黑色黄金"之美称。鱼肉含有十多种人体必需的氨基酸和脑黄金,对软化心脑血管、促进人脑发育、提高智商、预防老年性痴呆具有良好的功效。软骨和脊髓有抗癌因子。鱼鳔可以用来制作工业上用的明胶。鲟鱼的头盖骨揭开后,里边有13层排列整齐的软骨,第一层形状似枫叶,最后一层似一只翩翩欲飞的蝴蝶,此两样东西因名贵难得,历来是俄罗斯贵族送给情人的最佳定情之物。吃鲟鱼主要是吃头、尾和一根脊髓。头、尾是软骨,均是上等佳肴,吃在嘴里清脆、鲜美。因此,鲟鱼不但具有很高的学术研究价值,而且具有很高的经济价值。

鲥鱼

鲥鱼,俗称三黎鱼、三来鱼,是我国特有的名贵经济鱼类,在我国黄海、东海和南海均有分布。在淡水中则分布于长江、湘江、闽江和珠江等水系。每逢春夏时节,由大海进入江河,产卵繁殖,应时而来,且洄游时节甚准,故得"鲥鱼"之名。

鲥鱼为洄游性咸淡水两栖鱼类。它体较长,侧扁而高,头中等大,口较大,鳞片大而薄,腹部有棱鳞。头部和背部为灰色,体侧上方略带蓝绿色光泽,体两侧和腹部色白如银。一般体长 25～40 厘米,个体重 1～1.5 千克,最大个体可达 3.5～4 千克。鲥鱼喜欢在温水的中上层活动,对温度适应范围较广,最适水温为 22～30℃。它为溯河性鱼种,具有深入江河索饵和集群产卵习性,饵料多以浮游生物为主,如轮虫、桡足类、剑水蚤、基合蚤等,还摄食硅藻和其他有机碎屑,兼吃幼小鱼虾。但在人工养殖的条件下,也大量摄食含蛋白质丰富的颗粒饲料,甚至晚上也要摄食。

由于鲥鱼多以浮游动物为食,故肉质肥嫩、味道鲜美、营养丰富,经济价值较高。据分析,每百克鱼肉含蛋白质 16.9 克、脂肪 17 克,还含有糖类、灰分、钙、磷、铁、核黄素、烟酸等营养成分,有"鱼中之王"的美誉。鲥鱼还有药用食疗价值。据药书记载,鲥鱼肉味甘、性温,具有滋补强壮功能,也有消炎解毒功效,故古时鲥鱼曾是地方进贡朝廷的补品,被列入御膳美食。近年来由于过度捕捞繁殖亲鱼和索饵育肥的鱼,以及江河水体污染日益严重等种种原因,我国自然界里的鲥鱼已经很少见了,鲥鱼的种群数量已逐渐处于濒危状态,市场货稀价贵。

松江鲈鱼

有这样一种鱼,它平时在水中温婉平和,好似一位含羞的新娘,将鱼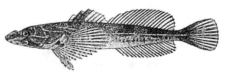
游水底的那份恬静演绎得淋漓尽致。然而当食饵出现在它视野之中的时候,它就会像发了疯似的以迅雷不及掩耳之势扑向猎物,大口撕咬吞咽,犹如猛虎下山一般,这就是松江鲈鱼。用"静若处子,动如脱兔"来形容它再恰当不过了。难怪它同时拥有"媳妇鱼"和"老虎鱼"这两个看似性格迥异的俗名。

松江鲈鱼在我国的淡水和浅海中分布很广,渤海、黄海、东海沿岸及通海河、川、江、湖中均有分布,尤以上海松江县所产的最为有名,所以称为松江鲈鱼。在国外,它还见于朝鲜、日本和菲律宾等国海域。

这种鱼的身体呈长纺锤形,头部平扁,躯干部近圆筒形,尾部渐细小而尖。松江鲈鱼的体表没有鳞,皮肤表面有许多粒状和细刺状的皮质小突起。这种鱼还有一种特殊本领,由于它的鳃里可以贮水,所以离水后也能生活相当长的一段时间。在它的鳃孔前面,每边还各生有一个凹陷,与鳃孔形状相似,称为"假鳃"。它与真正的的鳃孔颜色一样,都是橙红色,所以看上去如同每边各有两个鳃孔,故有"四鳃鲈鱼"的俗称。松江鲈鱼的两性略有差异,雄性头部宽大,吻更为短钝,具有生殖乳突,体色较深;雌性头部略微狭长,吻稍尖,没有生殖乳突,体色较浅。

松江鲈鱼具有生殖洄游的习性,每年秋冬季节怀卵,从 11 月底开始自淡水水域降河入海,到翌年 2 月上旬结束,历时 2 个多月,但降河的时间也与当地的水温有密切的关系。然后于 3 月在浅海区域产卵,卵具黏性,可以成块附着在蚌类空壳或石砾上。产卵后雌性即离去,由雄性护卵。5~6 月幼鱼由近海溯河进入淡水水域活动,进行生长发育,秋冬时再从淡水河流重新返回大海。松江鲈鱼是营底栖生活的鱼类,白天大多潜伏在水底休息,夜晚才出来活动、觅食。捕食的时候性情较为凶猛,以小鱼、虾类等为食。

松江鲈鱼与黄河鲤鱼、松花江鳜鱼、兴凯湖白鱼并称为我国四大名鱼,肉质细白肥嫩,久煮不老,肉中无刺,味道极其鲜美,自古被誉为鱼中的珍品佳肴,受到人们的欢迎。它作为沪杭一带的名菜,早在魏晋时就很有名,隋朝时已经成为东吴一带的贡品。我国历史上赞誉松江鲈鱼的史籍、诗文和词赋等非常多,宋朝范仲淹有诗咏道:"江上往来人,但爱鲈鱼美。"清朝康熙、乾隆皇帝南巡,路过松江时吃了鲈鱼羹,赞不绝口,将其誉为"江南第一名鱼",令知府年年进贡。从此,松江鲈鱼更是名扬中外。1972 年美国总统尼克松和 1986 年英国女王伊丽莎白访问上海,都提出要品尝"鲈鱼羹"。

虹鳟

虹鳟,又名三文鳟、彩虹鳟,原产于北美洲的太平洋沿岸,为北半球的冷水性鱼类,阿拉斯加的克斯硅姆河以及落基山脉西侧的加拿大、美国和墨西哥西北部,都是虹鳟鱼分布的天然区域。虹鳟与鲑鱼是近亲,因有着像彩虹般美丽的花纹而得名。比起其他的鲑鳟鱼类,虹鳟对水质污染和温度的变化有着较强的抵抗性和适应能力。虹鳟对水体的盐度也具有很强的适应性,有的一生在淡水中生活,也有的向海洋降河生活,这些都是虹鳟鱼适合作为养殖对象的原因。

虹鳟体形呈长纺锤形,吻圆,鳞片较小并呈圆形,背部和头部呈花青色或深灰色,下腹部呈银白色。体侧、体背和鳍部有分散的小黑点,性成熟的个体体侧中部沿侧线有一条类似彩虹的紫色彩带,延伸至尾鳍基部。

通常来讲,虹鳟鱼是一种冷水性鱼类,要求生长在水质澄清并且具沙砾底质、氧气充足的流水中,生活水温为 5～24℃,适宜水温为 7～18℃,水温低于 7℃或高于 20℃时停止摄食,机体衰竭以至死亡。溶氧要求在 6 毫克/升以上,低于 3 毫克/升时出现窒息死亡。水体 pH 在 5.5～9.2 间均能生存。虹鳟鱼属肉食性鱼类,以陆生和水生昆虫、甲壳类、贝类、小鱼和鱼卵为食,有时也吃水生植物的叶和种子。幼鱼以浮游动物、底栖动物为食。虹鳟鱼喜欢集群活动,游泳速度较快,摄食凶猛,常常群跃水面争夺食物,场面甚为壮观。

虹鳟鱼的生长因水温、环境条件、给饵量有很大差异。在生态条件适宜的情况下,一年四季都生长。在水温 14℃条件下,1 龄体重可达 100～200克,满 2 龄体重可达 400～1 000 克,满 3 龄体重可达 1 000～2 000 克。雄鱼性成熟一般在 2～4 龄,雌鱼一般在 3～5 龄。产卵水温在 4～13℃,最适产卵水温为 8～12℃,每年产卵一次。

虹鳟鱼的肉质鲜嫩,味美,无腥味,无小骨刺,食用时无需刮鳞。鱼肉中含有丰富的氨基酸和不饱和脂肪酸,有利于人体吸收和营养均衡。其中的不饱和脂肪酸能有效地预防心脑血管疾病,更是脑部、视网膜及神经系统生长所必不可少的营养,对胎儿及幼儿的大脑发育非常有益。同时,不饱和脂肪酸还能有效抵御慢性疾病、糖尿病及某些类型的癌症。虹鳟鱼体内含有的被称为脑黄金的 DHA 和 EPA 是其他鱼类的数倍。虹鳟鱼体内还含有大量的维生素 B(尤其是维生素 B_{12})、少量的维生素 D、维生素 A 及维生素 E等营养物质。红鳟鱼含有丰富的钾及低量的钠,十分有益于高血压患者的食用。此外,虹鳟鱼肉中尚含有硒、碘、氟等对人体代谢有非常重要作用的微量元素。

加州鲈鱼

加州鲈鱼原名大口黑鲈,原产于美国加利福尼亚州密西西比河水系,是一种肉质鲜美、抗病力强、生长迅速、易捕获、适温较广的名贵肉食性鱼类。现通过引种,已广泛分布于美国、加拿大等国家的淡水水域,尤其在五大湖地区,资源十分丰富。目前,加州鲈鱼也被引进到英国、法国、南非、巴西、菲律宾等国家。我国台湾省于 20 世纪 70 年代引进该鱼种,目前已经繁殖了数代。广东、山东等地也引进了加州鲈鱼,并相继人工繁殖成功,都取得了较好的经济效益。

加州鲈鱼,可以置于池塘中与普通家鱼混养或单养,也可在清水塘中精养。这种鱼肉质坚实,肉味清香,加上能够实现活体上市,在酒楼饭店水族箱中还可让就餐者观赏挑选,故为本地鲈鱼和鳜鱼所不及,十分畅销,价格也相对较高。另外,加州鲈鱼可供游客垂钓,所以受到世界各地广大游钓者的喜爱。

加州鲈鱼主要栖息于混浊度低且有水生植物分布的水域中,如湖泊、水库的浅水区、沼泽地带的小溪、河流的滞水区和池塘等。它经常藏身于水下岩石或树枝丛中,有占地习性,活动范围较小。在池塘养殖时,它喜欢栖身于沙质或沙泥质不混浊的静水环境中,活动于中下水层。性情较温驯,不喜跳跃,并且易受惊吓。加州鲈鱼是以肉食性为主的鱼类,掠食性强,摄食量大,常单独觅食,喜捕食小鱼虾。食物种类依鱼体大小而异,孵化后 1 个月内的鱼苗主要摄食轮虫和小型甲壳动物。当全长达 5～6 厘米时,大量摄食水生昆虫和鱼苗。全长达 10 厘米以上时,常以其他小鱼作主食。当饲料不足时,常出现自相残杀现象。在人工养殖条件下,也摄食配合饲料,而且生长良好。

加州鲈鱼 1 周年以上才会性成熟。产卵在 2～7 月,4 月为产卵盛期。在一定生态条件下,如水质清新、池底长有水草等,加州鲈鱼可在池塘中自然繁殖。产卵前,雄鱼在池边周围水较浅处用水草或植物根茎筑巢,筑好巢后便在巢中静候雌鱼到来。雌雄鱼相会后,雄鱼不断用头部顶托雌鱼腹部,使雌鱼发情,身体急剧颤动排卵,雄鱼便即刻射精,完成受精过程。雌鱼产卵后即离开巢穴觅食,雄鱼则留在巢穴边守护受精卵,不让其他鱼类靠近。受精卵略带黏性,粘附在鱼巢的水草上和沙砾上,待鱼苗出膜可以平游以后,雄鱼才离开巢穴觅食。加州鲈鱼的这种雄性护幼习性在哺乳动物中是十分罕见的。

条纹鲈

条纹鲈，又称美国条纹鲈、银花鱼，原产美
国，是美国淡水养殖品种之一。条纹鲈原产于
美国东部沿岸，通过多次放流移植，目前美国西部沿岸水系也有条纹鲈渔
业。20世纪我国台湾早有该鱼种养殖，并且已经形成规模，我国大陆地区则
于20世纪90年代中期引进试养，这一优良品种备受行家推崇。

从外形上来看，条纹鲈全身呈鲜明的银白色，体背部两侧有7条窄长乌
黑的条纹，这就是它的主要特征，条纹鲈也因此而得名。条纹鲈无肌间刺，
肉质嫩滑爽口，营养丰富，富含不饱和脂肪酸。据养殖者介绍，养殖成本平
均每500克为10元左右，目前市场售价每500克的零售价为几十元，由此可
见，条纹鲈的养殖效益颇高。

条纹鲈属广温广盐鱼类，在2～38℃的范围内均可生存，最适生长温度
为18～30℃，在淡水或半咸水条件下均可养殖，正常生长要求水中溶氧量高
于5毫克/升，对pH的要求为7～8.5。该鱼种具有食性杂、生长速度快、抗
病力强、当年可养成的特点。

值得注意的是，20世纪90年代初，美国科学家将条纹鲈与白鲈杂交，培
育出一种适合淡水池塘和工厂化养殖的杂交条纹鲈。形态特征介于两种亲
本鲈鱼之间，体侧的条纹与条纹鲈相似，但在胸鳍后方及侧线下方的条纹有
间断；背部灰黑色，腹部白色，幼体体侧有斑点，成体无斑点。杂交条纹鲈适
应性较强，适温范围4～33℃，最适生长范围25～27℃，适宜盐度范围为0～
25‰，适宜的溶氧水平为6～12毫克/升，最低可达1毫克/升，适宜的pH为
7.0～8.5。杂交条纹鲈为肉食性鱼类，体长小于50毫米时，主要摄食浮游甲
壳类，如枝角类等；体长达100～125毫米时，主要摄食昆虫和各种浮游动物
以及适口的小鱼。杂交条纹鲈有别于其他杂交鱼类，可自然繁殖，繁殖水温
为15～20℃。除个别雄性个体1龄性成熟外，大部分个体为2龄以上性成
熟。性成熟雌性个体的怀卵量为35万粒/千克。在水温18～20℃条件下，
受精卵约需两天孵出。无论是条纹鲈，还是杂交条纹鲈，它们作为人工繁育
的外来品种，都具有一些土著鲈鱼所没有的优势，包括味道、营养价值以及
养殖条件等。

澳洲宝石鲈

澳洲宝石鲈又名宝石斑，原产于澳大利亚的淡水水域，为温水性养殖鱼

类,是目前唯一分布于澳洲的著名淡水鱼品种,被认为是最好的垂钓和食用鱼。在引入我国时,根据其英文名字的音译,又给它起了个好听的名字,叫"佳帝鱼"。

宝石鲈身体呈纺锤形,体高而背厚,头部后面的脊背拱起,形似驼背的罗锅,腹部大而浑圆。在鱼体的两侧或一侧,有1~2个甚至多个黑色椭圆形斑块及零星分布的小斑块,在水中随着鱼的游动,银白色的身体闪闪发光,映衬出的黑斑仿佛镶嵌在鱼体上的美丽宝石,"宝石鲈"的美名因此得来。它们体披栉鳞,尾鳍短而宽。生性好动,游泳迅速,生活、栖息于水体的中下层。在自然条件下,以小鱼、小虾为食,并喜食小蚯蚓、红线虫、面包虫等较大的活饵料。适宜生长水温为 10~38℃,最佳生长水温为 18~30℃。宝石鲈具有生长快、食性杂、耐低氧、适应性强和抗病能力强等优点,可在室内水泥池高密度养殖、室外池塘单养、水库网箱养殖,是目前淡水养殖中的新宠。

澳洲宝石鲈最早是由海水鱼演变而成,它既保持了淡水鱼的细嫩,又有着海水鱼的鲜美。头尾的比例小,肌肉丰厚,无肌间刺,肉白细嫩,经测定,鱼肉覆盖率达 56% 以上,含蛋白质 18.9% 以上。含有 18 种氨基酸,其中有 4 种香味氨基酸,故味道鲜美,无腥味、异味,营养及口感是鳜鱼等当今名贵鱼类所无法比拟的。所含人体必需氨基酸的种类齐全,属于优质蛋白质。鱼肉和鱼油中都富含不饱和脂肪酸,其中含有较多防止动脉硬化的 EPA 和被称为脑黄金的 DHA,具抑制血小板凝固、抗血栓、调节血脂等预防心血管病的功效,对促进大脑发育、增强记忆力有很好的作用,所以宝石鲈被称为保健水产品而享誉市场。

斑点叉尾鲴

斑点叉尾鲴又称沟鲶,体形较长,有须,光滑无鳞,身上有一些细碎的斑点,而
且尾巴是分叉的。斑点叉尾鲴是杂食性鱼类,幼鱼主要摄食浮游动物,如轮虫、桡足类。稍大还摄食底栖动物、水生昆虫等。体长 10 厘米以上,主要摄食底栖动物、大型浮游动物、小鱼虾、有机碎屑等。

斑点叉尾鲴在江河、湖泊、水库和池塘中均能产卵于岩石突出物之下,或者淹没的树木、树桩、树根之下或河道的洞穴里产卵。斑点叉尾鲴的雄鱼是典型的筑巢鱼类,与雌鱼交尾后,会赶走雌鱼,并守护受精卵发育直至孵出鱼苗。通常斑点叉尾鮰产卵温度范围为 21～29℃,最适温度为 26℃。水温超过 30℃,不利于受精卵的胚胎发育和鱼苗成活。在长江流域斑点叉尾鮰的繁殖季节为 6～7 月。体重较大的比体重较小的产卵季节要早些。产卵时,每尾鱼通常以尾鳍包裹对方头部,雄鱼剧烈颤动并排出精液。与此同时,雌鱼开始产卵。卵受精后发黏,相互粘结而附于水池底部。雄鱼护卵时非常精心,常常位于卵块上方,不断地摆动腹鳍,以达到对受精卵增氧的作用。

斑点叉尾鮰是大型的淡水鱼类,最大个体可达 35 千克以上。它含肉率高,蛋白质和维生素含量丰富,肉质细嫩,味道鲜美,深受美国、加拿大和其他许多国家消费者的欢迎。加工好的成品和半成品,在美国、西欧、日本等地均较畅销。

黄鳝

黄鳝,俗称鳝鱼、田鳗等,为温热带淡水底栖生活鱼类。它体圆且细长,呈蛇形。一般体长 25～40 厘米,最大个体体长 70 厘米,体重 1.5 千克。前部圆筒形,后部渐侧扁,尾部尖细。头圆,唇发达,上下颌有细齿。眼小,为皮膜覆盖。左右鳃孔在腹面相连。体无鳞,无须,体表黏滑。体呈黄褐色,具不规则黑色斑点,腹面灰白色。黄鳝广泛分布于全国各地的湖泊、河流、水库、池沼、沟渠等水体中。除西北高原地区外,各地区均有记录,特别是珠江流域和长江流域,更是盛产黄鳝的地区。

黄鳝具有性逆转的特性。即某一时期的雌性,在另一时期就会变为雄性。据观察,第一次性成熟的个体绝大部分为雌性,产完卵后即变为雄性,以后终生保持雄性状态。黄鳝常栖息于河道、湖泊、沟渠、塘堰及稻田中,白天潜入泥底及池堤或石缝中,很少活动。夜间出穴觅食,活动频繁。黄鳝还有冬眠的习性。每年秋冬季节当水温下降到 10℃ 以下时,便钻进洞穴,进入冬眠状态。第二年春天,水温回升到 10℃ 以上时,又出穴活动和觅食。黄鳝相比其他鱼类还有一项特殊的本领,就是可以用口腔表皮直接呼吸空气中的氧气,即使离开水较长时间也能存活。黄鳝是肉食性鱼类,主要以浮游动物及水生昆虫等为食,也捕食一些蝌蚪、小鱼、小虾等。黄鳝对食物很挑剔,食物不可口不吃,不新鲜也不吃。

黄鳝肉味鲜美,相传乾隆皇帝下江南,第一次尝到又鲜又嫩的黄鳝肉时,极为赞赏。从此,黄鳝身价百倍,年年进贡。黄鳝营养非常丰富,在30多种常见淡水鱼中,黄鳝肌肉中钙和铁的含量居第一位,蛋白质含量位居第三。黄鳝是一种高蛋白质、低脂肪食品,是中老年人的营养滋补品。在补充营养、健体强筋、增强抗病力等方面具有特殊的价值。民间流传有"夏吃一条鳝,冬吃一枝参"的说法。日本人还素有三伏天吃烤鳝鱼片的习俗。我国历代本草中都有黄鳝"味甘,性温,无毒,入肝、脾、肾经,补虚损,除风湿,通经脉,强筋骨,主治痨伤、风寒湿痹、产后淋沥、下痢脓血、痔瘘"等记载。现代医学发现,从黄鳝中提取的"黄鳝色素",有降低血糖和调节血糖生理功能的作用,可治糖尿病。国内外学者还发现,黄鳝中含有丰富的 DHA 和EPA,可使人的头脑聪明,还具有抑制心血管病和抗癌、消炎的作用。

中华鲟

中华鲟,也称鳇鱼、鲟鱼等。鲟鱼类,是在距今约 1.4 亿年的中生代末期的上白垩纪出现的,被人们称为

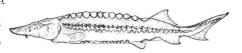

"活化石"。世界上现存的鲟鱼类共有 25 种,中华鲟为世界鲟科鱼类分布最南的一种。由于数量稀少,仅分布在我国的长江流域,所以是我国的国家一级保护野生动物,又有"水中大熊猫"之称。

中华鲟形状奇特,与一般鱼类差异很大。体梭形,头大且呈长三角形。眼睛以前部分扁平呈犁状,并向上翘。嘴在头的腹面,成一条横裂,能够自由伸缩。嘴的前方并列着 4 根小须。眼睛很小,眼后有喷水孔。中华鲟既有古老软脊鱼的特征,又有现代诸多硬骨鱼的特征,从它身上可以看到生物进化的某些痕迹,具有很高的科研价值。它全身无刺无鳞,只靠少量硬骨和骨板及软骨脊椎支撑起庞大的身躯。中华鲟形态威猛,个体硕大,成年鲟可达4 米多长,体重近 500 千克,居世界各种鲟鱼之冠,被誉为"鲟鱼之王",素有"长江鱼王"的美称。

中华鲟是一种溯河洄游性鱼类。它平时生活在东海、南海的沿海大陆架地带,在海中生长发育。当雄鱼长到 9～18 岁,雌鱼长到 14～26 岁,可达到初次性成熟。这些性成熟的中华鲟,在 7～8 月间由海洋进入江河繁殖。进江后,它们必须在江里滞留一年,于第二年 10 月到达产卵场所。产卵场都在江河的上游,生殖季节在 10 月上旬至 11 月上旬。鲟鱼卵受精后,被江水

冲散并粘附在江底的石头上,1周后孵出幼苗。幼鱼和产完卵的亲鱼随江水漂游而下,第二年夏天进入海洋生长发育,待长大后再回到它的出生地繁殖下一代。从幼鲟孵出游入大海,到成年鲟返回长江繁育后代,最短也需要10年的时间。但它们就是这样世代代,周而复始地繁衍下去。中华鲟这种坚定不移的方向性和执著的回归性,就像旅居在海外的中华游子对祖国母亲一样,始终怀着眷恋之情。我国鱼类学家深情地将其命名为"中华鲟",也叫"爱国鱼"。

中华鲟为高蛋白、多脂肪性鱼类。由于氨基酸含量高,故肉味鲜美。卵质亦佳,营养丰富。中华鲟的肌肉、卵粒、鱼鳍、鳔等具有极高的食用及药用价值,所以过去一直遭到过度捕捞,使得中华鲟资源日渐稀少。特别是在20世纪80年代初期,长江葛洲坝水利枢纽工程修建后,截断了中华鲟由海入江繁殖的洄游通道,对中华鲟的生存带来严重的影响。如何保护好我们的国宝,使之"后继有鱼"就成了摆在我们面前的突出问题。我国政府已经采取措施,全面禁止捕捞中华鲟,最大限度地保存产卵鲟鱼群体。同时,开始进行人工繁殖和增殖。相信经过不懈的努力,中华鲟必将重新焕发出勃勃生机。

鲸

不少人看过象,都说象是很大的动物。其实还有比象大得多的动物,那就是鲸。最大的鲸有16万千克重,最小的也有2 000千克。我国捕获过一头4万千克重的鲸,有17米长,一条舌头就有十几头大肥猪那么重。它要是张开嘴,人站在它嘴里,举起手来还摸不到它的上腭。4个人围着桌子坐在它的嘴里看书,还显得很宽敞。

鲸生活在海洋里,因为体形像鱼,许多人管它叫鲸鱼。其实它不属于鱼类,是哺乳动物。在很远的古代,鲸的祖先跟牛羊的祖先一样,生活在陆地上。后来环境发生了变化,鲸的祖先生活在靠近陆地的浅海里。又经过了很长很长的年代,它们的前肢和尾巴渐渐变成了鳍,后肢完全退化了,整个身子成了鱼的样子,适应了海洋的生活。

鲸是胎生的,幼鲸靠吃母鲸的奶长大。鲸的种类很多,总的来说可以分为两大类:一类是须鲸,没有牙齿;一类是齿鲸,有锋利的牙齿。长须鲸刚生下来就有十多米长,7 000千克重,一天能长30～50千克,两三年就可以长成大鲸。鲸的寿命很长,一般可以活几十年到 100 年。鲸跟牛羊一样用肺呼吸,鼻孔长在脑袋顶上,呼气的时候浮上海面,从鼻孔喷出来的气形成一股水柱,就像花园里的喷泉一样。等肺里吸足了气,再潜入水中。鲸隔一定的时间必须呼吸一次。不同种类的鲸,喷出的气形成的水柱也不一样:须鲸的水柱是垂直的,又细又高;齿鲸的水柱是倾斜的,又粗又矮。有经验的渔民根据水柱的形状,就可以判断鲸的种类和大小。

鲸的身子这么大,它们吃什么呢?须鲸主要吃虾和小鱼。它们在海洋里游的时候,张着大嘴,把许多小鱼小虾连同海水一齐吸进嘴里,然后闭上嘴,把海水从须板中间滤出来,把小鱼小虾吞进肚子里,一顿就可以吃 2 000多千克。齿鲸主要吃大鱼和海兽。它们遇到大鱼和海兽,就凶猛地扑上去,用锋利的牙齿咬住,很快就吃掉。有一种号称"海中之虎"的虎鲸,有时好几十头结成一群,围住了一头 30 多吨重的长须鲸,几个小时就把它吃光了。吃完饭,它们每天都要睡觉。睡觉的时候,总是几头聚在一起,找一个比较安全的地方,头朝里,尾巴向外,围成一圈,静静地浮在海面上。如果听到什么声响,它们立即四散游开。鲸遨游大海时从来不会迷失方向,因为它们有一种特殊的本领,它们的头脑中有 1 亿多颗微小的细胞,能发出超声波并且接收超声波来给自己定方向。它们还能用这种超声波在危难时及时通知其他鲸群来求救或一起逃跑。

鲸浑身是宝,具有重要的经济价值。它为人们提供了大量的鲸肉、鲸油和其他产品。鲸脂是含脂肪十分丰富的动物油,不仅含有大量的甘油,而且还能用来制造肥皂和提炼高级润滑油,还可以制造蜡烛和油画颜料等。此外,鲸皮质地柔软,表面有绒毛,皮革带花纹,适宜用来做衣服或皮包。鲸须和鲸齿可以加工成医疗器材或手工艺品。

梭子蟹

梭子蟹是一种海蟹,因模样很像古时候织布的梭而得名。它是目前市场上最常见的一种海蟹。广泛分布在太平洋、大西洋和印度洋的沿岸海域。我国常见的有三疣梭子蟹、远海梭子蟹和红星梭子蟹等。

梭子蟹全身披有坚硬的甲壳,背面呈墨绿色或暗紫色,有清白色云斑,腹面灰白色。其外壳左右两端尖细、中部宽大,形似织布用的梭子。梭子蟹前端一对巨大的螯足非常有力,再加上锋利的刺棘、矫健的八足,生性凶猛,

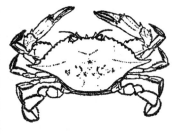

横行沧海，以小鱼虾、贝类为食。梭子蟹是一种底栖动物，平时喜欢埋在沙里，露出两只小眼睛，伺机捕食。每年的冬季，梭子蟹一般栖息在深海的泥质沙里越冬。夏初季节便开始向沿岸移动，在沙质的海滩边产卵。这时捕获的蟹称为"子蟹"，现在为了保护渔业资源已被禁捕。"中秋"以前，刚产过卵的蟹，体瘦质次，称为"白蟹"。农历九月以后，蟹体内开始积聚脂肪（生膏），准备越冬，这时捕获的蟹肉肥膏满。

梭子蟹肉肥细嫩，味道鲜美，令人垂涎，可以说是"蟹封嫩玉双双满，壳凸红脂块块香"。我国在20世纪80年代中期以前，梭子蟹资源非常丰富，市场上货源充足，价钱便宜。但是到了80年代中后期，情况发生了变化。一种装上铁耙子的拖网，如同耙地一样，成千上万只渔船，在梭子蟹越冬海区，地毯式地来回"扫荡"，把潜伏在泥沙中冬眠的梭子蟹都扒出来了。

在这之后，梭子蟹已很难形成很大的蟹汛了。近几年，梭子蟹的养殖获得了很快的发展，已经成为沿海地区主要的养殖品种之一，并积极开展了放流增殖工作，走上了养殖、捕捞并举的道路。

蟳

在你赶海时，偶尔会在石头下或礁石缝中捉到一种螃蟹，它就是蟳。北方人俗称"赤甲红"、"沙蟹"，南方人俗称"石奇角"、"石蟹"等。它广泛分布于我国渤海、黄海、东海、南海沿岸岛礁区及浅海水域，是我国最普遍的蟹种之一。

有人往往把蟳和梭子蟹搞混，其实仔细观察，它们还是有区别的。梭子蟹形似梭体稍宽，十条腿长得也比较秀气。蟳则体稍圆，壳坚硬，甲面光滑隆起呈扇形，前缘呈锯齿状，整体呈蓝绿色，腹面为紫色。胸肢（脚）5对，有紫色斑，最前一对叫螯，像钳子，粗壮有力，用于取食拒敌。最后一对扁阔似浆，适于水中游泳。中间3对皆爪足，用来爬行。它们善于掘扁平的洞穴，常常居于海岸潮间带、红树林沼泽、潮沟及河口，洞穴相当深，也会藏匿在泥滩地的塑料管或竹筒内。蟳生性比较凶猛，属于肉食性蟹类，凡是鱼、虾、蟹、贝等都是它的腹中美餐。

蟳的肉味鲜美且营养丰富，必需氨基酸特别是不饱和脂肪酸尤其丰富，

有补体固本的作用。

蟳冬季肥满,是食用的最好季节。雌的比雄的尤佳。辨别雌雄一般是翻看蟳的腹部作判断。雄蟳的脐狭长,叫尖脐;雌的脐圆润,叫圆脐。看底部线纹的深浅则知坚实与否,蟳壳两端底面透红也是丰满肉实的标志。蟳虽味道鲜美,但吃起来没有梭子蟹那么方便,它厚实的壳很难撕碎,坚硬的螯更难对付,有时不得不动用钳子、锤子之类的工具,才能吃到鲜美的蟹肉。

目前,蟳在中国东南沿海地区、东南亚各国均有养殖。

河蟹

河蟹学名是中华绒螯蟹,是我国的特产,在它的两只大螯的基部长满了细细的绒毛,这正是它名字的由来。

河蟹在我国分布很广,北自辽宁,南至福建,尤其是长江中下游两岸湖泊、江河中都有它的踪迹。河蟹最引人注目的,就是它一身坚硬的铠甲和那对威风凛凛的大螯了。它们一遇侵害就威武地举起两个大螯,奋起战斗,就像古代勇敢的斗士。并且它们总是横向爬行,给人一种天不怕、地不怕的"横行霸道"的坏印象。不过,这一点也没有冤枉它们,因为它们生性就残忍好斗,常因抢穴、夺食而引起互相厮斗,甚至也会残害同类。那些受了伤的、有残疾的河蟹或刚脱了壳后新壳尚未坚硬的"软壳蟹",往往会遭到被同类吃掉的悲惨命运。当然,它们也并不是任何时候都很勇敢。在遭遇比它们强大的敌人的时候,它有一种十分巧妙的逃跑本领,把自己的一条腿切断留给对方,自己迅速逃之夭夭,这好比下棋时的"丢卒保车"。它的这种本领,在生物学上称为"自切"。但你不必为它担心,因为数天后它又会自动长出一条新腿,这就是河蟹的"再生"功能。河蟹还是一种洄游性动物。秋天,淡水中生活的河蟹便从淡水向河口半咸水移动,到那里去繁殖后代。有句谚语叫"秋风响,蟹脚痒",说的就是河蟹的这种习性。

自古以来,河蟹就被誉为百鲜之尊。最鲜的美味也比不上蟹的美味,故有"一蟹上桌百味淡"的说法。

中国对虾

中国对虾即我们平时最常见的对虾,又称东方对虾,因主要产自我国的黄海、渤海而得名。

提起对虾,很多人认为它们一定是成双成对的,终日形影不离的吧,其实不然。至于人们为什么给它取了个"对虾"的名字,传说着很多版本。有人说,是因为这种虾个头儿大,过去在北方市场上多以"一对儿"为单位来计算售价而得名;也有人说,"对虾"的名字是慈禧太后起的。据说慈禧身边有4个超龄侍女,都急于出嫁,但慈禧不肯放他们出宫。其中有个叫翠姑的侍女颇有心计,就动了一番心思琢磨出一款菜肴。此菜用煮熟的大海虾,头尾相接,一对为一组,拼装成盘。一对对的大虾,色彩鲜艳,娇媚动人。慈禧见一对对红彤彤的大虾插在一起,欣然发问:"此菜为何名?"翠姑答道:"此菜用虾成双成对,所以取名'红娘自配'"。慈禧是个好琢磨事儿的人,"明明是海虾怎么说是'对虾'?"想了半天明白了,知道这是侍女为出宫求情啊!慈禧大发慈悲,对侍女们说:"好一个'对虾'、好一个'红娘自配'啊,尔等出宫吧,各自寻找如意郎君'自配'去吧!"太后金口玉牙,从此"对虾"这个名称就一代代传了下来。

传说终究是传说,大可不信,但对虾并不是因为它们常常一雄一雌成对相伴在一起而得名,这已被众人认可。对虾生性伶俜孤僻,雌雄之间很少来往,更没有成双成对的浪漫情史。一生中只有那么一段"闪电式"的爱情生活。

中国对虾体大而侧扁,雌性体长 18～24 厘米,雄性体长 13～17 厘米,虾壳薄而透明光亮。雌体青蓝色,对虾又称青虾;雄体呈棕黄色,又称黄虾。中国对虾肉质细腻,味道鲜美。据测算,每百克中国对虾中含有 20.6 克蛋白质,脂肪仅 0.7 克,并且含有多种人体必需的维生素和矿物质,是一种高蛋白、低脂肪营养水产品,深受人们的欢迎。

野生中国对虾是集群性、一年生的洄游性虾类。在一年的生命期中要进行两次长距离的洄游,即生殖洄游和越冬洄游。在寒冷的冬季,中国对虾一般生活在黄海中南部的深海区。随着水温的回升,在 3 月上中旬开始大量汇集成群,进行生殖洄游,到渤海、黄海河口附近的浅海区产卵。卵发育成幼虾后,8 月下旬开始渐渐游向深海区寻找食物,到秋末游集到渤海中部进行交配。11 月中下旬开始游离渤海,沿着春季洄游的路线南下到越冬场越冬。中国对虾的洄游特性形成了两次较大的捕捞汛期,即 4～5 月间在黄海、东海的春汛和 9～10 月间在黄渤海的秋汛。

中国对虾曾是 20 世纪 80 年代中国水产业的一颗辉煌耀眼的"明星",高峰时年捕捞产量近 4 万吨,平时每年的产量也在 2 万吨左右。但是好景不长,20 世纪 90 年代初期,渤海海域的中国对虾开始锐减,90 年代中期已无法形成虾汛。究其原因,主要是渤海海域的污染问题一直很严重,严重影响了海洋生物的生存环境。如果说海洋污染让中国对虾自身难保,那么人为的过度捕捞几乎令它们断子绝孙。为了追求产量,人们曾经每年都不计后果地进行过"大战渤海湾",把幼虾、还有正处于产卵期的雌虾统统一网打尽。直接后果就是中国对虾难以传宗接代、繁衍生息。

为了恢复中国对虾的辉煌,自 20 世纪 90 年代以来,我国开始积极开展中国对虾的人工增殖和养殖,取得了很大的成就,但目前自然捕捞量还没有恢复到历史最高水平。

口虾蛄

口虾蛄又名蝼蛄虾,就是我们通常所说的虾虎。它的身体呈狭长扁平状,外面覆盖着坚硬的虾壳,尾部有一个漂亮的尾扇。它一般白天潜伏在海底的污泥中,夜间才出来在海滩上觅食,在它爬行的泥滩上,会留下尾扇耙那样的痕迹,所以也叫"虾耙子"。

口虾蛄的全身共有 20 体节,头胸部 5 节、胸部 8 节、腹部 7 节。除尾节外,每一体节的两侧均生有一对附肢,用来游泳和捕食。扁长的身躯,使它常常"弯起腰"来窥探敌情,酷似寻觅食物的螳螂,又被称为"虾公驼子"和"螳螂虾"。口虾蛄的前颚非常发达,可以自己挖洞,而且都有自己独立的洞穴。挖洞时,利用强有力的颚足掘起泥块抛出洞外,泥浆则凭借游泳足的扇动排出洞外。别看它具有尖锐的武器、厚实的盔甲,口虾蛄的胆量却非常小。穴居时,常将洞口缩小到仅能将小触角和眼伸出洞外,以观察外界的动静。若遇外来侵扰,先用小触角警告入侵者,然后迅速掉转头尾,用尾扇进行自卫。

口虾蛄个体大、营养丰富,氨基酸组成全面,尤其是赖氨酸等必需氨基酸含量高,并且含有大量谷氨酸、甘氨酸等鲜味成分,因而味道十分鲜美,历来受沿海人们的喜爱,如今更是宴席餐桌上的美味佳肴。不过,口虾蛄这种名贵的海产虾类,却有一个不雅的外号——"洒水仆",即"撒尿的家伙"。因为它在捕离水面时,因环境的突然改变,会从腹部射出水来,如同撒尿一般。不过在酒楼里,这个外号可叫不得,一般称它"富贵虾"。别看名字这么好听,吃起来可要小心。它坚硬的外壳边缘呈刺状,在防御敌人的同时也"训练"了我们灵活的手上功夫和耐心。第一次品尝它的时候,可要特别小心,稍不留神,就很可能会被扎得手破血流。不过想起它的鲜美,人们也会在所不惜的。

鹰爪虾

鹰爪虾又称鸡爪虾,广泛分布于印度洋、西太平洋海域,我国的沿海地区产量非常丰富。鹰爪虾的甲壳很厚,表面粗糙,体色红黄,体态比较粗短,体长只有 6～10 厘米,弯曲时形似鹰爪,故而得名。

鹰爪虾一般生活在高温、高盐的浅海区域。白天一般栖息在底层的沙中,潜入深度可达 10～15 毫米,因而又称"沙虾"。夜间则在底层水中觅食。食物一般是海绵、腹足类、双壳类、涟虫类、长尾类和幼鱼等。生活在渤海地区的鹰爪虾是一种多年生、长距离洄游的虾类。每年的二三月份,鹰爪虾就开始集群离开越冬场北上,开始生殖洄游。到七八月份,浅海的底层水温升至 25℃左右,虾群向渤海近岸聚集产卵。10 月下旬随着水温的下降,鹰爪虾开始离开渤海海域,洄游至黄海南部的越冬场越冬。山东北岸是鹰爪虾生殖和越冬洄游的必经之路,也是部分虾群的产卵场,因而是鹰爪虾主要的渔场。在广东沿海、舟山群岛附近,鹰爪虾的产量也很大。每年的冬季,虾群向外海移动,夏季移至近海,形成虾汛。

鹰爪虾是制作海米的原料,它出肉率高、肉质鲜美、营养丰富,是我国沿海重要的经济虾类,其中以黄渤海的产量最大。在山东半岛,用鹰爪虾加工而成的海米被称为"金钩海米",色泽金黄,风味鲜美,畅销国内外。

海马

在浩瀚的大海中,生活着这样一种动物:它的头极像陆地上的马,却长着猴子一样的尾巴;它的皮肤覆盖在多节的骨骼上,好像昆虫的硬壳,眼睛却像变色龙。这就是行踪诡秘的"海中之马"——海马。海马不是马,也不是鱼。

海马虽叫马,但可没有陆地上的马那么魁梧,体长只有 10 厘米左右,身体呈淡褐色,生活在底质为砾石和海藻丛生的亚热带海域。它们性情温和,行动缓慢,做直立状游动。休息时,将尾部缠绕在海藻或其他漂浮物上,有时还会成群缠绕在一起嬉戏玩耍。海马最神奇的是,怀孕生仔的不是雌性

而是雄性。看到这里，你可能会大吃一惊。没听说过"爸爸"能生孩子啊？海马爸爸就有这个本事。它的腹部有一个小袋,我们称之为"育儿袋"。每当交配季节来临,情投意合的雄海马与雌海马的尾部就会交织在一起,跳起缠绵悱恻的婚礼之舞。这场婚礼大约持续8个小时。在这个过程中,雌海马会把卵子放入雄海马的育儿袋里。数周之后,海马爸爸就像孕妇一样挺着个大肚子。临产时,育儿袋的口微微张开并逐渐扩大,一只只小海马就从里面蹦了出来,调皮地在大海中游玩。可它们的父亲,此时已精疲力竭了。海马每胎产仔的数量不一,一般500个左右。如果生活条件适宜,一只海马一年之内就可以产几胎甚至十几胎呢,真可称得上模范爸爸了。

海马自古以来就是珍贵的药材,有健身、催产、消痛、强心、散结、消肿、舒筋活络、止咳平喘的功效。我国民间早有"北方人参,南方海马"的说法。

鲍

在我国,一些水产品的名称名不副实,比如"撒尿虾"非虾,"鱼肚"非肚,而鲍也非鱼也。

鲍是一种海产单壳贝类,古时称为鳆鱼、明目鱼,因形如人耳,又称"海耳",俗称鲍鱼。全世界有100多种,我国的广东、台湾、江苏、山东、辽宁等地均有出产。我国渤海海湾产的叫皱纹盘鲍,个体较大;东南沿海产的叫杂色鲍,个体较小;西沙群岛产的是半纹鲍、羊鲍,都是著名的食用鲍。

鲍由一个质地坚硬的单壁壳和软体部分组成,软体部分有一个宽大的腹足,它就是靠着这个粗大的腹足吸附在岩礁上。腹足的吸附力非常大,一个15厘米的鲍,吸附力竟高达200千克,可以抵御狂风暴雨的袭击。渔民们捕捉鲍时,要乘其不备,迅速用铁钩拉下。如果第一次钩不下,鲍就会紧紧吸附在岩礁上,即使将鲍壳打碎也不会放开。鲍一般生活于深海冷水域,多在水流湍急、海藻繁茂的岩石礁地带的裂隙和洞穴中活动和觅食。它的生长非常缓慢,要经过3~8年才能成熟,这也是其名贵的原因之一。每年的七八月份,水温升高,鲍为繁殖逐渐向浅海移动,俗称"鲍鱼上床"。此时其肉足丰厚,最为肥美,素有"八月流霞鲍鱼肥"之说,是最佳的采捕季节。

鲍肉质鲜美，营养丰富，是"海八珍"之一，自古以来就被人们视为海味珍品之冠。据史料记载，西汉王莽面临败亡时，愁得吃不下饭，只有吃鲍鱼才能下酒消愁。宋代自号"老饕"的大诗人、美食家苏东坡品尝后也是流连忘返，写下了脍炙人口的《鲍鱼行》。中医认为，鲍味甘性温，有润肺益气、调经、利肠、滋阴补虚之功效，而且在筵席上，人们取其谐音"鲍者包也，鱼者余也"，因而是必备的吉祥菜。鲍壳也可以入药，称为"石决明"，是名贵的中药材，有平肝明目之效。

随着鲍鱼市场的日渐兴盛，我国的鲍鱼养殖也随之兴起，许多名贵品种如皱纹盘鲍、杂色鲍都有了大规模的养殖基地，在产量上已跃居世界之首，期待在不久的将来，鲍鱼也能放下贵族的架子，成为千家万户餐桌上的美味佳肴。

扇贝

想必很多人都对"海八珍"之一的干贝留恋不已，它那干甜鲜美的滋味，给我们留下了无穷的回味。但你是否知道，它就是扇贝闭壳肌的干制品。

扇贝是一种海洋双壳贝类，因壳形似扇而得名。它广泛分布在世界各海域，品种也很多。我国产的主要有北方的栉孔扇贝、南方的华贵栉孔扇贝等。原产于美国大西洋沿岸的海湾扇贝及日本的虾夷扇贝，也于20世纪70年代和80年代引入我国。以上4种扇贝目前已成为我国扇贝的主养品种。

扇贝的贝壳较大，轻薄而坚硬，上有若干放射性筋络，呈红、黄、紫、月白等鲜艳色彩，内面色浅而略具光泽，是贝雕工艺品的绝好原料。扇贝的闭壳肌特别发达，它可以依靠闭壳肌的收缩牵引壳的张合而击水前进，在贝类中算是一个游泳健将。自然情况下，它们平时多栖息在浅海底，以足丝附着或在海底自由生活，滤食各种微藻等，人工条件下多采用筏式养殖，使它们附着在人造物体上生长。

扇贝的经济价值很高。闭壳肌，也就是我们通常说的扇贝肉柱，除鲜食外，还可加工制成"干贝"。它富含蛋白质、碳水化合物、核黄素和钙、磷、铁等多种营养成分，其中蛋白质含量高达61.8%，为鸡肉、牛肉的3倍，比对虾还要高2倍，具有抗癌、软化血管、防止动脉硬化等多种功效。

贻贝

贻贝，在我国北方地区俗称海红，古时称为"东海夫人"，是一种海产双

壳贝类。其干制品称为淡菜,是驰名中外的海产品之一。

贻贝种类繁多,主要经济品种有紫贻贝、厚壳贻贝、翡翠贻贝等。紫贻贝主要分布于我国的渤海、黄海和日本、朝鲜半岛等海域,体形较小。在我国北部沿海,当退潮的时候,岩礁海岸以及码头、堤坝的石壁上都可以见到密集的紫贻贝。厚壳贻贝壳厚,呈棕黑色,分布于中国的黄海、东海等海域。翡翠贻贝是热带、亚热带种,我国的广东、福建沿海均有分布,外壳翠绿,体形庞大,最大体长可达 20 厘米。

贻贝依靠分泌的足丝固着在岩石、船只和其他物体上生活,过滤海水中的硅藻和有机碎屑作为食物。贻贝的幼体常常固着在船体上,生长非常迅速,船只常常因附着了大量的贻贝而阻力变大,行动缓慢,不得不在周围涂上防污漆,使它们的幼体无法附着。更加离奇的是,在沿海地区,许多工厂经常用海水作为冷却用水。在引进海水的同时,也把海水中的贻贝幼体吸了进来,贻贝幼体就会附着在管道上,逐渐成长,不经意间加大了管道的阻力,有时甚至会阻塞管道。

尽管贻贝给人类造成了许多小麻烦,但是贻贝的营养价值还是颇受称道。据测算,100 克干贻贝含蛋白质 59.11 克,脂肪 7.16 克,糖类 13.4 克,钙 277 毫克,磷 864 毫克,铁 24.5 毫克,氨基酸种类较齐全,必需氨基酸含量高,与婴幼儿生长发育密切相关的赖氨酸、异亮氨酸、苏氨酸等都超过了全脂奶粉的含量。另外,值得一提的是,贻贝中硒的含量很高,硒是人体必需微量元素之一,是谷胱甘肽过氧化物酶的组成部分,具有抗氧化、防衰老等多种功能,100 克干贻贝的硒含量可达 0.864 毫克,可作为获取硒的重要来源。

贻贝的养殖历史非常悠久。早在 1235 年,法国就开始插桩养殖。20 世纪 60 年代以后,贻贝的养殖业迅速发展,我国的养殖产量也非常大。不过由于贻贝容易变质,味道不如扇贝、牡蛎等其他海产品,深加工技术又跟不上,因而贻贝销路不畅,在许多养殖产区,主要用作对虾等的鲜活诱饵,限制了其进一步发展。

牡蛎

牡蛎俗称海蛎子、蚝,是一种海产双壳贝类,全世界有 100 多个种类,广泛分布在世界各地的沿海区域。

牡蛎灰褐色的外壳表面凹凸不平,大多具有环状放射性条纹。壳形因种类不同而异,有扇形、三角形、卵圆形、狭长形等。虽说是双壳贝类,不同的是它的两个壳并不对称,左壳又大又凹,与固着的岩石融为一体。身体的软体部分,就缩藏在凹槽中。右壳小而平,就像一个盖子一样贴在上面。牡蛎的壳虽很坚硬,但也绝不是"铜墙铁壁",常常会被敌人攻破。红螺就可以称得上是"吃蛎大王"。它捕食牡蛎时,会爬到牡蛎壳上,分泌一种酸性液体,将蛎壳腐蚀一个小孔,然后伸进尖细的舌头,将蛎肉吸光,因而也得了一个"牡蛎钻"的外号。

牡蛎的生活习性也非常有趣。刚出世的幼蛎,能在水中自由游泳。但当它们遇到合适的环境,就开始寄生在岩石或其他坚硬的物体上。一旦附着,就终生不会离开。人们根据牡蛎的这种生活习性,赶在繁殖季节之前,准备好各类采苗器,例如水泥柱、大贝壳、橡皮条等,整齐地排列在海滩上,给千千万万的牡蛎幼虫当"床位",让它们舒适地"安家落户"。

虽然其貌不扬,牡蛎却因其乳白的肉质、鲜美的口味、丰富的营养,被誉为"海中牛奶"。考古发现,我国沿海地区早在新石器时代就有人以采食牡蛎为食。古罗马人曾把它誉为"海上美味——圣鱼"。因其含有多种微量元素和功能性成分,能增强儿童的智力发育,故又有"益智海鲜"的美称。牡蛎中含有的保健成分还可以滋补养颜,具有很好的美容效果。此外,牡蛎也是可以生食的少数品种之一,而且人们将其鲜美的汁液提取出来,称为蚝油,是驰名中外的调味佐料,加工成的蚝油生菜、蚝油牛柳等都是别具风味的名菜佳肴。

每年深秋是牡蛎开始收获的季节,从"冬至"到次年"清明"是牡蛎肉最为肥美的时候,我国民间有"冬至到清明,蚝肉肥晶晶"的俗谚。5～8月份,牡蛎的生殖腺逐渐成熟,一直延续到8月产卵,期间牡蛎体内营养成分几乎消耗一空,肉味不佳。恰巧的是在英文里这几个月的名称都不含字母"R",因而外国人有不含字母"R"的月份不吃牡蛎的风俗。目前,牡蛎是世界上贝类养殖的主要品种之一,我国养殖的主要品种有褶牡蛎、长牡蛎、近江牡蛎、大连湾牡蛎、密鳞牡蛎等,基本上一年四季皆有供应,大大满足了人们的需求。

栉江珧

栉江珧是江珧的一种,是一种双壳贝类,与贻贝的亲缘关系较近。因为广泛分布在我国的沿海区域,所以叫法很多,北方称为大海红、老婆扇,广东称割刀纸,浙江则称海蚌。

栉江珧的外形呈三角形,壳顶坚,个头庞大,壳长可达30厘米,就像一把黑褐色的大扇子。它们一般生活在水流平稳、波浪较小的泥质沙底。尖锐的壳顶直插入泥沙滩中,身体的大部分都深埋在泥沙中。以足丝附着于沙中的砾石、碎壳、粗沙粒上,而且一旦附着,就终生不再移动。泥沙上面只露出宽大的后缘,两壳微张,外套膜竖起,悠然摆动于海水中。尤其当聚集在一起时,仿佛是海底的一片石林,十分优美。当退潮或遇到刺激时,栉江珧就会紧闭双壳,稍稍露出沙面,好似一条裂缝,如果不仔细观察,很难发现。

栉江珧的后闭壳肌十分发达,约占体长的 1/4、体重的 1/5,其干制品即为著名的"江珧柱",古称"马甲柱",是一种非常名贵的海产品。珧者,玉也,这个美丽的称谓足以体现古人早已对其美味推崇备至,魏晋诗人郭璞的代表作《江赋》中称颂海珍品,曾将"玉珧、海月、吐肉、石华"并列为四佳。到了宋代,江珧柱更是在食坛中尽显光泽,很多诗人都专门写诗颂咏这种美食,从而形成了一种文化潮流。大诗人、美食家苏轼,有一首诗《和蒋夔寄茶》。其中咏及江珧柱:"扁舟渡江适吴越,三年饮食穷芳鲜。金齑玉脍饭炊雪,海螯江柱初脱泉。"由此可见,江珧柱的美味曾盛极一时,直到今天,仍是人们非常喜爱的美味佳肴。

西施舌

西施舌又称海蚌,是一种个体较大的蛤蜊科海产双壳贝类,在深港地区又称为贵妃舌。两个名字都跟倾国倾城的美女有关,足可见人们对它的钟爱。

相传春秋战国时期,越王勾践兵败吴国,卧薪尝胆。回国后用美人计迷惑吴王,献上的美女就是大名鼎鼎的西施。越王灭吴后,西施应该是最大的功臣。但是越王的夫人却视之为眼中钉、肉中刺,欲除之而后快,于是叫人骗出西施,将一块大石头绑在她的身上沉入大海。从此以后,沿海的泥沙中就生出了一种形似人舌的蛤蜊,人们都以为是西施的舌头,一直流传至今。

西施舌壳大而薄,呈三角扇形,壳面黄褐色,具有明亮的光泽,花纹细致。其肉足发达,风平浪静之时常常伸出壳外,形如人舌,故而得名。它们的分布广泛,我国南北沿海均有出产,喜欢生活在风平浪静的浅海泥质沙底,落潮时钻入沙下 6～7 厘米深处躲藏,涨潮后钻出沙层捕食海藻及浮游生物。

西施舌肉质白嫩肥厚、脆滑鲜美、香甜爽口,含有丰富的蛋白质、维生素、矿物质和多种益生性物质,食后齿颊流芳,因而在海味中久负盛名。福建的名菜"炒西施舌"更是闻名遐迩。不过,由于环境的不断恶化,西施舌的自然资源遭到了严重破坏,使这种珍品更加稀少名贵,普通消费者只能望尘莫及。近年来,西施舌的育苗繁殖工作取得了不错的效果。相信不久的将来,它也能走入普通百姓生活,使人们都能一尝美味。

脉红螺

脉红螺俗称红螺、海螺,是一种个体较大的海洋经济贝类,主要分布在我国的黄、渤海以及日本、朝鲜和俄罗斯远东沿海。

脉红螺的贝壳较大,成体壳高 11～12 厘米,壳宽约 8 厘米,质地坚厚。螺层约 7 层,分为螺旋部和体螺部两部分,螺旋部小,体螺层膨大,基部收窄。盘旋的螺层逐渐扩大,呈现典型的螺类"喇叭"形象。壳面黄褐色,有棕色点线花纹。壳口橘红色,有淡淡的光泽,是一种很美的工艺品。脉红螺主要分布在潮间带及沿岸浅海的泥质沙底,尤以水深梯度变化较大的 20～30 米水深的海区分布较高。与其他贝类相似,喜欢底栖生活,活动缓慢,活动范围也很小。不过,有时也会随波逐流,游荡一番。

别看性格如此温和,脉红螺却是不折不扣的"肉食主义者"。它常用吻穿凿其他软体动物而食其肉,蛤蜊、蛤仔和竹蛏都是它的美食。那么,没有"伶牙俐齿",面对贝类坚硬的外壳,它有什么攻坚的"重武器"呢?原来,它在摄食双壳贝类时,首先用肥大的足将贝类包裹住,使其窒息。然后就可以轻易打开贝壳,用消化液将贝肉融化成透明胶质状后而吸食。因此,脉红螺曾被列为贝类养殖中的敌害。脉红螺是一种产卵量多、孵化率高、繁殖力强的贝类,在正常情况下,一年繁殖一次,雌雄比例 1:1。产卵期间由深水向浅水移动,一般在水深 6～7 米的水域,有时可达潮间带,习称"上滩",产卵前雌雄先行交配 1～3 天,习称"聚堆"。脉红螺在北方产卵期为 6～8 月,在山东沿海 6 月中下旬进入交尾期,繁殖高峰期在 7 月份。

脉红螺是一种深受人们喜爱的美味海鲜,它的软体部硕大,肉味鲜美,营养丰富,除鲜食外,可制罐、冷冻或加工成干制品,深受国内外市场欢迎,

而且不论质地还是口感,它都与"天价"的鲍肉极为相似,因而具有很高的经济价值。其鳃下腺含有黄色物质,可做紫色染料之用。20世纪80年代以来,由于捕捞过度,脉红螺资源趋于枯竭。随着该品种经济价值的不断提高以及对脉红螺繁殖习性和生殖习性的了解,人工增养殖试验取得了一定成果,脉红螺逐步成为大众化的海鲜食品。

蚶

蚶是一种海产双壳贝类,在我国沿海广为分布,已发现的有30多种,其中泥蚶、毛蚶和魁蚶最为有名。它们适应范围广,产量高,经济价值大,是我国传统的养殖贝类。乍一看,3种蚶外貌很相似。但仔细观察,就会发现泥蚶小而无毛,毛蚶稍大有毛,魁蚶个头最大,也有少量绒毛。

泥蚶属于热带、温带贝类,广泛分布在太平洋和印度洋海域。我国从河北到广东、海南均有分布,以山东半岛居多。它多栖息在风浪较小、有淡水流入的内湾或河口附近的软泥滩涂上。泥蚶的贝壳坚硬,呈卵圆形,两壳相等,壳顶突出,尖端向内卷曲,壳表白色,有褐色壳皮。壳表放射肋发达,共18～20条,自壳顶至壳缘渐粗大,肋上具极显著的颗粒状结节,故又名粒蚶。

毛蚶俗称毛蛤,分布在我国、日本和朝鲜,在我国主要集中在辽河、海河和黄河河口一带的海区。毛蚶的贝壳大小中等,壳质坚厚但薄于泥蚶,壳膨胀,呈卵圆形,两壳不等,右壳稍小于左壳,壳面有褐色绒毛状的壳皮,故名毛蚶。

魁蚶俗称赤贝、血贝,分布于中国、日本、朝鲜和菲律宾等海域。我国以黄海北部居多,栖息在3～50米水深的软泥或泥沙质海底,用足丝附着在石砾或贝壳上。魁蚶的贝壳坚厚,形似毛蚶。但左右两壳相等,呈斜卵圆形,极膨胀。壳面白色,有少量棕色绒毛。

蚶肉味道鲜美,色鲜红,含有丰富的蛋白质和铁、磷、维生素B等,营养价值极高。蚶的养殖在我国已有悠久历史,早在三国时期沈莹所著《临海异物志》中就记载:"蚶之大者,径四寸,肉味极佳,今浙东以近海种之,谓之蚶田。"蚶壳可入药,有消血块和化痰积的功效,还是陶瓷工业的上好原料。

章鱼

提起章鱼,它可是海洋里的"一霸"。章鱼力大无比、足智多谋,不少海洋动物都怕它三分。

章鱼有 8 条感觉灵敏的触腕,每条触腕上有 300 多个吸盘,每个吸盘的拉力为 100 克。想想看,无论谁被它的触腕缠住,都是难以脱身的。有趣的是,章鱼的触腕和人的手一样,有着高度的灵敏性,可以用来探察外界的动向。每当章鱼休息的时候,总有一二条触腕在值班。值班的触腕在不停地向着四周移动着,警惕地观察着"敌情"。如果外界真的有什么东西轻轻地触动了它的触腕,它就会立刻跳起来,同时把浓黑的墨汁喷射出来,以掩藏自己,趁此机会观察周围情况,准备进攻或撤退。章鱼可以连续 6 次往外喷射墨汁,过半小时后,又能积蓄很多墨汁。

章鱼的攻防本领之全令人惊讶,是名副其实的多面手。章鱼一旦被捉到岸上,它从不会搞错海在哪个方向。科学家至今都弄不明白,它何以有此本领。章鱼的身体极其柔软而富有弹性,能穿过很窄小的缝隙。它与小蜥蜴一样,能用障眼法逃生。一旦触手被别的动物咬住,会自断其手而逃之夭夭。断处不流血,周围的皮会自行合拢,第二天伤口就能自愈,很快又长出新的触手。章鱼和变色龙一样能随环境而改变体色,在受惊发怒时也能改变体色。这或许是章鱼之间传递信息的"语言"。

你如果在水下真的与章鱼相遇,也不必过于惊慌,它的墨汁对人体没有伤害。当它们发现有人来时,总是主动退避。此时还会显得十分紧张,身子立刻膨胀起来,紧紧盯着来访者,把触手伸出洞外,体色还会因惊吓而改变。一旦发现来访者不肯离去,它就会自己逃离藏身之地,先把身体变得扁平,紧贴海底,慢慢地爬出掩体,眼睛始终警惕地盯着你,突然快速逃离。

章鱼是领地性动物,除非它们被频繁地打扰,否则,它们总是要返回自己的家。章鱼对待自己的子女百般地抚爱,体贴入微,甚至累死也心甘情愿。每当繁殖季节,雌章鱼就产下一串串晶莹饱满的犹如葡萄似的卵,从此它就寸步不离地守护着自己心爱的宝贝,而且还经常用触手翻动抚摸它的亮晶晶的卵,并从漏斗中喷出水挨个冲洗。直等到小章鱼从卵壳里孵化出来,这位"慈母"还不放心,唯恐自己心爱的孩子被其他海洋动物欺侮,仍然不肯离去,以至最后变得十分憔悴,也有的因过度劳累而死去。

金乌贼

听听这个名字吧,你就会感觉它一定是个珍贵的鱼。其实它并不是鱼,金乌贼是一种海洋软体动物,但很多人都习惯称之为墨鱼、乌鱼。金乌贼在

我国沿海均有分布,尤其以黄、渤海产量较多。山东省日照市周边海域就是金乌贼的主要产区。

金乌贼体内墨囊发达,内贮有黑色液体,遇敌即释放出墨汁作"烟幕",迷惑对方,自己则可以乘机逃走,这就是它得名"乌贼"的主要原因。而"金"字,则是缘于它身体呈黄褐色,胴体上有棕紫色与白色细斑相间,雄体的背面有波状条纹,在阳光下呈金黄色光泽。它从外形上看呈扁卵圆形,一般长三四十厘米。背腹部略扁平,头部前端、口的周围生有 5 对腕,其中 4 对较短,1 对触腕稍超过胴长,其吸盘仅在顶端,小而密。金乌贼的眼睛大而明亮,其结构之复杂、功能之完善,几乎可以与哺乳动物的眼睛相媲美。其石灰质内骨骼发达,呈长椭圆形。

金乌贼的可食用部分约占总体的 92%,出肉率可谓奇高。它的肉洁白如玉,具有鲜、嫩、脆的特点,且营养丰富。除鲜食外,还可加工制成干制品。北方人称之为墨鱼干。其雄性生殖腺干品叫乌鱼穗,雌性生殖腺干品叫乌鱼蛋,均为海味佳品。此外,金乌贼的内骨骼即骨板还是一种中药材,药名海螵蛸。总之,金乌贼浑身是"金",是一种具有很高经济价值的水产动物。

鱿鱼

能在水中放"烟幕弹"的是什么动物呢?当然是乌贼。不过,乌贼有个"远方亲戚",不仅体形长得像乌贼,而且也能够"吞云吐雾",它就是鱿鱼。鱿鱼是一种经济价值较大的海洋头足类动物,是体形较大的柔鱼科和枪乌贼科动物的俗称,广泛分布在世界的海洋中。

鱿鱼的体形与乌贼类似,都由头、胴以及腕足组成,不过也有明显的不同,乌贼的胴体中部有一块像船形的乌贼骨,鱿鱼的体内则是一层透明的角质,一捏就可以分辨出来,而且鱿鱼较乌贼体形要狭长,整个身体伸展开来形如一个标枪。另外,鱿鱼学的放"烟幕弹"的本领还不到家,不像乌贼那样不仅能迷惑敌人,而且喷出的墨汁中还有毒素,可以麻痹对手,鱿鱼喷出的墨只能起到浑水摸鱼、逃跑的作用罢了。

鱿鱼是一种凶猛的肉食性动物,具有锋利的角质颚和发达的消化腺,磷虾、沙丁鱼等小型鱼虾类都是它的美餐。不过,鱿鱼同时又是鲸鱼、金枪鱼、鲣鱼、鳗鱼、海鸟等的重要食物。它的行动非常敏捷,在胴体内有一个水囊,依靠喷射水流形成的反作用力推动身体前进,而且可以依靠腕足的吸盘吸附在岩壁和海底的废弃物、沉船上。

鱿鱼的营养非常丰富,高蛋白、低脂肪,含有多种维生素、矿物质等营养素,而且含有大量的 EPA、DHA、抗氧化物等多种生理活性物质,具有重要的食补作用,其味更是鲜美无比,又因主要产自大洋深处,是一种真正的绿色营养海产品,深受人们欢迎。但是,值得一提的是,鱿鱼中的胆固醇含量非常高,几乎是肉类的几十倍,不过你不要害怕。鱿鱼体内同时还含有一种物质叫牛磺酸,它有抑制胆固醇在血液中蓄积的作用。只要你摄入的食物里牛磺酸与胆固醇的比值在 2∶1 以上,血液里的胆固醇就不会升高。鱿鱼中牛磺酸含量较高,比值为 2∶2,食用鱿鱼时胆固醇只是正常地被人体所利用,而不会在血液中积蓄。

海带

海带不仅是上乘的海洋蔬菜,凉拌、烹炒、烧炖口味均佳,而且也是一种经济价值很高的工业原料。海带里所含的醣类、褐藻胶、甘露醇等,在工业中和医学上有着广泛的用途。同时海带还因含碘量高而作为药用,经常食用可以防止甲状腺肿大。如今,我们的海带年产量已经占世界总产的一半以上,成为世界第一大海带养殖国,山东又是我国海带生产的主要产区。

海带对生长环境不是很苛刻,只要水流畅通、水质肥沃即可。水温 5～18℃ 可以正常生长,水温再高就受不了了。所以海带一般都在高温到来以前收割上岸,这样既可避免因为高温而造成的海带腐烂,又能防止夏季台风的破坏。海带的藻体一般长度为 2～3 米,最大长度可达近 20 米,宽 20～30 厘米。藻体分为固着器、柄、叶片三部分。固着器位于柄的基部,由许多圆柱形假根组成,假根末端生有吸着盘。柄部幼期圆柱形,表面光滑浓褐色,长成后扁圆形。

海带属于海藻中的褐藻类,原产于日本海,是一种大型定生海藻,最初我国只有辽东半岛、胶东半岛的很小部分海区适宜海带自然生长,产量很低。从 20 世纪 50 年代初开始,在曾呈奎院士等老一代生物学家的带领下,我国科研人员开始了人工养殖海带的研究,相继开展了海带自然光低温育苗以及浮筏式养殖和施肥等研究,从而使海带人工养殖业从无到有,迅速发展。如今,我国沿海各地普遍都能养殖海带并且已经有了许多优良品种。山东东方海洋科技有限公司不仅创造了克隆育苗技术,而且相继开发出

"901"、东方2号等一系列具有自主创新意义的优良品种,缩短了海带的生长期,提高了海带的品质,增加了胶、碘、醇的含量,为海带人工养殖开辟了新的领域,拉开了我国现代化海洋生物大规模生产的历史序幕。

龙须菜

龙须菜学名江蓠,是一种海洋红藻类植物,因藻体细长盘旋、形似龙须而得名。闽南一带又称为海面菜,广东沿海称之为海菜或蚝菜。

龙须菜多生长于低潮带到潮下带的岩石上,是一种温带性种类,在我国多产于北方沿海,以山东沿海分布较多。藻体细长,体高30~50厘米,最长的可达1米以上。成熟的龙须菜呈紫红色,干燥后则呈紫褐色。龙须菜的生活史具有明显的世代交替特性,它的果孢子体是寄生在雌配子体上的,在适宜的人工栽培条件下能够长期保持营养生长状态。

野生的龙须菜呈绿色,而且软骨质的藻体嚼起来特别脆嫩,口感爽滑。然而由于龙须菜藻体较腥,很少有人直接食用。经过不断探索,龙须菜即食食品的开发取得了进展,经过脱腥、保脆、护绿等工序,就成为一种高膳食纤维、高蛋白、低脂肪、低热能、且富含矿物质和维生素的天然优质海洋蔬菜。沿海老百姓就很喜欢食用龙须菜,用其胶煮凉粉是夏季的一道美味,直接炒食亦别有风味。用开水烫绿后凉拌更清新爽口。在北方,有人将它与鲍鱼配菜烹调成"鲍鱼龙须菜",是鲁菜中的一道名菜。煮水加糖服用,具有清热解暑、开胃健脾、滋阴调理的功效。李时珍的《本草纲目》记载,龙须菜具有清热、排毒、化痰、润便等功效。经常食用,可以把人体内的有毒物质转化为无毒物质,起到净化血液的作用,具有预防癌症的功能。目前,通过采用新技术研制的速冻海发菜、金丝海藻、金海藻原体冲剂等各种龙须菜系列产品,在市场上已越来越受到消费者的欢迎。

龙须菜含胶量高,干品的含胶量高达25%以上,而且提取的琼胶凝胶强度大,是海藻工业中提取琼胶的良好原料。近年来,其他经济用途也得到了开发,例如作为鲍鱼的饲料,提取天然活性物质,利用它对C、N、P等元素的大量吸收而减轻水体的富营养化等。在一些西方国家还把龙须菜用作抗风湿药物,疗效也非常显著。

裙带菜

裙带菜又称海芥菜,是一种海洋褐藻类植物。它样子很像裙边,因此得了个裙带菜的美名。

裙带菜一般生长于风浪不大、水质较肥的海湾内低潮线下 1～5 米深处的岩礁上,是一种温带性种类,适温性较广,能够耐受高温。我国的裙带菜原产于福建、浙江海区,现在的主要产区在辽宁、山东。裙带菜是 20 世纪 30 年代从日本引进的,是一种大型的经济海藻,呈黄褐色、褐绿色,藻体分固着器、叶柄、叶片三部分,长 1.0～1.5 米,宽 0.6～1.0 米。固着器发达,柄部边缘有狭长的凸起。在藻体生长过程中,柄部的凸起由于生长较快,形成了宽大褶皱的结构,最后柄部被木耳状的孢子叶所包被。孢子叶肉厚而富含胶质,润泽有光。

我国自 20 世纪 40 年代开始裙带菜的养殖。50～60 年代海带生物学和养殖原理研究取得一系列突破,极大地推动了我国海带养殖事业的发展。在这一影响下,裙带菜的研究实验工作也走上了一条类似的道路。80 年代末以来,开始采用细胞工程进行人工育苗,形成了裙带菜的规模化养殖。

裙带菜营养丰富,蛋白质含量在 11% 以上,含有丰富的钙、镁、锌、铁、锰、钼、钴等矿质元素,并且具有降低血压和增强血管弹性的作用,口味也要比其他的海藻类食品脆滑,因而在日本,裙带菜的价格要比海带等高出许多,号称海藻之王。不过在我国,对裙带菜了解较少,市场价格通常比较低,在一定程度上影响了养殖业的进一步发展。除了作为食品,裙带菜还是海藻工业中提取褐藻胶的常用原料,也可用于提取其他化学产品,如碘、甘露醇等,此外,还可以作为养殖海参、鲍鱼的食料等。

紫菜

紫菜又称海苔,是一种红藻类海洋植物,生活在浅海的岩礁上,有"岩礁娇子"之称。它又是一种传统的海藻食品,所以还素有"长寿菜"、"海味珍蔬"、"微量元素宝库"等美誉。

相对于其他大型海洋藻类,紫菜的藻体相对较小,颜色为紫红色或浅黄绿色,干燥之后则变为紫黑色,呈薄膜状,也就是我们现在市场上常见的产品类型。紫菜的叶子有椭圆形、长盾形、圆形、长卵形等各种形状。叶状体基部有丝状的假根,藉以附着在基质上。

紫菜的食用历史非常悠久。北宋年间的《太平寰宇记》就有"紫菜产在郡(指海州)东北七十五里海畔石上,旧贡也"的记载。在日本,紫菜更受欢迎,每年的消费量达到几十万吨。之所以如此畅销,是因为紫菜不仅含有大量的谷氨酸盐、氨基酸等鲜味物质,味道鲜美,而且紫菜的营养价值较高,以高蛋白、高核黄素著称,含有丰富的维生素和矿物质,特别是碘含量较高,并且含有大量海藻胶类纤维。现代研究发现,紫菜中的多糖类物质具有抗衰老、抗肿瘤、增强免疫等多种生理活性。从紫菜中开发出具有独特活性的海洋药物和保健食品,已成为紫菜研究利用的新方向。

我国紫菜的人工养殖始于 20 世纪 60 年代,养殖的主要品种是条斑紫菜和坛紫菜。紫菜的生长较快,一般 45～50 天后藻体就达到 20 厘米左右。江苏、山东、浙江、福建为主要产区。紫菜除了鲜食外,更多的是被加工为片状干燥紫菜,这样不仅容易保存、食用方便,而且鲜味浓郁,松脆可口。

石花菜

石花菜是生长于礁石上的一种藻类,藻体色泽因海区环境、光照的不同而有所变化,呈紫红色、橙色、淡黄色等,鲜艳而美丽,犹如海中之花,故名石花菜。

石花菜又名海冻菜、鸡毛菜、凤尾等,是多年生红藻类植物。它生性喜阴,主要生长于水流较急、透明度较高的低潮线附近至潮下带 3～10 米深的外海区。石花菜株高 10～20 厘米,大者可达 30 厘米,藻体呈单轴形,有整齐的羽状分枝,小枝对生或互生,末端极尖,形似于鸡毛,因而又得名鸡毛菜。我国沿海的石花菜资源十分丰富,北起辽东半岛,南至台湾海峡都有分布,以山东半岛、台湾等地产量居多。

石花菜既是一种美味可口的海藻食品,又是重要的医药和纺织工业原料。它体内含有大量的胶质,是提取琼胶的优良原料,每 100 克干品可提取琼胶 26～28 克。在沿海的很多地方,渔民常用它熬成胶状,用于糊墙和浆洗布料。在传统中医领域,石花菜还是一种重要的中药材,具有清肺化痰、清热祛湿、滋阴降火、凉血止血功效。以石花菜为原料做成的凉粉,不仅味道鲜美,还是消夏解暑的佳品。在炎热的夏天,喝上一碗石花菜做成的凉粉,全身舒服,因而深受沿海广大群众的喜爱。石花菜作为一种重要的经济藻类,很早就引起人们的重视,国内外都有人工养殖。近年来,我国筏式养殖石花菜获得成功。在很多地方,石花菜一年可以进行多茬养殖,上茬采收时,苗绳上面留下一部分营养枝作下茬苗种,继续进行人工养殖,直到水温下降到不适宜石花菜生长时为止。

海胆

人们在海滩上经常会发现一小团颜色漂亮、布满长短不一的棘刺的小动物,这就是海胆。海胆又称海刺猬,是棘皮动物家族中的成员,它长着一个圆圆的石灰质硬壳,全身武装着硬刺,对居住在海底的"居民"来说,它是难以侵犯的,没有哪个莽撞的家伙敢去碰它。

海胆是一种非常古老的动物,已经有上亿年的历史了,在西藏高原上就曾发现海胆的化石。海胆一般栖息在珊瑚礁、岩石的缝隙里。有些海胆是素食者,它们以各种海藻为食;有些海胆则食性复杂,从各种原生动物到低等的珊瑚和海葵都可以作为食物;有的海胆是腐食性动物;还有些海胆是纯粹的肉食性动物,它们主要以珊瑚礁上缓慢爬行的小动物为食。

海胆是个天生的胆小鬼,有人根据它的外形和特性,给它编了这样的顺口溜:身披褐针毡,奇形又怪状,遇到敌害来,拼命把身藏。它身上的刺完全是为了防身。而且有的海胆身上的棘刺是有毒的,人若被蜇中,轻则皮肤红肿,重则全身痉挛,有生命危险。因此,海洋中的许多动物见了它都避而远之,不过俗话说:"卤水点豆腐,一物降一物。"能吃海胆的动物其实也不少,除了海獭最爱吃它外,还有不少鱼也有办法对付它的尖刺,因为它也有最脆弱的地方,那就是它的口部。牙齿锋利、皮粗肉厚的皇后鲀游近海胆,把它的尖刺一根根地咬下来,不就剩下肉了吗?这是一种笨办法,炮弹鱼(鳞鲀)的方法才算聪明呢,它避开尖刺,用口喷水将海胆冲翻,露出它不设防的口面部,再大嚼其肉。

每年的六七月份,是海胆的生殖旺季,这时将海胆壳掰开,就可以看到一个黄色的小团,这就是海胆的精华所在——海胆黄。海胆黄是海胆的生殖腺,也称海胆膏、海胆仔,含有丰富的天然激素物质和动物性腺特有的结构蛋白、卵磷脂、核黄素等,因而具有重要的食补疗效和药用价值。早在明代,炼丹师就利用海胆黄制成"云丹"专供宫廷,用于强精壮阳、滋补养生。海胆黄味道鲜美,无骨无筋,入口即化,可以清蒸、油炸、煲汤,做法多种多样,也可以加工成海胆酱、海胆罐头等上等食品。海胆壳虽不能食用,但也可以入药,而且是一种很好的工艺品材料。

海参

海参,自古以来就是滋补养颜、强身健体的营养佳品,古人认为"其性温

补，足抵人参"，故名海参。

海参的种类很多，全世界有 1 100 多种，主要分布在印度洋、西太平洋等海域。我国沿海有 100 多种，能够食用的有 30 多种。其中，以黄、渤海出产的刺参和南海出产的梅花参最为名贵。刺参的形状像黄瓜，体长 20～40 厘米，背部有 4～6 行圆锥形的肉刺。梅花参号称"参中之王"，体长一般 60～70 厘米，最长的可达 1 米，而且体色美丽，背部为橙黄色，散布着褐色的斑点，触手则为白色。海参吃的东西很差，它以海底有机物质和微小动物为食物。在深达 150 米的海底，都有海参出没。因为海底可食的东西少得可怜，为了填饱肚子，每天它们要吞大量泥沙。所以它们生长得特别缓慢，有人说这正是它珍贵的原因之一。

海参非常神奇。在浩瀚的大海中，它渺小得实在是微不足道。从模样上来说，它长得很丑，没有眼睛，也没有抗敌的任何锐利武器。虽然从未离开大海，却根本不会游泳，只靠管足和肌肉在海底蠕动，爬行 1 小时还不到 3 米远。而不可思议的是，在弱肉强食的海洋中竟生生不息地生存 5 000 万年以上，而且很有"人"缘，天敌很少，令人叫绝！更有趣的是海参还能够作"天气预报"。海上常常风云突变，碰到暴风骤雨来临的天气，海参就躲到石缝里藏起来。当渔民发现海底的海参不见了时，就知道风暴就要来了，会立即收网起锚返航。

海参的另一"特异功能"，是它顽强的再生能力。即便身体不幸被砍掉一块，只要数月的"静养"，便会完全康复。当遇到凶猛的敌手或受到刺激时，海参还会抛出内脏，迷惑对方，自己乘机逃之夭夭，一段时间之后又会长出完整的内脏。

我国是世界上食用海参最早、最多的国家。早在三国时期，沈莹的《临海水土异物志》中对海参就有所记载。那时人们还没有认清海参的"庐山真面目"，给它起了个很俗气的名字——"木肉"。不过经过后人的不断品味，海参的营养价值逐渐为人所知，爽滑的口感也颇受称道。到了明代以后，就开始成为高档筵席的必备菜肴。经现代科学研究证明，海参中高级蛋白质含量达 20％以上，含有人体所必需的多种维生素和矿物质，尤其是野生海参，复杂的觅食环境使其体内积累了大量的功能性成分，而且胆固醇的含量极低，加之海参的产量又少，因而海参逐渐成为名贵海产品的代表，不知不觉在当代人中已形成了一群"食参族"。

随着科学的发展,海参的药用功能也逐渐受到人们的重视,例如刺参富含黏多糖,具有广谱的抗癌活性,刺参皂甙具有抗真菌、抗放射等多种功效,利用海参已经开发出多种功能性食品。

海星

海星大家都非常熟悉。它形如其名,呈五角星状,体肤鲜艳,就像一颗颗星星沉落海底。它不仅是一种具有观赏价值的工艺品,而且还是一种好吃且具有特殊功能的海味。

海星的分布非常广泛。它们生活在潮间带和近岸的平静海域,种类繁多,全世界有 1 600 多种。大多有 5 个腕,也有的多达 40 多个腕。腕上生有管足,是海星的运动器官。它们依靠管足在海底和岩石上作缓慢的爬行。海星的嘴位于贴近海底的腹面,而肛门位于背面。它们的色彩非常鲜丽,多呈鲜红、深蓝、玫瑰色、橙色,还有的在粉红色的底色上点缀着紫色虫纹状花纹和镶边,也有的在蓝色中有红斑和红边。海星的形状也是千姿百态的:五角星似的罗氏海盘车,凸起如帽的面包海星,皮棘如瘤的瘤海星,生有镶边的砂海星,腕短而色蓝的海燕,腕细如爪的鸡爪海星和状如荷叶的荷叶海星等。

海星的外形如此美丽,行动如此缓慢,可谁曾想像它竟是一种贪婪的食肉动物。它们能吞食各种各样的无脊椎动物,尤其喜欢温顺而行动迟缓的贝类。海星的捕食方法十分奇特,时常采取缓慢迂回的策略,慢慢接近猎物,用腕上的管足捉住猎物并将整个身体包住它,将胃袋从口中吐出,利用消化酶让猎获物在其体外溶解并被其吸收。海星的食量很大,一只海盘车幼体一天吃的食物量相当自身体重的一半多,因此它们非常贪婪。不过,海星是海洋食物链中不可缺少的一个环节,它的捕食起着保持生态平衡的作用。如在美国西海岸有一种文棘海星,时常捕食密密麻麻地依附于礁石上的海红(贻贝),这样便可以防止海红的过量繁殖,避免海红侵犯其他生物的领地,以起到保持生物群平衡的作用。

海星的贪婪,给近海的贝类养殖业造成了较大的危害,成为养殖生产者人人喊打的敌害。很多人把捕杀的海星做了肥料,实在可惜。其实,海星也具有较大的经济价值,其中有不少种类可以制成海洋生物药品。干燥的海

燕,可作为治疗腰腿疼痛的药;海盘车干燥制药,可治胃溃疡、腹泻等。近年来又有研究发现,海星的可食部分——海星黄(海星的消化腺和生殖腺)中微量元素特别是锌的含量特别高,对于促进人体发育、治疗不孕不育和男性壮阳等,都有明显疗效。

龟

龟,是龟鳖目动物的总称,全世界有几百个种类,广泛分布在世界的海洋、江河、湖泊和陆地上。龟类有着上亿年的历史,是与恐龙同时代的古老动物。随着地壳的运动、环境的巨变,恐龙灭绝了,龟类却奇迹般地生息繁衍下来。我国古代将麟、凤、龟、龙列为"四灵",龟是吉祥和长寿的象征,与几千年的中华文化有着不解之缘。

龟类的典型特征就是扁圆的身躯、厚厚的盔甲,它行动缓慢,性格温和。按照生活的环境,龟类可以分为海洋龟类和陆地龟类。海洋龟类包括棱皮龟科和海龟科,共有棱皮龟、红头龟、玳瑁、橄榄绿鳞龟、大海龟、绿海龟、黑海龟(太平洋丽龟)和平背海龟8个种类,都是濒危的保护动物。陆地龟类包括陆龟类和淡水龟类,后者又包括硬壳龟类和软壳龟类,软壳龟类即是鳖类。陆地龟类有260多个种类,我国常见的有乌龟、金线龟、绿毛龟、中华鳖等。海洋龟类的四肢特化为桨状,体形大者如棱皮龟,体长可达1.5米。海龟类以小鱼虾、贝类为食,有的也吃藻类。每年夏季的夜晚,海龟就会跋涉千里,返回它们出生的故土,在沙滩上产卵,一次产卵可达上百颗。陆地龟类生活于江河、湖泊、山涧溪流乃至干旱的荒漠地区,分布非常广泛。它们生长缓慢,寿命超长,有的据推测已有几千年岁数了,长寿的原因至今仍是未解之谜。

龟类是集观赏、食用、入药于一身的珍贵动物。其肉鲜美、营养丰富,含有大量的生命活性物质,自古以来就是食补佳品。龟甲是传统的名贵中药材,且头、血、脏器等都能入药,具有滋阴补肾、清热除湿、健胃补骨、强壮补虚等多种功能。如今,观赏龟类又成为人们的新宠,尤以绿毛龟最受欢迎,它们性格温顺、姿态优美,而且能够陪伴人们的一生。我国国土辽阔,龟类资源非常丰富,但是近几十年来,过度的捕捉已使许多龟类资源遭到严重破坏,而且关于龟类的基本生态、物种研究不足,缺乏保护的依据,更加重了其濒危的境地,迫切需要我们采取措施,挽救这一生物"活化石"。

中华鳖

中华鳖又叫圆鱼、甲鱼、团鱼、王八,是我国重要的特种名贵水产动物。

中华鳖长得很像乌龟,身上也背着甲壳。胸甲和背甲的两侧有厚实的结缔组织,俗称"裙边"。它们的甲壳虽然没有乌龟的坚硬,但在遇到敌人的时候,也可以像乌龟那样把头、尾巴和四肢缩到壳里,让敌人无可奈何。中华鳖的寿命一般比较长,可生活30~50年,相比较其他水生动物来说,可以称得上是老寿星了。中华鳖属于爬行动物,生活于水流平缓、鱼虾繁生的淡水水域,也常出没于大山溪中。它们喜欢在安静、清洁、阳光充足的水岸边活动,有时也会爬到岸上,但不能离水源太远。中华鳖是以肉食性为主的杂食性动物,小鱼、小虾、蚯蚓、螺、蚌类以及动物内脏等是它们的主食,偶尔也会把蔬菜、瓜、果等当做点心来吃。

中华鳖的生活很有规律,归结起来就是四句话:"春末天暖爬上滩,夏日炎热柳阴潜,秋凉天气入洞间,天冷冬眠钻泥潭。"也就是说,中华鳖春天苏醒,夏天产卵,秋天休整,冬天冬眠。其中,它们的冬眠是最有特点的。一般是在水深2~3米的水底沙泥中度过,当它们选好越冬场所时,就会用四肢笨拙地旋转身体,让自己一点点地陷进入泥中,然后不吃不动开始冬眠了。当春天到来、水温升高时,它们就会苏醒过来,从泥中钻出,开始一年新的生活。

中华鳖是一种经济价值很高的水生动物,不仅肉味鲜美,营养丰富,而且还是珍贵的药材,甲、头、肉、血、胆等都可入药。

海蜇

海蜇是一种大型的食用水母,属暖水性腔肠动物,我国沿海均有分布。

海蜇的外形像一个巨大的蘑菇,上面呈伞状,是一层厚厚的胶质,隆起时像一个馒头,直径可达1米以上。伞部下面有8个口腕,称为海蜇头。每个口腕又分成了翼,上有许多小孔,称为"吸口",用来捕食微藻、纤毛虫、桡虫等微小生物。海蜇的口腕上有很多触手,呈乳白色,上面有无数的刺细胞,能分泌毒液。人们在游泳或捕捞时,如果不慎接触到这些刺细胞,其中盘曲的刺丝就会弹射出,将毒素注入人体。人被刺后,皮肤红肿、痛痒,严重的还会危及生命,这也是海蜇名称的由来。

海蜇在海中浮游为生,栖息于近岸海域,尤其喜居河口附近。它的运动依靠伞状部位下环状肌肉的伸缩。在环状肌肉收缩时,伞下腔内的水被压出,借助水的推力,身体就会向伞顶方向前进。海蜇没有听觉器官和视觉器官,但它的伞下口腕间,常成群地隐藏着一种叫水母虾的小型虾类,它们在海蜇的伞盖下受到保护;同时,它们又充当着海蜇的"眼睛":当小虾发现有敌害时,就以剧烈的运动通知海蜇。

海蜇的含水量可达 95% 以上,又加上汛期在气温较高的夏秋季节,上岸后很容易腐败变质,因而捕获上岸就要立即加工。现代腌制工艺是用 40% 的饱和食盐水和明矾混合腌渍 3 次,称为"三矾海蜇"。经过"三矾"以后的海蜇,就成了一张薄薄的皮,这就是我们市场上常见的海蜇皮。海蜇皮中含有丰富的营养物质,更以其脆、嫩、滑、爽之特有风味,受到人们的欢迎。此外,海蜇还有重要的药用价值,具有补心益肺、活血通脉、治疗哮喘等功效。

我国的海蜇资源丰富,尤以浙江、福建沿海产量较高、质量较好,有"梅蜇"、"伏蜇"、"秋蜇"、"寒露汛"等捕捞批次。在山东和辽宁沿海,则以"秋分"至"霜降"的秋汛为主。近几年来,海蜇的养殖业也发展非常迅速,海蜇已成为一种大众化的美味海产品。

鲎

鲎,是一类古老的动物。鲎的祖先出现在地质历史时期古生代的泥盆纪。当时恐龙尚未崛起,原始鱼类刚刚问世。随着时间的推移,与它同时代的动物或者进化,或者灭绝,唯独鲎从 4 亿多年前问世至今仍保留其原始而古老的相貌,所以有"活化石"之称。

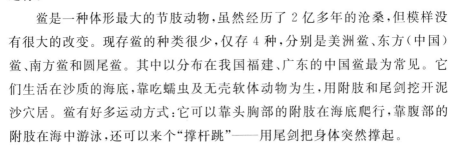

鲎是一种体形最大的节肢动物,虽然经历了 2 亿多年的沧桑,但模样没有很大的改变。现存鲎的种类很少,仅存 4 种,分别是美洲鲎、东方(中国)鲎、南方鲎和圆尾鲎。其中以分布在我国福建、广东的中国鲎最为常见。它们生活在沙质的海底,靠吃蠕虫及无壳软体动物为生,用附肢和尾剑挖开泥沙穴居。鲎有好多运动方式:它可以靠头胸部的附肢在海底爬行,靠腹部的附肢在海中游泳,还可以来个"撑杆跳"——用尾剑把身体突然撑起。

水中的鲎,大都是成双成对的,因为雌鲎的前 4 条腿上长着 4 把钳子,雄鲎却是 4 把钩子。雄鲎总是把钩子搭在雌鲎的背上,让"妻子"背着它四处旅行谋生。

　　丑陋而懒惰的鲎，对"爱情"却很专一，一旦结为"夫妇"，便形影不离。肥大的雌鲎，背驮着比它瘦小的"丈夫"，蹒跚爬行，因此获得"海底鸳鸯"的美称。北部湾一带的渔民都称它们为"俩公婆"。每年春深水暖，成群的鲎乘大潮从海底游到海滩生儿育女。有经验的渔民熟悉鲎的行动路线，事先在半路上布下了长长的渔网。鲎一旦遭到暗算，就只好网中待毙，插翅难逃。这些夫妻鲎，不论是在深海旅行，还是被捕入"狱"，从来都是双宿双游，总不分开。最令人惊讶的是，当抓住公鲎的尾巴时，这只公鲎会紧紧抱住母鲎不放，母鲎也不弃夫而逃，结果它们一块儿被提出水面。

　　鲎的血液是蓝色的，其中含有铜离子。这种蓝色血液的提取物——"鲎试剂"，可以准确、快速地检测人体内部组织是否因细菌感染而致病。在制药和食品工业中，可用它对毒素污染进行监测。鲎的肉、卵营养价值高，鲜美可口，其味如蟹，为东南沿海人民喜食的菜肴。作为药物原料，具有多种疗效，据宋代《嘉佑本草》记载，鲎肉主治痔疮；卵可治红、青光眼；胆主治大风癫疾、积年呷咳；尾烧焦主治汤风、泄血和妇科崩中带、产后痢等症；甲壳烧成灰可治咳嗽、退高热。

三、尔"鱼"我诈

人世间,为了各自的利益勾心斗角、尔虞我诈,甚至大动干戈、你死我活的事儿经常发生。聪明的人类,为了制胜于鱼,也搬来了这些"兵法"对付鱼类,甚至有过之而无不及。

鱼,我所欲也

在水域生态容量平衡的前提下,鱼类对人的最主要的使用价值在于食用。

远古时代,人类就尝到了鱼的美味。后来,随着生活水平的日益提高和科技水平的不断进步,人们发现,对比起其他可食之物,鱼类不仅美味可口,而且营养成分也非常丰富。

鱼类中的脂肪含量比较低,这一点深受广大减肥爱好者的青睐。更为重要的是,鱼类脂肪的组成与陆上的动物不同,很多是由不饱和脂肪酸组成的。不饱和脂肪酸是一类有重要活性的物质,对于治疗心脑血管疾病、延缓衰老有特殊功效。日本人、北极圈的爱斯基摩人由于吃鱼多,冠心病、高血脂等疾病的患病率非常低。

鱼类的体液中含有很多糖类物质。这可不是我们平时吃的白砂糖,而是一类具有特殊结构、分子量比较大的生物多糖。这类多糖具有很多生理功效,例如抗肿瘤、改善血液微循环、提高脑细胞的活性等。海参、鲍等海珍品之所以如此昂贵,原因之一就是含有大量的生物多糖。

此外,鱼类中还含有丰富的维生素、无机盐等特殊的营养成分。如鲨鱼、鳕鱼的肝脏中富含维生素 A 和 D,藻类中则含有较多的胡萝卜素,海带

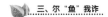

中碘的含量特别高。虾皮中的钙含量是肉类食品的 100 倍,患骨质疏松症的人经常吃点虾皮可以达到事半功倍的疗效。

鱼类还含有丰富的 DHA。DHA,俗称脑黄金,是一种对人的大脑发育、成长非常重要的不饱和脂肪酸。自然界的 DHA 绝大部份在鱼油中,因此人类要想提高智商,就必须健脑,要想健脑,就必须补充 DHA。英国脑营养化学研究所的克罗夫特教授在他写的《原动力》一书中,提出了"吃鱼可使头脑聪明"的世界震惊的假说。他把吃鱼多的日本儿童与吃肉多的欧洲儿童做了比较,结论是日本儿童更健康、更聪明。又有科学家发现,鱼肉中的 EPA及 DHA 这两种特别的脂肪酸,可降低血脂质,特别是三酸甘油脂及低密度脂蛋白胆固醇(坏的胆固醇),且会使血小板比较不会凝集,而有预防血栓形成引起之心脏血管疾病及脑中风的功效,可以保护心脏。芬兰地区的研究发现,一周吃不到一次鱼的人,罹患轻微忧郁症的比例,比常吃鱼的人高,因为鱼肉中的 EPA 及 DHA 可以消除忧虑,预防精神分裂症。

总之,吃鱼可以让人更健康更聪明、"吃鱼会使头脑清晰"、"多吃鱼能使脑筋聪明"、"吃鱼可以健脑强身"等理论,被世界各国越来越多的专家的科学实验研究证实,也成为人们流传很广的饮食忠告,被越来越多的人所接受。甚至还有人说,经常吃鱼对防、治癌症等也有重要作用。

于是乎,"鱼,我所欲也",人们纷纷对捕鱼趋之若鹜,捕鱼技术不断提高,围绕着捕鱼生产的产前、产后链条逐步完善,鱼类们一步步陷入了人类的"人民战争"的灭顶之灾。

鱼(娱)乐了人

鱼类,不仅给人奉献了美味佳肴,强壮了人的身体,而且还给人带来了精神愉悦,真可谓鱼(娱)乐了人。

"玩鱼",早已有之。早期,是贵族官人、公子哥儿的嗜好。后来,逐步普及开来。到了现代,寓"渔"于乐的休闲渔业已经遍及各地。各式各样"海洋世界"的水族馆,已经不仅限于沿海,内陆城市也比比皆是。海岛渔区的人们,把传统渔业与旅游娱乐业结合起来,从捕鱼、养鱼,到赏鱼、玩鱼,无所不有,尽情地玩味着鱼类文化。

垂钓和观赏,仍然是千百年来人们"玩鱼"的主要形式,享受的还是人

类,付出的仍是鱼类。不同的是,玩主越来越多,花样不断翻新。

垂钓,就是以钓具垂竿取鱼。垂钓历史悠久,它起源于古代先民的生产活动,为的是捕鱼果腹。后来,随着生活环境的安定和生活水平的提高,垂钓逐渐从生产活动中分离出来,成为一种充满趣味,充满智慧,充满活力,格调高雅,有益身心的文体活动。

古往今来,无数钓鱼爱好者陶醉于这项活动之中。只要一竿在手,就是性情急躁的小伙子也会"静如处子"……人通过垂钓捕捉鱼类,同时从垂钓中享受玩鱼的乐趣。更有智者以垂钓江湖修身养性、深谋远虑。西汉《淮南子》说"钓者静之"。孔子爱鱼,连儿子的名字都叫孔鲤,他老人家终生"钓而不网",只钓鱼而不用网捕鱼,玩的是乐趣儿。唐代杰出诗人李白、杜甫也都是钓鱼爱好者。他们把对垂钓的感受融注于诗歌之中,使后人分享他们的玩鱼的快乐。李白在《行路难》中写出"闲来垂钓碧溪上,忽复乘舟白日边"的佳句;杜甫在《江村》中写道:"清江一曲抱村流,长夏江村事事幽。自去自来梁上燕,相亲相近水中鸥。老妻划纸作棋局,稚子敲针作钓钩"。淡淡数笔,生动地再现了唐代一个小渔村的生活图景;唐代文学家、哲学家柳宗元酷爱钓鱼,他在《江雪》一诗中写下脍炙人口的佳句:"千山鸟飞绝,万径人踪灭。孤舟蓑笠翁,独钓寒江雪";唐代诗人张志和是人所共知的钓鱼高手。他隐居垂钓江湖,写过《渔歌子》五首,其中有一首:"西塞山前白鹭飞,桃花流水鳜鱼肥。青箬笠,绿蓑衣,斜风细雨不须归",最为吟诵人口的。明刻本《诗余划谱》刊了一幅《渔父》描绘了张志和烟波垂钓的意义;宋代哲学家邵雍幼居河南辉县,非常熟悉农村的生活。他在《渔樵问答》一书中,不仅描述了钓鱼的乐趣,而且对竿钓渔具曾作了详细的讲述:"钓者六物:竿也,线也,浮也,况也,钩也,饵也。一不具,则鱼不可得"。他所说的"六物",至今仍是垂钓的基本钓具。

当然,历史流传下来最为人们所知的还属"姜太公钓鱼"的典故。姜太公钓鱼确有其事。他七十多岁了,自愧怀才不遇,还在渭水北岸边上用直钩钓鱼,而且常常是边钓鱼边念叨:"愿者上钩",实际是在等待个人发展时机。就是这样一位年老而孤独的"渔夫",被周文王慧眼识英雄,他们两人的一席交谈,让姜太公从此放下钓竿,辅佐文王和武帝,竟为周文王占有天下奠定了思想基础。你看,垂钓有多大的玩头儿,竟玩出了一个大官儿!

到了现代,垂钓业更是大受欢迎。每逢周末假日,海滨湖畔,远离都市喧嚣的人们,把杆垂钓,好不惬意。各种垂钓协会、垂钓俱乐部、国际钓鱼比赛到处都是,垂钓已经风靡世界,五花八门的钓具几乎可以与有着高雅运动之称的"高尔夫"媲美。

赏鱼,是世界人类的共同爱好。在我国,很早就有养鱼玩赏的习俗。隋唐时期,人们饲养金鲫,唐明皇就曾将洞庭鲫鱼放养于长安城东的景龙池。宋代,多在寺庙庭院里池养金鱼。皇帝赵构,喜欢游山玩水,也喜欢在宫廷中饲养金鲫鱼玩赏。文人苏舜钦、苏轼不仅喜欢赏鱼,而且还为之吟诗作赋。古书记载,唐宋时期,在皇家陵园、豪富府第,养金鱼成为一种时尚,"园亭遍养玩之"。明代时,金鱼逐渐传入日本和欧洲,以后慢慢在世界各地都有饲养。此后,赏鱼作为一种休闲方式,数千年经久不衰。

到了现代,随着人们生活水平的提高,观赏渔业日趋繁荣。放眼观赏鱼市,有观赏价值的鱼类多达几百种,它们有的以色彩绚丽而著称,有的以形状怪异而称奇,有的以稀少名贵而闻名。既有单条价值几十万元的"贵族鱼",也有物美价廉的"大众鱼"。它们通常由三大品系组成,即温带淡水观赏鱼、热带淡水观赏鱼和热带海水观赏鱼。温带淡水观赏鱼主要有中国金鱼、日本锦鲤等。中国金鱼的鼻祖是野生的红鲫鱼,最初见于北宋初年浙江嘉兴的放生池中,经过数代民间艺人的精心选育,已经发展为今天丰富多彩的数十个品种。日本锦鲤的原始品种为红色鲤鱼,早期也是由中国传入日本的,经过精心饲养,逐渐成为今天驰名世界的观赏鱼之一。热带淡水观赏鱼主要来自于热带和亚热带地区的河流、湖泊中,它们品种繁多,体形、特性各异,颜色五彩斑斓,非常美丽,较著名的品种有灯类、神仙鱼、龙鱼等三大系列。热带海水观赏鱼是目前观赏鱼市场的宠儿,它们主要来自印度洋、太平洋中的珊瑚礁水域,很多品种体形怪异,体表色彩丰富,具有一种原始古朴神秘的自然美。它们生活在人迹罕至、广阔无垠的海洋中,还有许多未被人类发现的品种,是全世界最有发展潜力和发展前途的观赏鱼类。不过,人们最常见的还是锦鲤、金鱼和龙鱼。

锦鲤

锦鲤,顾名思义就是"五光十色的鲤鱼"。它是一种高贵的大型观赏鱼,以缤纷艳丽的色彩、千变万化的花纹、健美有力的体形、活泼沉稳的游姿,赢得了"观赏鱼之王"的美称。锦鲤源于中国食用的鲤鱼,后传入日本,经过人工改良为绯鲤,"二战"后改称锦鲤。它个体较大,体长可达 1 米,重 10 千克以上。锦鲤寿命比较长,平均约为 70 岁。

目前国际上对锦鲤的分类,通常根据鳞片的差异分为两大类,即普通鳞片型和无鳞型或少鳞型。按斑纹的颜色又可分为三大类:即单色类,如浅黄、黄金、变种鲤等;双色类,如红白、写鲤、别光等;三色类,如大正三色、昭和三色等。具体划分,锦鲤包括红白锦鲤、大正三色锦鲤、昭和三色锦鲤、写鲤、别光锦鲤、浅黄秋翠、衣锦鲤、变种鲤、黄金、花纹皮光鲤、写光鲤、金银鳞和丹顶等 13 大类。总之,锦鲤种类繁多,不同种类的锦鲤评判好坏的标准也各不相同,但在体形、色彩、斑纹方面还是有一定共同标准的。一条好的锦鲤,在体形方面,鱼背要顺直,鱼体浑圆雄健,鱼身平衡,游姿平稳端正,要能给人以力感和魄力的启示。在色彩方面,一定要色泽光润、浓厚、纯正、鲜艳,层次边缘要清楚,色层要厚,视觉上要有立体感。鱼体上花纹图案的分布,是锦鲤观赏艺术的核心内容,要求鱼体斑纹图案分布要对称、平衡、位置适中,既不能偏重于鱼体的一侧,又不能头重脚轻。除此之外,良好的游姿和硕大的体形,也是评判锦鲤优劣的重要标准。

金鱼

金鱼属鲤科鱼类,是野生鲫鱼的彩色变种。野生鲫鱼的体色为银灰色,背面较深,腹面较浅,身体呈纺锤形,流线型的双侧使其能在水中快速移动。然而,经人为饲育演化,鱼体逐渐变成短圆形,垂直而坚挺的尾鳍逐渐变成了渐长、倾斜面的双尾。所以今天我们看到的金鱼,几乎与它们的祖宗判若两人。

中国是金鱼的故乡。早在晋朝时代,就有红色鲫鱼的观赏记录,繁衍至今,已创造出许多奇特、古异、逗趣的品种。美丽的金鱼依头部、身体、尾鳍以及有否背鳍等特征区分为五大品系,分别是草种金鱼、文种金鱼、龙种金鱼、蛋种金鱼和龙背种金鱼。草种金鱼又称金鲫种,是金鱼的祖先,外观体形似鲫鱼,身体扁平呈纺锤形,背鳍正常;文种金鱼一般身体较短,各鳍较长,又背鳍、尾鳍分叉为四,眼球平直不突出,从上俯视,鱼体犹如"文"字,故而得名,名贵品种有鹤顶红、珍珠、虎头等;龙种金鱼又名龙睛、龙眼、凸眼等,外形与文种相似,不同处为眼球凸出于眼眶外,自古以来视龙种为金鱼正宗,有 50 多个品种,名贵品种有凤尾龙睛、黑龙睛、喜鹊龙睛、玛瑙眼、葡萄眼、灯泡眼等;蛋种金鱼,外形与鲫鱼有较大差异,体短而肥,圆似鸭蛋,眼球不凸出,背部平直无背鳍,名贵品种有红蛋、绒球蛋、凤蛋、水泡眼、狮子头等;龙背种金鱼为新近分出的品种,外形与蛋种相似,不同处为眼球凸出于眼眶外,名贵品种有朝天龙、龙背、龙背灯泡眼、虎头龙背灯泡眼、蛤蟆头等。

金鱼五大品系的各个品系中又分若干类型,它们的好坏也有一定的评判标准。虽然各种金鱼的评判标准各不相同,但总体来看,金鱼的鳍和颜色是评判好坏的重要依据。在鳍方面,尾鳍、胸鳍、腹鳍、臀鳍都讲究对称,鳍大而薄,好似蝉翼的为好。在色泽方面,红色鱼要求从头至尾全身红似火;黑色鱼要乌黑泛光,永不褪色;紫色鱼要色泽深紫,体色稳定;五花鱼要蓝色为底,五花齐全;鹤顶红要全身银白,头顶肉瘤端正鲜红;玉印顶要全身鲜红,头顶肉瘤银白端正如玉石镶嵌。

金龙鱼与银龙鱼

龙,作为中华民族的图腾,与中国的人文历史有着密不可分的情愫。自古天子都以"龙"自居。进入 20 世纪,水族宠物界出现了一个具有王者风范的新鱼种——龙鱼。相传,龙鱼是古代祥龙的化身,取之饲养,有招来好运、招财进宝之意。加上它们身披金甲银衣,泳姿优美,深受大家的喜爱。

其实龙鱼的历史比我们人类的历史还要长得多。早在 3.45 亿年以前,龙鱼所隶属的骨舌鱼亚科的骨舌鱼类,便已经活跃于冈瓦纳古大陆的水域之中。之后,随地球上地壳运动发生,冈瓦纳古大陆被撕成数大块,形成了今日的美洲、非洲、大洋洲等新大陆,骨舌鱼家族也就相应地分散在各个新的大陆上。现代的龙鱼,主要来自这几个地方。它们的共同特点是,繁殖能力较弱,雌鱼产卵,雄鱼将卵含在口中孵化和养育。由于它们嘴上的两条胡须和闪光发亮的大鳞片使其周身闪烁着梦幻般的光芒及其古老的身世,使人们自然而然地将它与神秘的龙联系起来,"龙鱼"因此而得名。

龙鱼的品种很多,它们体形相似,都呈长带形,身长可达 1 米以上,侧扁,尾呈扇形,背鳍和臀鳍呈带形,向后延伸至尾柄基部,下颚比上颚突出,长有一对短而粗的须,在宽大的鱼体上整齐地排列着五排大鳞片。目前国内主

要以饲养金龙鱼和银龙鱼为主。金龙鱼基本上可分为两大类,一种是原产地为马来西亚的过背金龙,另一种是原产地在印尼苏门达腊的红尾金。它们的颜色可以说是变化无穷。金色的亮度随着年龄的增长逐渐向背部发展,最终形成一道完整闪亮的金边背鳞,整个鱼体金光灿灿,仿佛一块活的黄金游动在水中,其雍容华贵的气度绝对让你由衷赞叹。银龙鱼原产于巴西的亚马逊河流域,全身呈现金属的银色,其中含有钴蓝色、蓝色、青色等颜色,闪闪发亮,同样光彩照人。

龙鱼的价格在观赏鱼中可算是天价了。正因如此,在挑选龙鱼时,要特别注意才能买到一条货真价实的"好龙"。选龙鱼时,首先要看龙须。龙须是龙鱼威严的象征,好的龙鱼触须是笔直的,而且颜色和鱼体一致。其次,要看眼球。大而明亮有神的眼睛是龙鱼的精神所在。好龙鱼的眼球硕大而且像探照灯一样的突出,并且转动灵活。然后要看头部,头顶的表皮要尽量平滑光亮,不能有皱褶,嘴巴上下唇要密合。再就是看鳞片,应该大而齐整,看上去很有光泽。最后,还要看它在水中的泳姿,是否真的给人以美的享受。

如今,人们玩鱼的兴趣似乎越来越浓。玩赏的对象远远不只以上这几种,小到"桃花水母",大到鲨鱼,统统从野外搬进了室内。有的还残忍地在鱼身上烙上了"福"、"寿"等字样。可怜的鱼类们,像猴儿般的闻锣起舞,娱乐了人,却付出了自己。

人对鱼下手太狠

人类自从手足分工开始直立生活以来,就克服了对水的恐惧,开始向水索取食物。

人类获取鱼的途径主要是捕捞和养殖。尽管目前养殖业的产量已经大大超过了捕捞业的产量,但它比起捕捞业来说,仍属新兴产业,是人类在鱼类的自然资源衰退、捕捞业不景气的情况下"逼"出来的产业。

纵观历史,人类的捕鱼业大致上可以分为3个阶段:

一是原始时代。在最初的采集和渔猎时期,古老的捕鱼方法主要是人下水徒手摸鱼。鱼在水里游动很快,鱼身又很滑,徒手在水里捉鱼,难度很大,需要一定的技术。据说那个时候,有一种"长臂人"专司摸鱼业,"男善伏水取鱼",凭经验在水底摸鱼,几乎百发百中;再就是放水捉鱼,也称"竭泽而渔",即把坑塘的水放干,把鱼捉上来;还有用木棒、树枝打鱼。早春天气回暖,鱼群纷纷游到岸边觅食、产卵,人们就用木刀或棍棒砍鱼,使鱼昏迷在水面再捞上来。少数人还用弓箭射捕鱼类,"待鱼浮上水面,弓箭射之"。总之,原始的捕鱼方法,简单而落后,捕鱼量是非常有限的。

从以采集和渔猎为主到以农业和畜牧业为主,人类的生产力发生了质的飞跃。于是人类发明了简单的网具,人们开始撒网网捕鱼类。后来又有了木排、竹排载人网鱼。

这个个时期,人们捕鱼的本领不高,劳动生产率很低,不能多捕,也不想多捕,捕多了吃不了也没办法储存。捕鱼仅仅是为了维持糊口生存,日捕日食。但现在看,这也未必是件坏事。因为食物多了,有可能促进人口的快速繁殖,还可能导致自然界的鱼类资源枯竭。鲁迅先生有一篇小说叫《奔月》,写了古代一位名叫"后羿"的神射手,由于射箭的本领太高强,把方园百里内的鸟兽全部打光了,最后什么也打不到了,这就使他和他的妻子嫦娥陷入了生活困境,最终嫦娥忍受不了这种困苦生活,偷偷地奔了月。这虽然是个神话故事,也说明了一个道理。

二是帆船时代。这个时代有了专门用于捕鱼的渔船,人的捕鱼能力显著提高。船上装有风帆,利用风力推动船的行进。其主要推进装置为帆具,以橹、桨和篙作为靠泊、启航和在无风、弱风航行时的辅助推进装置。帆船按挂帆的桅数区分,有单桅船、双桅船和多桅船。

帆船是一种在舟的基础上发展而来的古老船只,至少已有 5 000 余年的历史了。有记载说,众神之王宙斯担心人类过于强盛,对神不敬,决定掀起一场毁灭人类的洪水。先知者普罗米修斯预见灾难的到来,事先建造一叶坚固的小舟,让儿子丢卡利翁带着妻子皮拉登临。白茫茫的汪洋吞没大地,只有这一对夫妻幸免于难。洪水退尽,他们返回陆地再造人类,使世界重生。无独有偶,出自《圣经·创世记》的"诺亚方舟"故事,大同小异,更为人所熟知。由此可见舟楫的历史源远流长,对人类贡献之大无与伦比。如果说这不过是虚幻的神话传说和宗教故事,那么在真实的世界里,人类最早的交通工具仍然应该算是凿木而成的小舟,我们从原始社会的科学考察中,可以得到有力的佐证。

帆船多为木制结构。隔舱板既用以分隔舱室,也是骨架的组成部分。帆船的龙骨是底板的组成部分,其外侧突出于船底下面,平底船龙骨有一道至数道。较大的中国帆船,内底和外底中间隔以横脚梁。船壳板接缝用桐油石灰和麻丝或竹丝混合物泥实。帆具由帆、挂帆的桅杆和操帆的绳索系统组成。三桅以上的帆船除主帆居中线外,首尾各桅配置在中线两侧或舷边,各帆配合受风,互不干扰。原始的帆船一般用四角形方帆,后来逐步演变为四角长方形帆和直角三角形帆,帆的长度与桅长相适应。

帆船时代,人们常常会看到海上或湖上,一叶叶扁舟升起一片片白帆,片片风帆装点着蔚蓝的水面,构成了一幅美丽的图画。帆船形象各异,姿态万千,给人留下了深刻的印象和美的感受。北宋文人范仲淹有一首描写捕鱼者的诗:"江上往来人,但爱鲈鱼美,君看一叶舟,出没风波里",就是这个时代捕鱼生产的真实写照。

中国帆船捕鱼的历史一直延续到 20 世纪 60 年代,至今江湖之上仍有它的影子。帆船承上启下,延续着船业的辉煌。正是有了这样的帆船,所以才有了以后越来越精致的机帆船,衍发出各式各样的渔船。19 世纪中叶内燃机被广泛用作船舶动力后,帆船逐步加上了这种新的动力,人们叫它机帆船。它既保留帆具可以驶风,又安装了内燃机,可作为无风、弱风航行时的动力。现在很多船没有了帆,但人们还习惯称之为机帆船。帆船尽管给人类带来了无数的史诗、音乐和梦想,但随着机器时代的到来,这个充满诗意的帆船时代将渐渐成为过去。

比起原始时代,帆船时代是人类的一个很大进步,尤其是它第一次载着捕鱼人出了远门儿,看到了湖之广、海之阔。正是因为捕鱼人到了大海,所以才开阔了眼界,看到了海洋的真实面孔,初步熟悉和掌握了大海的脾气,进而从实践中摸索到了许许多多的捕鱼规律,发明创造了各式各样的捕鱼方法和工具,有的延用至今。

"谷雨一到,百鱼上岸"

每年公历的 4 月 20 日前后为"谷雨"节气。"谷雨",有"雨水生百谷"的寓意,是二十四节气中的第六个节气,也是春季的最后一个节气。从这一天起,气温回升速度加快,雨量开始增多。其丰沛的雨水使初插的秧苗、新种的作物得以灌溉滋润,大部分地区的农田进入了繁忙时期。人们在实践中发现,谷雨过后天气转暖,不仅有利于农作物生长,而且也是捕鱼旺季的开始,"谷雨一到,百鱼上岸",是捕鱼的黄金季节。冬天游往深海和南方海域越冬的对虾、黄鱼、带鱼、青鱼、鲐鱼、鲳鱼等,谷雨一过,又都陆续地游回到北方浅海岸边觅食或产卵。这时的鱼类,休养了一冬,大都个体大、膘儿肥,而且往往都是成群结队。

所以,久而久之"谷雨"就成了捕鱼业由淡转旺的节点,也成了捕鱼人的节日。往往从节日的前几天开始,捕鱼人家家就忙着杀鸡宰鸭,买肉打酒。到了"谷雨"这一天,沿海渔村盛况有如过年,家家烟火缭绕,鞭炮震天,成为渔家的狂欢节。为了祈求平安,人们抬着猪和羊到海边设供,举行盛大的仪式,虔诚地向海神献祭,祈丰收、求平安。祭祀完毕,他们还会聚集在某户家中或渔港码头、海边沙滩,大块吃肉,大碗喝酒,尽情畅饮,一醉方休。似乎只有这样,才能一年到头鱼虾满仓、事事顺心。有些地方,妇女们还要蒸制象征吉庆丰收的红枣大馒头。有的渔民的母亲或妻子还会用面团做成白兔形状蒸熟。待出海捕鱼归来的男人提着大鱼进家时,便出其不意地把白兔塞进他怀里。这只面做的小兔儿,倾注了母亲、妻子全部的爱、全部的关怀。她们以此寓意:打不着鱼没关系,不用着急,咱怀里不还揣着小兔儿吗?海里不给吃的,咱山上找去,只盼你平安归来。由此可见渔家妇女的博大胸怀,以及对亲人出海进行高危作业的牵挂与不安。

渔民们欢欢快快地过了谷雨狂欢节后,便开始扬帆出海,正常情况下会连续在海上捕鱼一个多月。回来时,一般都会比一年中的其他季节捕鱼要多。应该说,"谷雨"过后的一段时间,是捕鱼业一年当中的黄金期。

"鱼眼"

这里的"鱼眼"可不是指鱼类的眼睛。确切地说,"鱼眼"是专门指那些在渔船上负责侦察鱼群的渔民。"鱼眼"一般是由有经验的老渔民担任,下网捕鱼之前,他们会站在船的桅杆高处的瞭望台上,用肉眼观察海面,侦察那些喜欢在水上层游动的鱼群的确切位置,然后抓住时机有的放矢地撒下鱼网,从而准确、高效地捕获鱼类。例如,鲐鱼集群时常使海面水色发生变化或激起浪花,甚至出现"鲤鱼跳龙门"的壮观景象。有时鱼群会出现不同的轮廓形状,比如呈三角形,前尖后宽,这说明鱼群多集中在尖端;鱼群呈横向一字形排开并向前游动,说明鱼群前部密集,后部稀疏;呈现圆形或方形并移动缓慢,说明鱼群大,其水下部分也很大,这种情形通常在渔获旺季出现。有经验的"鱼眼"不仅注意观察水面上的鱼群,还留心空中那些低飞的海鸟。海鸟通常以鱼为捕食对象,在鱼群接近水面时,常会引来许多海鸟前来捕食,它们或在空中盘旋,或伺机冲入水中捕食鱼类。"鱼眼"就可以根据海鸟的活动,判断鱼群的位置。这里面的奥秘,只有"鱼眼"们才能说得更明白。如今探鱼仪已被广泛应用,但"鱼眼"仍未完全退休。因为对于侦察上层鱼类来说,"鱼眼"往往比探鱼仪观察得更快、更准。

"抢风头,抓风尾"

捕鱼有季节,而同一个季节又有一些最佳的捕鱼时机。在大风来临之前,气压降低,引起海水垂直搅拌,将海底泥沙掀起,加上气温骤冷,习惯了栖息在清暖水中的鱼类为了逃避上层海水激烈振动对它的冲击,于是成群结队游向低压中心海区,寻找适宜的栖息环境。大风过后,鱼群又要寻找它所适合的环境。风前、风后,鱼类都有一个集群的过程。捕鱼人根据鱼类的这些习性,抢风头,抓风尾,抓住大风前后鱼类集群的大好时机,撒网捕鱼,一般都能取得不错的收获。

渔汛

渔汛,也叫渔期,是指某种捕捞对象高度集中、适宜捕捞作业的时期。每逢渔汛来临,海岛渔村一片欢腾,家家杀鸡宰猪,祭海求丰,期盼一帆风顺,满载而归。

在渔期之中,渔业生物正处于一个相对比较丰满成熟的状态,将之捕捞上岸,可以成为具有较高经济价值的水产品。在这段时间里,渔民往往会投入最大的捕捞力量,运用最高效的捕捞工具在渔场中进行作业,他们往往会辛勤工作一段时间,最后满载而归。可以这么讲,渔期就是渔场里鱼群旺发、最适合进行捕捞作业的那段时间。

鱼类在生殖、越冬或索饵洄游时,常大量集群,形成渔汛。不同鱼类生物的不同生长习性决定了它们的渔期也不相同。有的鱼种正在生长发育由小变大的时候,其他鱼种可能正在交配产卵。渔民也就可能会在结束对一种渔业生物的捕捞作业之后又开始对另一种捕捞对象进行渔获。但一年之中,在特定的时间和空间,一般会出现激动人心的大渔汛。比如,在我国北方"谷雨前后,百鱼上岸"。这个时候,海上常常是百舸争流,一片繁忙景象。

因为此时为一年之春,岸边转暖,鱼类纷纷靠岸觅食,最终形成春汛。每年9月份,鱼类正值索饵和越冬洄游之际,鱼群也相对集中,所以又出现秋汛。

渔汛的出现是渔业资源丰盛的一个标志。可惜的是,后来由于相当长的一个时期的过度酷捕,很多地方,很多鱼类,已经形不成渔汛了。

陷阱渔具

单说陷阱,是人们为了捕捉敌人或野兽而挖的坑。上面铺些伪装品,来者盲入而束手就擒。陷阱渔具虽不是坑,但捕鱼的原理大致相同,也是等鱼类游近,经过阻拦、诱导等一系列的步骤将之捕获囊中。陷阱渔具铺设的方位有着很高的要求。它要求网具应铺设在沿岸附近的鱼类产卵、索饵洄游的通道中,便于鱼类"上钩"。有些陷阱渔具通常铺设在海滩潮间带,具体铺设方式又千变万化。有的在河口内湾、岛屿一带,利用有利地形将渔具铺设成为陷阱;有的在平潮时将渔具埋入滩底,潮水涨平时再吊起上纲和网衣;还有的简单地利用石块垒成一个堤岸以拦截鱼群。鱼类是如何进入陷阱中的呢?这要将不同的鱼类分开来说。有些鱼类如鲹、鲐等畏惧网壁,被拦截后会沿网壁一定距离移动,不易进入网内,一旦进入,活动范围也较小,不易逃逸,此类属于被动性陷入;还有些鱼类如鲈、黄鳍鱼等对网具不产生恐惧,它们会贴近网壁移动,因而很容易进入网内。由于此类鱼活动范围大,所以它们的逃逸几率也相对较大,此类属于主动性陷入。只要人们充分研究捕捞对象的行为特性,就能设计并制造出有针对性的渔具。陷阱渔具可以分为插网、建网和箔筌3个类型。插网由矩形网衣和插竿构成,网墙一般长达数百米,长度通常由地形而定,高度随水深变化。插网结构简单、操作简便,适于捕获沿岸滩涂小型鱼虾类。建网由网墙、围网和束网共同组成,网墙具有拦截和诱导鱼类作用,围网则能聚集网罗鱼类,束网是捕获鱼类的最后归宿处。建网是陷阱类渔具中规模较大、比较先进的渔具,适于捕获沿岸浅水区和内湾渔场中的较大型鱼类。箔筌型陷阱渔具的捕鱼原理和渔具结构与建网相同,只是渔具材料不同,它不使用网衣,而是使用竹、木等材料构建陷阱。陷阱"迷魂阵",鱼误进阱,无论是顺流而下,还是逆流而上,均有进无出,人们就"瓮中捉鳖"。

定置渔具

像守株待兔一样,定置渔具就是固定在特定的水域中按兵不动、只待鱼类自投罗网的一种捕鱼方式。一般情况下,定置渔具通常会设置在鱼类洄游通道,鱼虾被潮流冲击或网具导引,不知不觉地进入网囊。只要进来,就很难再逃出去了。定置渔具种类很多。定置刺网通常是利用插杆、打桩等方法,将其固定于海域或河流沿岸的鱼虾洄游通道或产卵场区,借助潮流的冲击,迫使捕捞对象被动地进入网中,以达到捕捞目的;张网、挂子网,通常呈喇叭形张着口被设置于鱼虾洄游通道或产卵场区,同样借助潮流的冲击,迫使捕捞对象进入网袋;笼壶渔具,是利用捕捞对象钻穴、走触探究等习性,将洞穴状网具或笼具设置于生活水域,诱使其入内而捕获的专用工具。很多底栖的鱼类和甲壳类、贝类、头足类都具有这些习性,都可以成为笼壶渔具的捕捞对象。各种笼壶渔具根据捕捞对象的不同习性也具有不同的工作方式:有的是将笼壶拴结在渔场中的水下木桩之上,利用潮流作用,诱陷鱼类而捕获;有的利用捕捞对象的钻穴和走触探究习性,引诱其入笼;也有的在笼内设置诱饵,诱导捕捞对象入笼;还有的利用捕捞对象在繁殖季节觅求产卵附着物以及寻找配偶等行为,诱导它们在笼内外集结,进而达到渔获目的。定置渔具具有结构简单、操作方便、成本低、渔获物鲜活等诸多优点,但对捕捞对象没有选择性,容易对资源造成破坏。因此,现在人们对于定置渔具是有选择、适量适度地限制发展,以免对环境和资源造成破坏。

钓渔具

你爱好钓鱼吗?如果回答是否定的,那你也一定看见过别人垂钓吧?这里说的钓鱼业也像你看到的那些海边、湖边垂钓一样,就是利用鱼类的捕食习性,以钓线结缚装饵的钓钩或用钓线直接结缚钓饵引诱捕捞对象捕食,等到鱼类吞食饵料着钩而又难以脱逃之际将之捕获。

但是,作为一个产业的钓鱼业可不像你看到的那些垂钓者那么休闲轻松。它不是一支杆一把钩,也不能坐在湖边的草地上和海边的岩石上,而是驾驶着渔船作业在茫茫的大洋中。钓渔具可以分为定置延绳钓、漂流延绳钓和垂钓中的竿钓及手钓4种方式。从渔获量的角度来看,钓渔具的作业效率远远不如"一网千万尾"的网渔具高,但它适应的渔场范围广。在鱼群较为分散的季节和渔场,钓渔具比网渔具更有优势。在水深流急、海底多礁、底形底质差的海域,网渔具因受上述因素的不利影响和限制而难以作业生产,钓渔具就能不受任何限制地从事生产作业。此外,钓渔具的渔获物与一

般网渔具相比,鱼体由于不与网具发生摩擦和刺挂,从而大大降低了损伤率。所以,钓渔具具有渔获鲜度高、质量好,渔具结构简单、操作方便、成本低廉和作业随机应变、灵活性好等诸多无可比拟的优点。以上优势使得钓渔具自古以来就成为沿岸浅海渔民广泛采用的捕捞工具。同时,为了有效解决钓渔具捕捞效率低的问题,延绳钓方法应运而生并被大面积推广,因为它改变了原先钓渔具一根钓线一个鱼钩的老套路,即在一根钓线上同时安置若干个有饵的鱼钩。这样一来,每次拉起钓线,就会将一连串的渔获物带上船来。延绳钓作业在大洋金枪鱼和鱿鱼的捕捞实践中效果显著,口碑极好。同时,作为休闲渔业的主要形式,垂钓运动也越来越被世界各国钓鱼爱好者所接受和欢迎。可以说,今天的垂钓运动已经远远超越了渔业生产,而成为适合不同阶层不同行业人士锻炼身体、陶冶情操、享受自然的最好休闲方式。

流刺网

刺网是捕捞网渔具中结构最为简单的一种,它使用均匀的长带形网衣,其上下纲分别装配浮子与沉子,二者共同作用可以使得网衣在水中保持垂直张开的状态,当鱼类游来碰撞到网衣时,自身鳍棘或鳞片很容易刺挂缠绕在网衣上以达到捕获目的。刺网渔具根据它是否移动可以分为定置式刺网和漂流式刺网(也称为流刺网或流网),前者利用插杆、打桩、锚、石、沙土袋等固定于水域中进行作业,后者不使用固定装置敷设,而是随潮流漂移进行作业。

刺网渔具的规格和结构必须与捕捞对象的行为习性相适应,只有这样它才能在最大程度上发挥功效。例如,根据鱼类对某种颜色的逃避或趋向习性,而将网衣做成特定颜色以吸引鱼群前来刺挂,或者根据所捕鱼类的体形和尺寸设计一

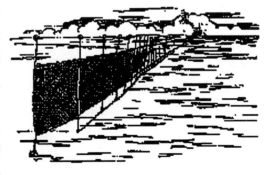

定大小的网目以便被缠绕时不易挣脱。流刺网捕获的主要对象是鲅鱼、鲨鱼、对虾、银鲳、梭子蟹等。刺网渔船利用刺网捕捞上、中、下层鱼蟹的专用

渔船,称为刺网渔船。根据使用的网具和作业方式的不同,刺网渔船又分流刺网渔船、拖刺网渔船和围刺网渔船等。刺网渔船,一般船型较小,通常是单甲板,前部用作起网、取鱼,后部用作理网、堆放网具和放网。船受风面积不能大,甲板接近水面,以减少网纲上的受力和便于操作。因甲板上堆放大量网具,要求有较宽的船体,并尽量降低船的重心,以保证船的稳性。在船尾还设有小桅杆,供漂流时挂帆用。

与其他渔具相比,流刺网不受水深等渔场条件的限制,自由流动作业,作业范围广,还根据捕捞对象的不同栖息水层,通过浮子、沉子等装备自由调节水层,其运作灵活,操作简便,设备简单,节省人力物力,渔获鲜活质优,生产效益较好,又利于资源保护。

然而,任何事物都是一分为二的。流刺网也有"海洋动物陷阱"的恶名。由于流刺网的网衣巨大,作业时绵延数千米长的片状网衣漂浮在大海中,随波逐流,很可能会缠住并困死过往的海龟、海豹和海豚等,有时候甚至会阻塞航道。因此,流刺网目前已被禁止在公海的使用。

现代渔业,人类的捕鱼手段非常先进,已经形成了庞大的捕捞业。捕捞业根据捕捞作业水域的不同,分为淡水捕捞和海洋捕捞,前者主要是在河流、湖泊、水库等淡水较大水域中进行,后者则是在大海里作业。海洋与淡水相比,具有面积广大、鱼种繁多、资源量丰富的优势,但也存在着风险大、投资大、劳动强度大等诸多劣势。但是,食欲的驱动使人类征服鱼类的脚步并没有因此而停止。

机械化时代的捕捞业,尽管沿用了传统的流刺网、钓渔具、定置渔具等作业方式,继承了"渔场"、"渔汛"等传统的传统捕鱼经验,但使用的工具包括辅助的设备,生产的方法,从下网到探鱼、起网,一直到理鱼、加工、上市等基本上实现了一条龙的机械化操作。同时,随着经济的发展和科技的进步,又创新发展了拖网、围网、延绳钓、灯光诱鱼等多种捕鱼形式,减轻了捕鱼业劳动的强度,大大提高了渔获量。比如延绳钓,它改变了原先钓鱼具一根钓线一个鱼钩的老套路,而在一根钓线上同时安置若干个有饵的鱼钩。这样一来,一次拉起一根钓线,就会获得一串儿鱼。这种延绳钓作业,在大洋金枪鱼和鱿鱼的捕捞生产中效果非常显著。

1882年,资产阶级革命后的英国首先出现了新式捕鱼工具——渔轮。

它以蒸汽或石油为动力,以机械操作网具,在广阔的海洋上进行作业。渔轮的出现,是渔业发展史上的技术革命,被称为现代渔业的萌芽。中国现代渔业发端于晚清王朝时期。1906 年,晚清政府商部决定购买一艘德国渔轮,定名"福海"号,这是我国渔业史上第一艘渔轮,标志着中国现代渔业的开端。新中国成立后,渔轮和渔业机械的技术革新取得了历史性的突破,设计、建造了性能先进的各种捕捞渔轮、机帆渔船、冷藏运输加工船、近海渔业资源调查船、探鱼仪等,基本上代替了过去全凭人力操作的繁重劳动,减轻了劳动强度,提高了劳动效率,并有利于渔业安全生产。

在这个时代,渔业主要有这样 4 个特点:① 是用先进技术武装起来的渔业。人们在渔业经济活动中,广泛采用计算机等信息技术、生物工程、海洋工程、新材料和新能源以及航天技术等。② 是用先进管理体制和机制组织起来的渔业。不再是一家一户分散的小生产,而是社会化大生产。它以大企业为龙头,以渔业协会等中介组织为纽带,以区域化、专业化、标准化、规模化的渔业生产基地为载体,形成产业化链条。③ 是开放型的渔业。渔业生产和经营活动具有很强的国际性,多种形式的跨国渔业合作交流广泛展开。④ 是具有时代特色的生产经营理念,它的渔业劳动生产率、水域生产利用率和水产品商品率等,都是空前的。

新技术助虐了人类的酷渔滥捕

随着世界人口的快速膨胀,吃鱼的人越来越多了,捕鱼的人也就越来越多了。人类食欲的不断膨胀推动着新捕鱼技术的提高,新技术又推动着捕鱼量的增长。人们开始向鱼类展开了大规模的进攻,特别是现代技术的进步,更让捕鱼业如虎添翼,助虐了人类的酷渔滥捕。

拖网渔船

在捕鱼业中,对鱼类构成最大威胁的生产工具首推拖网渔船。

拖网渔船是指从事拖网作业,捕捞中、下层水域鱼虾类的专用渔船。拖网渔船通俗地说,就是拖着网在海里捕鱼的渔船。有人形象的称之为"扫地穷";也有人说,现在警察时而开展的"拉网式搜捕"与拖网捕鱼方式十分相像,的确是"法网恢恢,疏而不漏"。

19 世纪末西欧首先研制了机动拖网渔船。20 世纪 50 年代英国又研制

成艉滑道拖网渔船。中国于1905年由张謇从德国引进了国内第一条机动拖网渔船"福海号"。1912年我国自行建造了第一艘钢质舷拖渔船,后来又将部分风帆渔船加装柴油机后改为机帆拖网渔船,70年代开始建造艉滑道拖网渔船。

拖网渔船拖力较大,一般为3～5吨,大型拖网船可达30吨。拖网速度一般为3～6海里/小时。作业甲板宽敞,便于起、放网操作和堆放网具。甲板上装有拖网绞机等捕捞机械。一般都设有保冷隔热鱼舱,近海渔船常用冰或冰与制冷结合的方法保藏渔获。船上配有雷达、探鱼仪、定位仪、航迹仪等助渔导航仪器。按作业方式可分双拖、单拖和兼作渔船。双拖渔船,作业时两船平行合拖一顶拖网。一般作业甲板在船的中前部,上层建筑在中后部,机舱在后,鱼舱在前。船长20～40米,主机功率60～1 000千瓦。单拖渔船,由单船拖拽网具,依靠网板或桁杆张开网口进行作业。艉滑道拖网渔船的船尾设有起放网具用的倾斜滑道,是对原有单拖渔船的重大革新。大、中型船一般长60～120米,功率1 500～7 000千瓦。兼作渔船,以拖网捕捞为主,兼作围网、流刺网、钓捕等捕捞作业的渔船,可根据渔场的资源情况随时调换网具作业,以增加产量。

拖网是目前海洋捕捞中的"主力军"。它是一种移动过滤性的网具,依靠渔船以一定航速进行拖拽的网具,迫使捕捞对象由于速度慢于船速或体力不支而被收入网内。说得通俗一些,拖网的原理类似于用网从水中捞取某种物体,只不过鱼儿在水中是不断游动的,所以人们"捞"它们时也要拥有一定的速度才能将之网罗其中。由于拖网作业灵活性高,适应性强,在各种水层、海区、深度均能作业,所以生产效率较高,使用范围也较广。

拖网种类也很多,从网袋的数量和网具结构上可以分为单片型、(有翼)单囊型、(有翼)多囊型、桁杆型或框架型等。从作业船数和作业水层来讲,还可以分为单船表层(中层或底层)型、双船表层(中层或底层)型以及多船型等。这些拖网作业方式分别适应生活于不同水层和不同游泳习性的捕捞对象,比如说,对于那些生活在水体底层的鲆鲽鱼类常采用底层拖网作业方式;对于那些游泳能力较强、游泳速度较快的大洋洄游性鱼类通常使用双船拖网作业,因为两艘渔船同时拖拽网袋可以获得更大的速度以迫使高速游泳鱼类落入网袋。

拖网通常由网翼、网盖、网身、网囊、各种纲索以及浮子和浮升板、沉降器等组成。几部分网衣共同构成了收罗渔获的拖网主体,各种纲索主要负责连接渔船和网身以及网身的各个部分,浮升装置可以使网衣或升或降从而调节其所在水层。拖网经常是大鱼小鱼一网打尽,特别是底层拖网在将底栖鱼类拖捕进网的同时,还将海底那些富含大量营养物质的底泥连带掳掠破坏,底栖生物失去了赖以生存的环境,因而渔业资源和海底环境都会遭到重创。

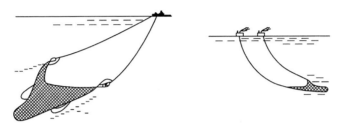

玻璃钢渔船

渔船作为渔业生产中最为根本的工具之一,历经了数万年的发展和沿革,从最原始的一叶木舟已经演化为现如今的数千吨级的金属机动船只,演化进程可谓神速。从渔船发展的趋势来看,曾经是以大型化、动力化为主流,而当今世界各国对渔船的新型制造材料的应用已引起世人瞩目。玻璃钢渔船也正是在这个历史潮流之中应运而生的。

玻璃钢,又名玻璃纤维增强塑料,作为一种新型建造材料,其实它和钢毫无关系。事实上,玻璃钢是一种由玻璃纤维和不饱和聚脂树脂共同组成的复合材料,其中树脂起到的是连接和聚合玻璃纤维的作用,而高强度的玻璃纤维才是玻璃钢的主体部分。玻璃钢具有比重小、强度高、抗冲击、耐腐蚀、绝热性和电绝缘性好、光洁美观、使用寿命长、节省能源等优点,是建造中、小型渔船的理想材料。用它制造的玻璃钢渔船,船体表面光滑、阻力小、自重轻,船速快。同时,由于玻璃钢的绝热性能好,因此大大提高了渔船的保鲜性能,从而可以有效地减少渔船出航时用作冷藏保鲜的带冰量。此外,还具有韧性好、抗冲击、抗碰撞、不易损坏等优点,加之玻璃钢卓越的耐腐蚀性能,大大提高了渔船对海水的抗腐蚀能力,易于维修和保养,玻璃钢渔船的寿命普遍长于木制或钢制渔船。

目前,世界上玻璃钢渔船发展迅速,如日本绝大部分渔船已玻璃钢化,

并且出现了逐步向大型化发展的趋势。我国现有近百万艘渔船,其中绝大部分是木制或钢制,普遍存在技术性能差、油耗大、维修费用高等弊端。再加之我国森林资源比较贫乏,实现渔船的玻璃钢化已势在必行。

远洋渔业

很多人去过海边,却很难涉足远洋。远洋是指在本国沿岸 200 海里以外的公海。远洋渔业可分为两部分,一部分为开发公海渔业资源的称为大洋性远洋渔业;另一部分为过洋性远洋渔业,是按国与国之间的渔业协定,在他国专属经济区渔场以内开发浅海性资源。

远洋渔业由于作业区域距离本国陆地较远,因此对渔船的续航能力、运输能力以及渔获物冷藏保鲜能力都有着很高的要求。目前世界上许多渔业高度发达的国家,已拥有由母船、子船和运输船组成的阵容十分庞大的远洋船队。尤其是美国和日本等国,大型艉滑道渔船、金枪鱼延绳钓船、鱿鱼钓鱼船和围网渔船更是对远洋渔业生产游刃有余。目前世界上几个渔业高度发达的国家,已经拥有了足以远涉重洋开发大洋性渔业资源的大型母船。我国除台湾外,远洋渔业均起步比较晚,20 世纪 80 年代末才正式开始走出国门。经历了 20 余年的发展,从无到有,从弱到强,如今已经进入了稳步发展阶段。目前,在世界 7 个主要渔业区进行作业,很多远洋渔业公司还在太平洋、大西洋和印度洋的众多国家和地区建立了数十个独资、合资与合作经营企业或代表处,作业船只近 2 000 艘。

尽管远洋渔业投入大、风险高、困难重重,但在近海渔业资源日渐衰退的境况下,为了摆脱近海捕捞的困境,共享公海渔业资源,远洋渔业仍使各国趋之若鹜。据资料统计,世界远洋渔船总数已达数万艘,主要捕捞金枪鱼等大洋性鱼类。

捕鲸业

鲸鱼作为世界上现存最大的动物,一直给人们以神秘莫测的印象。但是,一些国家总是对它垂涎三尺,甚至有关鲸鱼的饮食文化早已源远流长,把吃鲸作为一种荣耀来尊崇。其实,鲸的价值远非作为肉类食用,如抹香鲸最有价值的地方是头部的抹香鲸油。它是最早街灯照明和家用煤气灯的理想燃料,更是工业用的高级润滑油。此外,取自抹香鲸肠部的龙涎香可作香水用的固定剂,身价远远高出黄金。鲸的鱼骨和舌颚部的纤维组织,具有出色的弹性和韧性,是制作雨具和女士胸衣的理想材料。

鲸鱼的经济价值由此可见一斑,于是世界上很多国家都很重视捕鲸业,其中比较发达的国家当数美国和日本。近代以来美国的捕鲸业发展惊人,无论是作业水域范围,还是捕鲸技术的发达程度,都是其他捕鲸国家所望尘莫及的。当代美国的一些公司巨头,如美国标准石油、通用汽车等,其发家的经历无一不与捕鲸业有着千丝万缕的联系。日本人捕杀和食用鲸鱼的历史可以追溯到几百年前。在当今世界动物保护组织的大力呼吁之下,各国捕鲸的数量和种类被进行了严格的限制,唯独日本每年仍借科学考察的名义大肆捕杀鲸鱼。就目前来讲,日本是世界上当之无愧的捕杀鲸鱼和消费鲸鱼最多的国家。

从古至今,捕鲸的方法无外乎两种。比较原始的是利用一种灵活的标枪,捕鲸人把标枪系在浮子上,人们坐上小船,拼命地追向猎物。一旦盯准目标,标枪手便奋力掷出标枪。当小船更靠近鲸鱼时,船上的人就用三叉鱼枪猛击鲸鱼。鲸鱼一旦被杀死,便被拖到岸边,在岸上切割成块,并将鲸肉、鲸脂、鲸油和鲸须做成美味佳肴。较为先进的则是近代被广泛使用的装载于船首的气压式捕鲸炮,这种捕鲸炮利用高气压产生瞬间巨大冲力的原理,可以将巨大的标枪和炮弹射向鲸鱼,钳制并杀死猎物。这样一来,捕鲸的成功率就会大大提高,捕鲸人受伤的几率也会大大减小。

鲸鱼属于哺乳动物,绝大多数种类是胎生,大大限制了它们的繁殖能力,其补充量自然是少得可怜。世界上已经有许多种类的鲸鱼被列入濒危和珍稀保护动物,如头鲸、长须鲸、灰鲸等。所以,无论哪个国家都应当本着保护物种多样性的原则,科学慎重地对待捕鲸业。

水下电视

提到电视,我们再熟悉不过了,只要打开电视机,各种各样的节目就会呈现在我们的面前。水下电视是用于探测水中物体,并在水上进行电视显像的光学观测工具,与银行、超市等地方所用的闭路电视是一个道理,它是人类在水中的"眼睛"。

水下电视系统主要由摄像机、水下照明灯、接收器、控制器、电缆等构成,并且由于水下环境非常复杂,通常需要深度计、方位指示器、声学测距仪等附属仪器。按使用深度可分为浅海型和深海型,绝大多数用于 100 米以内的浅海型。按工作方式可分为轻便式、固定式、拖拽式和自航式等。

探鱼仪

探鱼仪是一种能够测探出鱼群具体位置的电气化辅助捕捞设备,有人形象地把它比喻为渔民的"眼睛"。

探鱼仪,是根据超声波在水中传播碰到目标物后形成反射来测量距离的原理制作而成的。它的种类繁多,从发出的超声波束扫描形式来看,有水平式和垂直式两种。水平式探鱼仪"视野"开阔,探鱼效率相对较高;垂直式探鱼仪"视野"狭窄,而且探鱼效率也较低。按照终端显示类型来分,可以分为记录型和屏幕显示型两种。由于屏幕显示的颜色不同,通常又把屏幕显示型分为黑白和彩色两种。彩色显示型中,又分为单色和多色。多色式探鱼仪,可借助不同颜色等级,区分出鱼群的种类和海底地貌,所以使用起来十分方便。从安装部位来分,又可以分为装在渔船上的船载型和置于网板上的网口型两种。网口型探鱼仪除了探鱼之外,还可以监测网具在水中拖拽时的张开情况。

当今探鱼仪的发展很快,几乎所有的大型渔船都装有这种仪器。它不仅可以使捕鱼者直接观察到鱼群的大小和深度,准确地进行捕捞,而且还可将鱼群情况打印记录,以便保存分析。探鱼仪同时还有测水温、测水深、测速、测距、测位和鱼群预报等功能。功能的多样化发展,必定带来信息处理综合化发展,更加方便地指导捕捞和进行海上鱼情分析。

渔业卫星导航系统

卫星,现在对我们来说已经不陌生了。我们每天看到的电视节目,好多就是通过卫星转播的。天气预报的云图也是来自卫星接收的图片。可以说,卫星技术已经广泛应用于军事和国民经济及社会生活各个方面。渔业卫星导航系统是一种利用空间卫星在任何时间向全球任何区域提供三维位置、速度和时间的信息系统。目前世界上正式投入运行的卫星导航系统有美国的 GPS、俄罗斯的 GLONASS 和中国的"北斗一号"三大系统,但真正达到产业化水平的只有 GPS,它被认为是 20 世纪影响人类社会的重大技术之一。

渔业卫星导航系统在渔业领域中究竟有哪些用处呢?简单地说,它可以探测渔场,及时将鱼群的位置、游速以及行进趋势以非常直观易懂的图像方式提供给捕捞船只,这样可以使捕鱼者更有目的性和针对性地追踪并捕获鱼群,做到有的放矢。除了探测渔场的功能,卫星导航系统更多地被用作管理,确定渔船在海上的具体位置,保证渔船在法律的约束之下有条不紊地进行捕捞作业。一旦渔船在海上遇难,人们就可以通过它在海区电子地图上显示的位置,及时准确地前去救援,从而大大提高了海上渔业救援的成功率。

除了以上这些应用之外,渔业卫星定位系统还可以用于研究渔业资源环境状况、灾害统计分析、专属经济区和大陆架生物资源信息。将遥感图像处理技术和地理信息系统相结合,建立海况、渔况测报服务系统和渔业环境监控预警服务系统,可以增强我国渔业环境的宏观监测力度,为渔业生产环境的监控提供科学的依据。还可以将 GPS 图像处理技术、地理信息系统以及卫星通讯技术相结合,建立渔业通讯、导航综合指挥系统,实现渔船导航和渔船作业的监控管理,不管渔船离家多远都能确保它们捕捞作业的高效、有序和安全。

总之,渔业卫星定位系统的出现有利于信息技术在渔业中的应用,有利于现代信息技术改造我国传统渔业,提高渔业领域的信息化科技水平和应用能力,加大科技进步在渔业经济发展中的贡献率,促进渔业和渔业经济可持续发展。

渔场

所谓渔场,就是鱼类资源相对集中的生存场所。在渔汛季节,渔场上往往是渔船往来穿梭,一片热热闹闹的生产景象。

渔场这个概念在渔业生产和管理中占有举足轻重的地位。因为无论是近岸捕捞或者是远洋渔业,都要在一定的海域范围内进行。在这片水域中,鱼类等水产生物的资源量较丰富,密度也较可观。通常情况下,渔场是鱼类等的产卵繁殖、捕食饵料生物以及寻求温暖过冬的场所。有时是鱼类群体受到某股海流的影响,为躲避其冲击而停留于某特定水域集中生活。总之,鱼类在渔场中无论是环境状况还是饵料天敌状况都是十分适宜的,所以它们会不惜体力,不远万里洄游至此。在渔场中,由于资源量较为丰富,渔业生产也较高效,渔民在渔场捕捞作业都有较理想的渔获产量。

长年从事渔业生产的渔民往往凭借多年经验甚至是直觉,就能准确判断出哪片海域是大渔场,在哪里撒网就能有很好的收成,这一点毫不夸张。当然,随着当今全球渔业现代化进程的快速发展,运用科学的渔业资源调查方法寻觅渔场的例子也比比皆是。例如,日本金枪鱼延绳钓以及围网渔船船队中总会有负责进行渔场搜寻的资源调查船,他们往往利用高技术含量的探鱼仪设备对鱼群进行追踪,其中包括利用全球卫星定位系统以及声纳设备搜寻水下几十米深的鱼群,一旦确定了某片海域存有大量捕捞群体,随后赶来的捕捞船只就在这个渔场作业。当然,渔场的搜寻工作也随时而变,因为鱼群有时受到外界生物的威胁或其他原因可能会统一逃逸,那么渔场也就不可能固定在某一海域,这时渔船就必须将计就计,跟随鱼群进行动态作业。

渔场在渔业管理中也是一个功能单位,某一片海域可能同时存在着几个不同鱼种或同一鱼种的渔场,根据其资源量状况,渔政部门可以根据保护渔业资源的宗旨、坚持可持续发展的原则对某个或某些渔场进行统一管理。例如,可以规定某个渔场的禁渔期或划定某个渔场为禁渔区,不管运用什么样的方法,目的都只有一个,那就是要在捕捞后,能够有一定的剩余补充群体进行繁衍生息,以保持渔业资源的可持续利用,这也是我们保护渔业环境和渔业资源的必经之路。

渔情预报

我们每天早上出门的时候,都会习惯地查知一下当天的天气预报,目的是为了出行时心中有数,有的放矢地躲避恶劣天气。这当然是一件司空见惯的日常小事。但是你可曾想过,我们的渔民在每次出海捕鱼之前,如果也能得到一份"渔情预报",根据预报中的相关信息,有针对性地进行捕捞生产,那将是一件多么激动人心的事啊!

这看似奇特,然而并不是异想天开。因为国家科研单位早就有过这方面工作,而且做得还相当不错。在 20 世纪的 70 年代,海洋水产科研人员为渔民提供的渤海对虾资源预报,从资源量到可捕量以及中心渔场的位置,几乎与实际情况所差无几,被渔民称为"虾神仙"。

所谓"渔情预报",就是根据鱼类的洄游路线、生物和非生物环境的变化特点,利用先进的海洋遥感技术,分析卫星发回来的水温、波浪、盐度等数据,查阅以往的实际调查资料和捕捞经验,经过综合分析,预报出鱼类的资源量、可捕量和中心渔场位置等渔情信息。渔情预报主要用于海洋捕捞业。适时将准确的渔情预报发送给捕捞生产者,将使他们减少捕捞生产中的盲目性,收到事半功倍的效果。

用卫星遥感来探鱼,在我国还刚刚开始。现在已经能够做到每周为远洋捕捞的渔船发布一次渔情预报,预报的准确率还是比较高的,这就免得很多远洋捕捞渔船在茫茫大海上无所适从。目前,上海水产大学已建成了全国唯一的渔业遥感与信息中心,该中心现在主要预测的是北太平洋地区的鱿鱼渔情,以后准备把预测范围扩大到大西洋、印度洋等海域,把鱼群种类扩大到金枪鱼、竹荚鱼等。

渔具渔法

捕鱼得有工具,也得讲究方法。这里说的渔具渔法,就是指在海洋和内陆水域中直接用于捕捞经济动物的工具和采捕鱼虾以及其他经济动物的作业方法。

渔具的种类很多。从远古时代的"网兜"到后来的垂钓、定置渔具、陷阱渔具和流刺网具,一直到现在的机动拖网船、机动围网船和玻璃钢渔船、捕鲸大型舰船等,可以说五花八门。这些渔具,因不同的地域、不同的渔区、不同的捕捞对象和不同的作业传统而异,也在不断改进和发展。但有一点是共同的,就是为了用最现代的工具获得更多的捕捞物。为了达到这个目的,人们往往不择手段。因此,先进的工具又大大地伤害了宝贵的资源。此间,国家为了保护鱼类资源颁布了渔具的分类和标准,取缔了杀伤力大的渔具,如电渔具等;限制发展那些破坏性的渔具,如定置网具等;鼓励发展那些有利于保护资源的渔具,如流刺网等。

渔具的发展自然也促进了渔法的改进。人们不再靠那些笨拙方法甩棍打鱼,也不再靠"渔眼"捕捉鱼群,更不会开着渔船满海游荡,更多的是采用了"智取"。随着科技的发展,科学高效的捕鱼方法越来越多。特别是探鱼仪、渔情预报、卫星导航等现代手段的加入和电脑及遥感技术的逐步成熟及广泛应用,使渔具渔法的自动化和现代化登上了新的发展阶段,更使捕捞业如虎添翼。

人类围绕着"吃鱼"大兴土木

随着渔船和捕鱼量的迅速增加,捕鱼业的产前、产后等一系列问题亟待解决。众多的渔船需要泊休、避风、卸鱼,一时吃不了的鱼需要储藏、加工,于是人类围绕着"吃鱼"大兴土木,开展了各种各样的渔业工程建设。

这些工程包括生物工程、土木建筑工程、电子机械工程、新材料和新能源工程以及信息网络建设工程。按所应用的不同产业,这些工程可以划分为4个不同的领域:一是捕鱼工程,包括捕捞的船网工具、泊船码头、导航助渔仪器设备、经济动植物的采捕设备,如造船厂、修船厂、鱼网厂、渔港等等。二是养鱼工程,主要是为进行水生生物的繁殖、养殖和增殖生产而设计、制造的设备、设施、产品,其中包括生物工程、养殖设施和设备,如育苗场、养殖场、原良种场等。三是鱼品保鲜及加工工程,主要包括冷冻、冷藏设施和冷藏、加工、保鲜设备等。四是鱼品储运及市场流通工程,包括冷冻、冷藏、低温运输设施以及水产品批发零售市场等。

这些工程,不仅投资大,而且施工难度也远比在陆地上大得多,但它代表着整个渔业的科技化和现代化水平,主导着生产的质量。渔港,让渔船有了"家";机动渔船取代了帆船以后,不仅减轻了渔民的劳动强度,提高了捕捞效率,更重要的是保证了劳动者的安全;有了冷藏工程,改变了传统的以干制品、腌制品为主的吃鱼习惯,提高了人们的食鱼质量;有了玻璃钢渔船,节省了木材和钢材;有了卫星导航设备,渔民和渔船更安全,渔业管理上也更方便了……

渔港

渔港,简单地讲,就是渔货的集散地和渔船的维修与补给基地,它与商港一样,都是用于商业目的的港口,不同的是为渔业生产服务。

渔港可分为自然渔港和人造渔港。古代的渔民,多选择避风良好的自然港湾定居下来,逐渐形成渔村和渔民生活的基地,经过长期历史的演变、生产的发展和社会的进步,有些地理位置优越的小渔村和自然港湾逐步形成了大、中城市和著名的渔港。

渔港是渔业生产的重要基础设施,担负着渔货装卸、冷冻、保鲜、鱼品加工、渔船维修、渔需物资供应、船员休息等任务,与此同时,还为抵御风暴灾害、保护渔民生命财产提供避难所。此外,渔港不但是捕捞生产和消费者的纽带,而且也是振兴所在地区经济和发展的重要基础和依托。

渔港主要由水域、码头、陆域三大部分组成。水域指的是港池、锚地、避风湾和航道,码头是船舶停靠、补给的场所,陆域则是包括各种水产品冷藏和加工、后方服务以及渔货贸易等的场地。

我国海岸线绵长,饵料丰富,水环境适宜,是众多鱼虾类的产卵、索饵场,形成沿海数十个大型渔场。同时我国岛屿星罗棋布,自然港湾众多,为渔港建设提供了良好的自然条件。我国现有大小渔港2 000多个,其中著名的渔港有石岛渔港、象山石浦渔港、汕尾港和吕泗渔港。近年来,我国渔港建设有了长足发展,许多渔港已经由过去单纯的靠泊、卸货、避风功能,转向集渔业、养殖、加工、休闲及旅游为一体的渔业产业化基地,并以渔港建设带动小城镇的发展,成为渔区政治、经济、文化中心。

拦鱼工程

拦鱼工程,通俗地讲就是拦住所养的鱼虾生物不让其逃跑,或按照人类的意向通过阻拦诱导其定向游动而实施的工程,在水产养殖业和水产生物保护中都有较广泛的应用。水库、湖泊、河流和沿海潮间带为防止养殖鱼虾的逃逸,都需要拦鱼工程。在大的河流中,由于水利工程建设破坏了水产生物的洄游路线,就需要修建专供水产生物洄游的通道,可以为分散迷路的鱼儿指引一条正确的路。

防止养殖生物的逃跑在水产养殖中极其重要,尤其水库、湖泊、河流养鱼时,由于养殖水体和自然水域是相互联接的,如果不设置相应的拦鱼设施,会导致鱼虾等水产生物大批逃亡,造成很大的损失。在汛期溢洪时,如果不设置拦鱼工程,通过溢洪道逃鱼更加严重,可能造成不可挽回的损失。水库养鱼防止逃鱼是一项非常重要的技术措施,为此,水库在放养经济鱼类之前,都必须在水库所有的进、排水口建好拦鱼设施。大、中型水库在出水口处设置拦网,防止鱼类随水潜逃。小型水库常在出水口设置栏栅式拦鱼设备,设备所用的材料为竹、钢筋和网等。总地说来,水库拦鱼设施主要有网拦设施、电拦设施和竹、木栅拦设施。

新中国成立后我国兴建了很多大型水利工程,对工农业的发展起到了很大的积极作用,但同时也带来了一些不可挽回的损失!活化石"中华鲟"

就是因此濒临绝迹,这一深刻的教训值得人们深思。为卓有成效地保护渔业资源,鱼道的建设也应运而生,它是专门为水产生物留出的通道,特别对幼鱼提供了顺利回海的通道,意义重大。拦鱼工程正是通过防止逃逸、引诱入道的方式协助鱼儿找到正确的路。

在大中型水域欲把鱼虾控制在一定范围内或迫使它沿一定方向游动,都必须修建不同方式的拦鱼工程。拦鱼的方式是多种多样的,常见的有箔栅拦鱼、网式拦鱼、电栅拦鱼、百叶窗式拦鱼和堤坝式拦鱼等。

围栏养殖

围栏养殖,就是通过围、圈、拦、隔等工程措施围成一个大池塘,在其中从事水产养殖。

围栏养殖起源于亚洲,最早是日本。当时的渔民用竹子、木头等在内海海边围成一个大水域,在里面养鱼。之后,菲律宾用这种方法养殖遮目鱼。我国在 20 世纪 50 年代,开始用围栏养殖的方式养殖鱼蟹。

围栏养殖的特点非常鲜明,所围起来的水域和外界水域是相通的。通过自然水流的作用,使养殖区域内的水体不断得到更换。新鲜的水源源不断地进来,养殖脏水不停地排走,鱼蟹每时每刻都生活在舒适清洁的环境中,既可以避开敌害,又可以让它们充分利用水中本来就有的天然生物饵料。因此,网栏养殖是一种高效、高产、经济的养殖方式。当然,它也有缺陷:养殖过程中,动物吃不了的残饵和它们排泄的粪便,随着水流流出网围,会污染水域。这就有可能造成营养过剩,而导致水中浮游植物的大量繁殖,分泌大量的毒素,最终致围网内鱼蟹的大量死亡。另外,网栏毕竟不是堤坝,遇到大的自然灾害,往往会网破鱼逃。

如何建造好的围栏设施呢?首先,要选择合适的水域,要背风向阳,有良好的水体交换条件;网栏的走向应和水流的流向垂直,但要避开主流;要保证一定的水深;水中要有丰富的动植物资源,保证水产动物能充分利用饵料生物。其次,还要根据水体交换情况确定面积;围栏一般是圆形或椭圆形,抗风力强,减少波浪对网的压力,有利于鱼儿在水中做圆周运动。最后,网墙以及支持和固定网墙的桩要牢固。网墙由聚乙烯塑料网箔组成,高度依照该水域历史最高水位、最大波高以及养殖鱼类的跳跃能力而定,避免养殖的鱼类逃出网围。

围堰养殖

所谓围堰养殖,是指选择适合水产动物生活的海区,通过建坝立墙,围出一块区域,在其中进行养殖活动的一种生产方式。如山东、辽宁等地围海投石养殖海参、围海建塘养殖对虾等。

围堰养殖必须科学选择海区。比如,围堰养殖海参,所选择的海区就应该具有以下特征:一是有刺参自然分布的浅海区;二是底质为礁岩的沿海、内湾、小岛屿;三是低潮时水不易退出,还要有丰富的底栖藻类。在养殖过程中,投石建坝坝顶可建成人工道路,而坝下的海水可由烂石坝孔隙自由纳进排出,围堰内水质环境一般较好。将人工培育或采集的参苗以每平方米5～10头的密度投入围堰内,可直接依靠天然饵料,或者投喂鼠尾藻及其他杂藻类粉碎液。目前,在山东的蓬莱、荣成、乳山等以及辽宁的一些岩礁较多的地带,大力推广了围堰海参养殖,这种方式能够充分利用海域资源,节约成本,便于管理。正是由于这种养殖方式的大规模推广,山东、辽宁等地的海参养殖业取得了前所未有的发展。山东更是因此成为全国重要的海参养殖基地。由此可见,围堰养殖这种养殖方式大大推动了海参养殖业的发展,取得了巨大的经济效益和社会效益。随着市场对海参需求量的不断增加,围堰养殖必将在我国海参养殖业的发展中发挥越来越重要的作用。

水产原良种场

苗种是水产养殖业发展的基础,水产原良种又是决定苗种数量和质量的最关键因素。所谓水产原种,就是指从天然水域中采集的野生水生动植物种子以及用于选育的原始亲体,简单说就是原来就在自然界天然存在的野生动植物。水产良种,则是指那些生长快、品质好、抗逆性强、性状稳定和适应一定地区自然条件,并适用于增养殖(栽培)生产的水产动植物优良种子,也就是通常我们用于养殖的具有较高经济效益的人工选育品种。原种是良种的基础,良种是苗种的基础。没有好的原种,就不可能有好的良种,没有好的良种不会有好的苗种,没有好的苗种也就不会有好的养殖效益。

20世纪80年代以来,随着水产养殖业的高速发展,水产苗种在数量上,尤其在质量上已越来越不适应水产养殖业发展的需要,苗种已成为制约水产养殖业持续、健康发展的关键所在。建立以水产原良种场为基础的水产原良种体系是保证苗种数量和质量的最佳举措。为此,1998～2003年,国家组织制定并实施了《全国水产原良种体系建设规划》；2003 年，农业部组织制定了《渔业良种工程二期建设规划》。

所谓水产原良种场，是指以生产水产原良种为目的而兴建的苗种生产和供应基地。原种场的基本任务是，根据全国的统一规划，搜集、整理、保存、开发和利用水产养殖（栽培）对象的原种；良种场繁育后备亲本或子一代良种亲本，承担有关良种试验推广和技术培训任务。

当然，水产原良种场不是谁都可以建设的，必须经核发生产许可证方可投产。国家级原良种场由国务院水产行政部门核发生产许可证；省级原良种场由同级水产行政部门核发生产许可证。至 2005 年底，全国共建设国家级水产原良种场 160 多个，良种生产能力比 1998 年增加了 1 倍多，良种覆盖率达到了 50%，增长了 15 个百分点，为保护我国优良水产种质资源、提高良种覆盖率奠定了坚实的基础，促进了我国水产养殖业持续、健康、协调发展。

工厂化养殖

提起工厂，大家都会想到整齐的厂房、轰鸣的机器。你是否见过养鱼的工厂呢？海边一排排厂房，无数伸入海中的取水和排水管道，车间里整齐排列的水池，穿着胶鞋而忙碌有序的工人，这便是工厂化养殖生产时的情景。

完善的工厂化养殖，包括流水养殖池、水质控制、水温调节、水体净化、人工培养的活饵料、配合饲料以及自动投饵等专用设施。现在有些先进的养殖场，还配备有自动化水质监控设备，利用电子计算机预先设定好的程序，全自动化控制生产过程。因此，工厂化养殖是集工业化、机械化、信息化、自动化为一体的现代化水产养殖，是目前科技含量最高、效果最好的养殖方式。它具有以下优点：① 由于环境条件全是人工控制，基本不受外界影响，可以全年生产，大大缩短了养殖周期。② 水体是流动的，水质更好，放养密度更高。③ 采用循环流水养殖，水质清新。排出的污水都经过净化处理，对环境的污染很小。④ 占地面积小。⑤ 可以做到管理和操作自动化，劳动强度低，工人的生产力高。

工厂化养殖主要有以下几种方式：① 自流水式养殖，主要是利用天然的地势形成水位落差，使水不断地从高到低流经养殖池，不需要外加动力。这种方式简单，成本低，是工厂化养殖的原始形式。② 开放式循环流水式养殖,主要是利用天然水体作为蓄水池和净化池,需要外加动力将水抽到养殖池中。因为养殖系统的水始终与外界天然水体相通,所以称为开放式。③ 封闭式循环流水式养殖,这种方式生产用水需要经过专用的水处理设施,包括沉淀、过滤、净化、消毒等措施,处理之后再重新供流水养殖池使用,投资大,成本高,对水处理设备的要求也高。④ 温流水式养殖,又可以分为开放式和封闭式两种。其中封闭式技术要求最高,养殖效果也最好,是现代化养殖发展的主要类型。工厂化养殖主要的设施包括养殖车间、养殖池系统、进排水系统、水处理系统、供热系统、增氧系统、供电系统及附属系统等。

工厂化养殖起源于 20 世纪 60 年代,经过几十年的发展,目前已非常普及。养殖品种除了鱼类还有虾蟹类、贝类等。设施和技术手段也日趋高新化,采用纯氧、液态氧等,甚至还采用臭氧发生器,不仅增氧,还起到了杀菌消毒的作用。运用电脑对不同水产生物的生长指标进行分析,编制出最佳的养殖方案,原来只能通过养殖人员经验完成的工作,现在只要往电脑里输入几个数字就可以完成。

水产品加工机械

水产品加工机械是将鱼、虾、贝、藻等水产品进行处理并加工为成品的一系列机械设备。

水产品作为人类的食物,可谓历史悠久,但在一家一户捕鱼为生的年代,谈不上水产品的大规模加工。不过,随着近代捕捞业以及养殖业的不断扩张,水产品的鲜活直销所占比例越来越小。水产加工行业已发展成为包括干制、熏制、腌制、罐制、鱼糜、药物与功能性食品、调味品、化妆品、鱼粉与饲料加工、海藻化工、海藻食品、鱼皮制革以及水产工艺等十多个门类的庞大行业,冷鲜调理水产品种类越来越多。水产品传统的手工水产加工已不能适应市场需求,迫切需要机械来实现大规模的加工生产。

1919 年,德国的罗道夫·巴德建立了世界上第一家鱼类处理机械制造厂。随后西欧和美国、日本等国家也相继发展了各式各样的鱼类加工机械,使水产加工业进入了一个机械化时代。这些加工机械,大体上可以分为原料处理机械和成品加工机械。原料处理机械包括清洗、去头、去内脏、去壳等设备。这类设备一般直接装在渔船上或渔港附近的加工厂内,以便迅速及时地处理,减少渔获物的运输和腐败。成品加工机械,是根据对水产品的不同需求而进行处理的设备,有生鱼片生产机械、干燥机械、罐头生产机械、鱼糜生产机械、鱼油生产机械、鱼粉生产机械、包装机械等十几个系列。

现代水产品加工生产,更是溶入了自动化的控制与人性化的管理,各种加工机械往往组合成流水式的生产线,各种设备相互配合,减少了中间环节,大大提高了生产效率。例如在鱼糜生产工程中,原料清洗、去皮、采肉、搅拌、擂溃、凝胶化、成型等加工设备组合在一起,在一个车间内,这边进去的是整鱼,而那边出来的就是鱼丸、鱼糕等产品,极大地提高了工作效率,促进了水产业的更进一步发展。

冷藏加工厂

目前,冷冻水产品是水产品流通的最主要模式,冷冻加工已占到水产品加工的一半以上,这也就催生了一个新型的加工生产基地——冷藏加工厂。冷藏加工厂,是现代水产品加工业中涌现的集冷藏、加工于一体的生产工厂。它的出现,使水产品冷藏链的布局更加完善,极大地促进了水产品加工业的发展。

冷藏加工厂相当于一个大冷库,里面有制冷间、接收间、冻结间、冷藏间、加工间等。无论外面是严寒的冬季还是炎热的夏季,它都能保证在稳定的低温下完成一系列的水产品加工,并迅速将其冷冻。冷藏加工厂的布局要根据生产流程进行合理安排。原料运抵后,首先进入接收间,进行简单的清洗之后,进入冻结间快速冷冻,再输送到加工间进行脱皮、取肉等加工工作。加工处理完成后,经过包装,运送至冷藏间进行冷藏。不同的品种,需不同的冷藏间。一般的水产品冷藏在$-10\sim-20℃$冷库里;短期贮存的冷冻品和调理食品则冷藏于$-10\sim-2℃$环境;金枪鱼等特殊品种要冷藏于$-60℃$以下的超低温冷库。另外,还有一些特殊的冷藏间,例如调温调湿间、气调间等,以满足不同品种水产品的贮藏需求。

冻结间和加工间都由厚厚的隔热材料建造,温度一般都控制在$-18℃$以下,即使在炎热的夏季,工作人员也要穿上特制的棉衣、戴上口罩和手套才能进行操作。想必看过小说《天龙八部》的读者一定会对西夏皇宫的地下冰窖留恋不已,那是"纳凉避暑"的好去处。然而,在冷藏加工厂中的工作人员却远没有想像中那么幸福,举个简单的例子,他们即使手上擦破点皮,由于长期处于低温环境下,也要很长时间才能痊愈。不过,他们也保证了即使远离海边的我们,也能随时吃上品种丰富、味美价廉的水产食品。

自 20 世纪 90 年代以来,快捷、安全和自动化的水产品加工冷藏厂大量涌现,加工能力迅猛提高,已成为我国加工水产品的主要设施,在现代水产品加工、流通、销售中占有举足轻重的地位。

捕捞辅助船

俗话说,一个好汉三个帮,在复杂的渔业捕捞作业中,既会受到狂风暴雨的威胁,也会受限于船只的"势单力孤",例如贮藏能力不足、缺粮少油等,因而捕捞作业的渔船也需帮手,这就是捕捞辅助船。它是为渔业捕捞生产提供服务的渔业船舶,种类很多,包括渔获物运销船、冷藏加工船、渔用物资和燃料补给船等。

渔获物运销船是往返于渔港和捕捞船之间的运输船。在捕捞作业中,不但许多渔场远离陆地,而且捕捞船自身的容量也有限,若返回基地的话,既耗费能源,又耽误时间,甚至错过鱼汛,得不偿失。渔获物运销船就可以起到中间运输的作用,不但运载量大,而且速度也较快,从而保证了渔获物的鲜度。

冷藏加工船是集制冷、加工设备于一体的辅助船只。许多鱼类特别是远洋深海鱼类,脂肪含量较高,极易氧化变质,捕捞后需要立即进行冷藏处理。冷藏加工船自身带有制冷系统,可以将渔获物迅速冷却,保持鲜度。冷藏加工船的加工装置通常包括去皮、去壳、去内脏等设备。渔获物经冷藏加工船处理后,可以直接通过冷藏运输车运送至商场、超市进行销售。

渔用物资和燃料补给船的主要任务是运送食品、生活用品以及船用和渔需物资。这种船的构造比较简单,没有渔舱等附属设施,因而船速也较快。

按照国家规定,捕捞辅助船是不能进行捕捞作业的。不过,现在很多捕捞船本身就是一个"小社会",兼有了辅助船的功能。随着社会化大生产的分工,特别是远洋渔业的发展,辅助船的作用将日益重要。

冷藏船

在水产品长距离的运输过程中,为了使渔获保持新鲜,必须使其处于一个持续的低温环境中。在捕捞作业船只与码头之间就需要利用冷藏船。冷藏船,顾名思义就是专门用于冷藏运输的船舶,它是捕捞辅助船的一种,也是水产品冷藏链中一个重要的环节。

一般来说,冷藏船受货运批量限制,吨位不大,通常为数百吨到数千吨。冷藏船的核心部位是冷藏舱,常隔成若干个舱室,每个舱室是一个独立封闭的装货空间。冷藏舱的舱壁、舱门均为气密,并覆盖有泡沫塑料等隔热材料,使相邻舱室互不导热,以满足不同货种对温度的不同要求。冷藏船的另一重要组成是制冷装置,包括制冷机组和各种有关管系。制冷机组一般由制冷压缩机、驱动电动机和冷凝器组成,如果采用二级制冷剂,还包括盐水冷却器。对于水路运输来说,制冷机还要有特殊的要求,例如船只纵倾、横倾、摇摆、振动时以及在高温高湿条件下都能正常工作,以应付海洋中多变的环境。根据货物所需温度,制冷装置一般可控制冷藏舱温度为 5 ～ －18℃。

近年来,为提高冷藏船的利用率,出现一种能兼运汽车、集装箱和其他杂货的多用途冷藏船,排水量可达 2 万吨左右。冷藏船航速高于一般货船,万吨级多用途冷藏船的航速每小时超过 20 海里。

速冻保鲜技术

如今冷冻已经成为我们生活中最重要的保鲜技术。无论商场、超市的冷柜中,还是家用冰箱中,各种冷冻食品琳琅满目,让我们随时都能品尝鲜美的食物。特别是水产品营养丰富,容易腐败变质,而冷冻是一种简便而且保藏效果又非常好的保鲜手段。冷冻水产品的加工量,已占到水产品加工总量的一半以上。

传统的冷冻方法,是将水产品放在低温环境下自然冻结。但是人们逐渐发现,冷冻后的水产品风味大不如前,口感也比鲜品相差甚远。后来人们发现,水产品冻结速度越快,其质地和风味的损失就越小,于是就有了"速冻"的概念。

所谓"速冻",就是在最短时间内使水产品完全冻结。这个过程越短,水产品冷冻的质量就越好。这是为什么呢? 首先,水在结冰时,速度越快,形成的体积、形状就越小,速度慢则容易产生大冰晶,从而造成细胞的损伤。其次,水分在水产品内结冰时,如果速度过慢,水分首先在细胞外部形成冰晶,内部由于传热较慢,仍以液体形式存在,由于液体渗透压不同,必然造成细胞内水分向外流出,使细胞严重脱水,在解冻时就会造成汁液流失。快速冻结时,冰晶趋向于细胞内外同时形成,水分迁移较少,细胞所受损害较轻,这就是速冻保鲜技术的原理和精彩所在。

如何才能进行快速冻结呢?在冷空气中冻结时,首先冻结水产品的体积不能过大,还要保证足够低的冻结温度,并且配合吹风等操作。此外,尽量应用平板冻结、液体喷淋冻结等传热效果好的冻结方法,这样才能获得优质的冻结水产品。

真空干燥技术

水产干制品的加工中,工厂最常用的是热风干燥。这种方法简单方便、成本低廉,但是对于许多名贵水产品来说,长时间的高温过程则不啻为一场"灾难",不但其中的活性成分会损失惨重,而且脂肪在高温的空气中特别容易氧化酸败,产生异味。因此,近几年来,真空技术逐渐应用于水产品加工领域。

真空干燥技术,就是将水产品置于一定的真空环境中进行干燥。真空条件下的干燥有两大优点:一是水的沸点降低,水产品受热的温度就低,而蒸发相对快。二是真空条件下,水产品与氧气隔绝,这样许多容易氧化变质的脂肪、维生素C等物质就会非常稳定。当然,仅仅真空是不够的,因为在真空条件下食品的传热非常困难,在水产干制品加工中,真空干燥技术通常与冷冻技术、微波或远红外加热技术结合起来使用。

真空冷冻干燥即通常所说的"冻干",是将制品冻结后,置于真空状态下,使冰直接升华为水蒸气而干燥,可以最大限度地保留食品原有的营养、味道和芳香,保持食品原来的形状和颜色,并且食品在冻结后均匀分布的细小冰晶在升华后留下大量空穴,使冻干食品呈多孔海绵状,浸泡复水时水分能迅速渗入到冻干品内部,与干物质充分、迅速接触,回复原来的质地。而今,许多的名贵水产品,例如海参、鲍等都采用冻干技术,保证了良好的品质。

微波和远红外也是真空干燥中常用的技术。微波和远红外都是电磁波,具有传热迅速、均匀、不需介质等优点,与真空条件结合起来,使干燥速度大大加快。

冷藏保鲜技术

冷藏保鲜,是将水产品贮存在高于冰点的低温环境中,使品质能够得以

保持的一种保鲜技术。

早在3 000多年前,我国人民就开始利用冬季在冰窖里贮存冰块供夏季保藏食品用。现代冷藏保鲜,是建立在制冷技术发展的基础之上的。特别是1910年家用冰箱的问世,使冷藏保鲜迅速进入大众生活。

冷藏保鲜技术之所以能保持水产品原有的色、味、质不变,是因为在低温环境中微生物的繁殖和酶的活性都受到了抑制。如果再配合气调、真空包装等技术,冷藏品的品质会更好,保藏期限也会更长。水产品的冷藏保鲜,包括原料处理、预冷、冷藏等环节。在日常生活中,我们经常直接将整鱼放入冰箱冷藏,鱼类在缓慢的呼吸过程中会消耗能量释放磷酸,使鱼肉变硬、口感下降。最好先预冷,使鱼类迅速麻痹,再藏入冷库,这样才能得到好的冷藏品。有条件的话,最好建立冷藏链。即鱼从水里捕上来,就马上在渔船冰藏。上岸后迅速转入冷藏运输车送进冷藏库,零售和购买。一直到食用前,都能保证水产品一直处于一个低温环境中。这样能更好地保证水产品的质量。目前,一些发达国家和我国对一些名贵海产品已建立了这样的链条,大大改善了水产品的品质。

真空包装技术

真空包装是将盛有食品的密封袋或盒内的空气抽出,保持真空状态的一种包装方法。真空包装保藏食品始于20世纪40年代。50年代,聚乙烯薄膜的诞生,使真空包装迅速应用于食品保藏领域。

真空包装保藏食品有许多优点。它能够隔绝空气,免受空气中腐败菌的污染。没有氧气的存在,食品内大部分细菌的生长就会受到抑制,从而防止脂肪的氧化等许多氧化变质反应。它还可以防止水分的蒸发,能够最大限度保持食品的鲜嫩。特别是水产品,水分的散失会严重影响口感和风味。当然,仅仅是真空包装,是不能实现这些优点的。还必须在真空包装后,做必要的杀菌处理,即可以进入常温贮藏。

真空包装的材料有软膜和硬膜之分。软膜适合于包装形体较为固定的食品,最常用的是PA/PE复合膜,PA(聚酰胺)俗称尼龙,阻隔氧气效果较好。PE(聚乙烯)就是我们最常用的方便袋材料,具有阻隔水分和湿气的功能。这种复合薄膜具有较强的机械强度,防水、防氧效果都比较好,而且能够进行高温灭菌,因而广受欢迎。硬膜一般采用铝箔复合材料,比较适合于

形状不定的软体或流体食品,如新鲜的鱼、肉等。

超低温冷冻技术

众所周知,水产品冷冻温度越低,品质保持越好,贮藏期也就越长。但由于冷冻成本和微生物的活性的原因,大部分水产品都是在－18℃贮藏,只有金枪鱼等易氧化变色的珍贵鱼类才必须超低温冷冻。

所谓超低温冷冻,就是指在－60℃以下进行冷冻,然后在－40℃以下进行贮藏。在日本、欧美金枪鱼生鱼片非常受欢迎,有一半的金枪鱼用来加工生鱼片。然而,生鱼片颜色的变化显而易见,颜色的变化可以说是衡量鲜度的重要指标。温度对金枪鱼生鱼片颜色的影响非常重要,在－20℃时冻藏两个月以上,金枪鱼的肉色变化为:红色→深红色→红褐色→褐色,这种现象是由于金枪鱼肌肉中的肌红蛋白氧化生成氧化肌红蛋白的结果。所以,如果只是普通的冷冻,其品质是很难保证的。只有当温度降到－40℃贮藏,才能达到防止鱼肉褐变的目的。

此外,温度对脂肪氧化的影响也比较显著。脂肪氧化可以使鱼肉变为浅黄色,并会产生异味,温度越低,脂肪氧化速度越慢,但许多研究证明,即使－25℃,也不能完全防止脂肪氧化,只有在－40℃以下贮藏,才能有效防止脂肪氧化。

由于受生产成本的限制,超低温冷冻技术的应用还受到很大限制,但随着生活水平的提高,超低温技术在水产品贮藏中的优势会越来越大,具有广阔的发展前景。

微冻保鲜技术

微冻保鲜是近年来开始使用的一项新技术。通常我们所说的低温保鲜是指0℃以上的冷藏,冻结保鲜是指－18℃以下的冷藏,而微冻是将水产品保藏在－2～－4℃的一种保鲜方法。在此温度下,鱼体中的水分部分冷冻,也称为过冷却或部分冷冻。

微冻保藏是介于冻藏和冷藏之间的一种保藏方法。与冻藏相比较,微冻处理避免了水分的完全结冰,从而大大减少了对鱼肉组织的损伤,提高了产品品质,并且微冻大大降低了制冷耗能,从而节约了成本。与冷藏相比较,在获得相同品质及口感的前提下,保藏期延长了2～3倍,可达20～30天。微冻保藏是水产品短期贮藏的一种有效方法。

微冻保鲜的基本原理是利用低温来抑制细菌的繁殖和酶的活性。在微冻状态下,鱼类等体内的部分水分发生冻结,形成的微小冰晶对细胞的损害较小,因而不会造成汁液流失现象。与此同时,细菌体内冰晶的形成对微生物的影响却很大,改变了微生物细胞的生理生化反应,使细菌繁殖受到抑制。此外,微冻过程中,鱼体组织液浓度增加、pH下降,所有这些因素对微生物都有抑制作用,使水产品能够长期贮藏。不过,微冻保鲜对温度的控制要求特别严格,对温度的波动比较"敏感"。温度波动频繁,会造成鱼体内冰晶生长或融化,对鱼体细胞的破坏更加严重,解冻以后就会造成汁液流失,而且更容易腐败变质,保藏效果反而不如直接冷冻。

相对而言,微冻保鲜简单方便,保藏效果好,近年来发展迅速,许多企业也成功推出了微冻冰箱。相信在不久的将来,微冻保鲜会很快广泛应用于我们的日常生活中。

气调保鲜

气调保鲜是通过调节食品所处环境中气体的组成,而达到保鲜目的的一种技术。

空气的正常组成是,氧气占21%,氮气占78%,二氧化碳占0.03%,这个比例乍一看没有什么奇特的,但却是地球上生物进化漫长历史中最合适的比例,即使它稍加变化,也会对生物组织带来不可想像的影响。例如把空气中的氧气比例从21%降到18%,我们人类就会感觉到呼吸困难。同样在氧气大量存在下,会加速微生物的生长繁殖,容易导致食品的腐败变质。气调保鲜基本原理是在适宜的低温下,改变贮藏库或包装内空气的组成,降低氧气的含量,增加二氧化碳的含量,抑制微生物的生长繁殖,降低食品中化学反应的速度,达到延长保鲜期和提高保鲜效果的目的。

气调保鲜最常用的气体是氧气、二氧化碳和氮气。对于不同的水产品,它们的组成比例是不同的。对于水产干制品来说,气调保鲜的主要目的是防止脂肪氧化变质,一般用二氧化碳和氮气的混合气体来进行气调保鲜。对于鲜品危害最大的是厌氧细菌的繁殖,必须添加一定比例的氧气抑制厌氧菌的繁殖,一般用于气调的气体是氧气、二氧化碳和氮气的混合气体。应当指出的是,气调保鲜对于细菌的抑制作用是有限的,特别对于鲜鱼片等营养丰富、容易腐败的食品,应当配合低温等其他方法才能获得更佳的保藏效果。

目前,气调贮藏已经在蔬菜、水果中成功应用,在水产品中还没有大规模应用,相信随着技术的不断推广,必将成为一种重要的水产食品保鲜手段。

水产品冷藏链

水产品冷藏链是指水产品从水中被捕捞上来以后,一直到食用之前,始终处于较低的温度环境中,从而保持鲜度不发生变化或少发生变化,这种连续的低温环节称为冷藏链。

水产品冷藏链是由渔船冰藏-陆上冻藏-冷藏库-冷藏或保温车-商场冷藏柜-家用冰箱等这样一个诸多环节、有机联系的体系组成的。它的目的是让水产品始终处于一个相对稳定的低温环境中。无论哪个环节出现问题,都将对水产品的品质造成损害。

按照各种水产品的温度要求,冷藏链一般有冰鲜冷藏链(0℃)、-18℃冷藏链以及超低温冷藏链等。目前来说,-18℃冷藏链的发展最为成熟,从原料预冷、运输、配送,一直到商场冷柜等销售终端,已经形成了一条相对稳定的冷藏链体系,是目前保鲜水产品最主要的流通模式。随着人们对水产品品质要求的不断提高,近几年来,冰鲜冷藏链也有了不同程度的发展,运输时间大大缩短,冰鲜鱼上市的比例不断提高。超低温冷藏链,主要是针对金枪鱼等对品质要求较高的水产品。但是由于消费市场的有限,目前的配送、冷藏等各个环节还很薄弱。

水产品冷藏链作为水产品在各个环节之间流通的载体,它的发展完善和技术含量的提高,可以使水产品保持鲜度,提高品质和优化水产品商品结构。我国目前的冷藏链体系总体水平不高,物流的全过程还尚未形成有机链接。例如在冷库的建设中,重视城市经营性冷库而忽视产地加工性冷库,重视大中型冷库而忽视批发零售冷库,造成流通方式脱节,影响了冷藏链的统一整体。因此,冷藏链体系依然是提高我国水产品质量水平的重要措施,需要不断完善与发展。

鱼类镀膜保鲜技术

镀膜保鲜也称涂膜保鲜,顾名思义,是在鱼类等的表面涂上一层可食性的薄膜,使其保持新鲜的一种技术。

过去,由于密封技术比较落后,糖果常常用一层薄薄的膜包围保护,这层膜入口即化,可以使糖果保持湿润,防止氧化变色。这就是简单的镀膜保鲜技术。当然,在水产品中的应用是近几年的事,技术要求也更为复杂。薄膜的原料一般采用褐藻酸钠溶液,通常还添加抗氧化剂、抗冻剂等物质作为一种复合涂膜剂。鱼类在此涂膜剂中浸渍后,在固化剂中固化。这样表面就形成一定机械强度和持水性的透明光亮的薄膜,然后再进行冷冻贮藏。

镀膜保鲜的优点显而易见,其密封性更好,从而有效降低了干耗,阻止了鱼类组织的氧化以及微生物的侵蚀,而且添加天然抗冻剂、抗氧化剂等活性物质还可有效减少鱼类在冻藏中的品质损失,体积和重量也大大减小。保护膜由于采用了天然无毒材料,在食用时可不必除去,因而食用起来也较为方便了。

传统的鱼类冻藏保鲜通常采用 -18℃下包冰衣的方法,但是包冰衣存在着许多缺陷。例如冰衣的附着力弱,容易脆裂和脱落,升华干燥较快,密封效果不好而不能有效阻止氧化作用等。而且,冰衣大大增加了物料的重量和体积,耗费运输成本。因此,近几年来镀膜保鲜技术开始发展起来。

随着水产养殖业的快速发展,各种名特鱼类在养殖水产品中所占比例逐渐增加,对保活保鲜的条件有了更高的要求。鱼类镀膜保鲜技术因其无毒、无害、无污染、成本低、操作简易,能有效延长鱼类的保鲜期等优点,适用于名贵经济鱼类的长距离运输、销售,在鲜度质量与经济价值紧密相关的市场经济中,应用前景非常广阔。

活鱼运输设备

尽管鱼类食品的各种保鲜手段越来越丰富,各种冷藏加工厂、冷柜、冰箱也越来越普遍,但新鲜的活鱼还是最受人的青睐。但是,鱼类不像畜禽类,长距离的运输是非常困难的。不仅需要新鲜的水质,还要保证水中足够的氧气。因此有人又研究出活鱼运输技术,制造出活鱼运输设备。这些设备,主要是活鱼运输车和活鱼运输船等。活运技术就是通过降低温度、增加溶氧、使用化学药物等处理方法,使鱼类在运输、贮藏过程中保持鲜活的技术。从某种意义上说,活运是鱼类保鲜的一种,并且是难度更大的一种技术。

活鱼运输车是最常见的运输设备,载鱼箱体一般以钢、铝、不锈钢或玻璃钢制成。鱼箱容积不大,有的鱼箱内部还被分隔成若干小格,以防车体在运输过程中颠簸摇晃而使鱼儿受伤。箱体外包有隔热材料或涂有淡色油漆以反射阳光,防止箱内温度过高。车上常常备有充氧设备,夏季还需备有冰块等,防暑降温。火车的活鱼运输,在车厢内设活鱼箱,除具有活鱼运输车所具有的各种设备外,一般还备有自动化监控系统,并配有专用的柴油发电机组作为充氧动力。活鱼运输船,多为续航时间较短的小型船,以木质为多。船的中、前部设有分隔的活鱼舱或槽。鱼舱两侧水线以下或船底开有若干个进水孔,舱内水面处设排水孔。进、排水孔都装有可手控或遥控的阀门,靠水的自然流动循环使舱内的水保持一定溶氧量。有的海水活鱼运输船,排水量大,航速在 10 节以上。机舱内设置水泵以强制循环换水,还备有增氧、净水、降温等装置。鱼舱内壁具有隔热、耐腐蚀、水密、无毒等性能。飞机运送活鱼,一般将鱼装入充氧的水袋内密封后运输,因成本较高,主要限于名贵品种。

现代活运技术可分为低温保活技术、药物保活技术、充氧保活技术、无水保活技术等。低温保活技术是通过降低温度,使水产品的活动、耗氧、体液分泌处于"休眠"状态,以达到短时间内保证水产品鲜活目的的一种技术。近几年兴起的冷冻麻醉技术使保活的时间大大延长。到了目的地,当温度升高时,鱼贝类能够重新恢复活力。只要掌握了鱼贝类的生理状态,确定了休眠温度,冷冻麻醉就可以简单而又长时间地保持鱼贝类的鲜活,是一种非常有前景的保活技术。药物保活技术是在水中添加一定浓度的化学药品,强制改变鱼类的生理状态,使其进入休眠状态,从而在有限的空间中存活更久。常用的化学药品很多,其中 MS－222 由于其麻醉缓和、无毒而得到了广泛的应用。但由于食品安全问题,药物保活在一定程度上受到了限制。活鱼充氧保活法,是通过物理或化学方法向水体中不断供氧以维持鱼类生存的方法。充氧的方法主要有循环淋浴法、空气压缩机或氧气瓶充氧,或者用给氧剂、鱼氧精、过氧化氢等增氧剂充氧等。无水保活,主要用于鱼类的短途运输。例如市场上活鱼畅销、节假日急需组织活鱼货源时,便可采用无水保活运输。盛鱼容器一般用塑料箱,内铺水草或浸湿的软草,放一层鱼,铺一层草,最后顶上要加盖,途中要经常淋水,夏季要加冰降温。原则是通风、防高温、防暴晒、避免过度挤压。

最近,有的科学家研究了物理麻醉法。就是利用中医针灸原理,用针直接插入鱼头部,使其处于麻醉状态进行活运。还有的科学家通过从鱼血清中提取一种物质,这种物质可以诱发鱼类进行冬眠,具有良好的前景。

养殖池

要生存,就得有个家。人是这样,动物也是这样。养殖池就是养殖生物的家。如果说最初养鱼的简易土池是泥窑瓦房的话,那么现代化的养殖池就是精装修的豪华别墅了。随着养殖技术的不断进步,养殖生物的家也在不断发展。

养殖池根据建筑材料可分为土质池、砖石砌筑池、混凝土池、塑料材料池和金属材料池。按照供水方式又可分为静水池和流水池,而流水池又可分为普通流水池、温流水池和循环过滤水池。土质池是最传统的养殖池,一直沿用至今。土质养殖池一般建在江河湖海的周围,便于取水,大部分采用静水养殖,定期换水,也有少数采用流水养殖。土池大则几十亩,小则几百平方米,大都多为长方形且东西长南北短,其设计目的不但使养殖池面能接受充足的阳光照射,而且又利于风的吹动,增加池中的溶解氧。土池是粗放养殖时代的产物,现在已经有了很大的局限性。要发展高密度的工厂化养殖,就需要流水池来大显身手。流水池一般都是砖石砌或混凝土结构,大小比土池要小得多,一般也就几十平方米,但"麻雀虽小,五脏俱全",除了普通的水池之外,还包括了许多如循环过滤水系统、加热系统、充氧系统、消毒系统等附加设施。这些复杂的配套设施就像我们家中的空调、暖气一样,可以为养殖动物提供最适宜的生活环境,从而大大增加了养殖密度,养殖效率也得到大幅度提高。特别是循环过滤水池,它集成了大量高科技的因素,可将用过的水通过蛋白分离器去掉有机质,再经臭氧和紫外线灭菌以及活性炭过滤和有益菌生物消除氨氮等一系列的处理后,回收循环利用,不仅达到了节约成本,提高养殖效益的目的,还减轻了对环境的压力,环保节约是未来养殖的发展方向。

水循环系统

水循环系统,准确的应该叫做封闭式循环水系统。即在同一养殖水体经过物理、化学和生物处理后的水能循环使用的系统。这个系统是封闭的,既不受外界水源和气候制约,又不对外界环境产生危害。鱼儿在水中吃、水中排泄,吃剩下的饭也会溶解在水中。

水循环系统是怎么解决这种"窝吃窝拉、自我污染"的呢?原来水循环系统里有一套专门对付这些杂物、污物和有害气体的装置,主要包括生物过滤器、蛋白分离器、臭氧发生器、紫外线杀菌和有益菌生物包及增氧装置。首先,它通过水流方向的设计将杂物集中处理;其次利用臭氧和紫外线除去病毒细菌;然后,利用有益菌生物包处理水中的氮、磷等。在此基础上,在水中加氧气,同时调节水的酸碱度,使水质重新达到养鱼的标准。这些设备及工艺巧妙结合,保证了整体水质符合养殖用水要求,维持细菌最低含量,保证循环水对环境的零污染。其中生物包又是核心中的核心,它的主要功能是通过有益菌的作用,将氨氮转化为一般不具毒性的硝态氮,在转化氨氮的同时分解了有机物。这样不但有毒的氨氮被去除了,和鱼儿争夺氧气的有机物也一并被消灭了。

有了水循环系统使得养殖不再受场所限制,甚至可以在都市养鱼。同时,循环水养殖不受地理环境限制,热带地区可以养寒带鱼,寒带地区可以产热带鱼,一年四季都能养鱼。在当今土地和水资源日趋紧张、污染严重的情况下,水循环系统必将发挥越来越重要的作用。

鱼品加工,五花八门

提到鱼品的风味,吃客们往往都会赞不绝口。海鲜的腥气、鱼汤的鲜味、贝类的甘美等,远比陆地动物丰富多彩。

有渔业方面的专家专门研究过鱼品的风味,可分为气味和滋味两方面。气味是由挥发性的小分子挥发形成,需要用人的鼻子去感受;滋味是不挥发的活性物质,需要用人的舌头去感受。鱼贝类在刚出水时,有淡淡的清香,但是暴露在空气中不久,由于鱼体表面的细菌开始"活跃"起来,分解产生了许多含硫化合物,加重了腥味,并开始有了些许臭味。鱼品产生鲜味的主要成分有肌苷酸、谷氨酸钠、氨基酸及肽类、琥珀酸、甜菜碱等。谷氨酸钠就是我们常用的味精,最初就是从海藻中提取出来的。1908 年,一名日本科学家吃晚餐时,在汤面里加了点海藻,发觉美味无比,经过多年的努力,终于发现当日使汤面变得美味的原因是来自一种氨基酸的钠盐——谷氨酸钠。当然,现在的味精已经改为大规模的发酵生产,不过产生的鲜味依然是美妙无

比。淡水鱼有特殊的土腥味,这是由于淡水鱼的表皮、消化道残存了少量的微藻和淤泥,逐渐渗入体液而造成的。

此外,专家们还发现,海鱼的鲜味与虾贝类的鲜味有所不同。这是因为鱼体内的呈鲜物质是肌苷酸。有趣的是,肌苷酸在活鱼体内的含量并不是最多的,而是在冰温下冷藏1~2天后达到最大,这时候的鱼最为鲜美。像贻贝、鲍、对虾等,还有独特的甘美滋味。这是由于它们体内甘氨酸和甜菜碱的含量特别高。贝类肌肉中还含有以琥珀酸为主的各种有机酸,特别是琥珀酸对贝类的鲜味具有直接效应。专家们认为,鱼类的鲜味与质量有3个特点:

(1)鱼类最不容易保存、极易腐败变质。鱼类的新鲜度及其风味与鱼品的质量密切相关。鱼贝类被捕获后,立即进行解体加工处理的很少,经常是由渔船倒上汽车,由汽车再倒上火车,长距离、长时间地运输。加上大部分鱼类营养丰富,含水分较多,外表皮很薄,鳞片易脱落,一旦受到损伤,细菌就会乘虚而入。一般鱼类在常温下很难保存到1天以上。鱼类死后变化和陆产动物基本上相似,而且鱼类自身营养物质非常丰富,含有极易被腐败菌利用的小分子物质,腐败变质要比陆产动物快得多。而且鱼类死亡以后,肌肉会很快发生一系列的变化,可分为死后僵硬、解僵、细菌腐败3个阶段。死后僵硬是动物死后的特有反应。这是因为,鱼死了之后体内逐渐分解产生的乳酸,导致pH迅速下降,从而使肌肉纤维发生收缩。此间鱼的鲜度不会发生变化,如果鱼在捕捞后能推迟开始僵硬的时间,或延长僵硬期,便可使鲜度保持较长的时间。鱼体达到最大程度僵硬后,肌肉会重新变软,称为解僵。解僵过程是由于鱼体自身含有许多蛋白酶,蛋白酶是一种高效的生物催化剂,它可以使鱼肉蛋白质分解成低分子量的肽类和氨基酸,使肌肉组织断裂软化。但这时的鱼肉已经与活体不同了,不再具有弹性。一般鱼肉的解僵时间要比牛羊等畜肉短得多,因为它的体内蛋白酶含量非常丰富。随着解僵,粘在鱼体上的细菌,开始利用体表的黏液和肌肉组织的营养物质而生长繁殖,鱼很快腐败变质,这一阶段称为细菌腐败。细菌腐败的主要特征,是鱼肉与骨骼之间容易分离,鱼的体表、眼球、鳃、腹部、肌肉的色泽也发生明显变化,体表粗糙,不再具有光泽,眼球凹陷,鳃色变暗等,并且产生腐败臭味以及各种有毒物质。具有代表性的腐败气味物质是氨和胺类。同时,一些含硫氨基酸被细菌分解,产生硫化氢、乙硫醇等有强烈臭味的气体。

(2)鱼类有鲜明的外表特征。刚捕获的鱼,具有明亮的外表、清晰的色泽,表面覆盖一层透明均匀的黏液,眼球突出,鳃为鲜红色,肌肉柔软富有弹性,气味新鲜。鱼类的外表特征是由许多种色素作用、配合形成的。青、草、鲢、鳙四大家鱼以及鲤鱼、鲫鱼、黄花鱼等,它们的背部一般是暗青色,而腹部是白色的。这是由于背部含有较多黑色素的缘故,这是一种保护色。狮子鱼,它巡游起来像孔雀或火鸡开屏一样美丽,国外也有人叫它火鸡鱼。别看它如此美丽,却是摸不得、碰不得的,因为它的刺中含有剧毒。狮子鱼的鲜艳外表是一种警戒色,别的鱼见了它都得乖乖让路。

鱼肉的颜色就比较单调了,大部分是白色。在背侧部和腹侧部之间,有少量的暗色肌肉。暗色肉也叫血合肉,因含有较多的血红蛋白色素而得名。像金枪鱼等运动性强的洄游性鱼类,大部分肌肉都是血合肉。许多软体动物像鱿鱼、乌贼的体表,甲壳类动物虾、蟹的壳中,含有大量的虾青素。大家可不要以为虾青素是青色的,其实它是鲜艳的橙红色,只是与动物体内的蛋白质结合后才呈现暗青色等多种颜色。当虾蟹加热、蒸煮的时候,这些色素就会与蛋白质分离,而显现它的原色,这就是虾蟹一煮就变红的原因。

藻类中的色素含量也很丰富。海洋四大藻类——红藻、褐藻、绿藻和蓝藻,就是因为含有不同的色素而呈现特有的颜色。例如海带,藻体内含有的叶绿素和藻红色素相互作用,而呈现深褐色。紫菜中含有较多的类胡萝卜素、叶黄素和玉米黄素,从而呈现红色。

(3)鱼类食品季节性强。渔业与农业、畜牧业相比较,受外来因素的影响更大一些。例如自然环境中的风力、海流、赤潮、水温、季节等因素,都会影响渔业生产的丰歉。有些水产品今天还旺发高产,夜里一阵大风就跑得无影无踪。正因为鱼类有这样的特点,所以很难保证常年中有稳定的鱼品供应。而且一些鱼类,一年中只有很短的一段捕获期,其他时间里很难见到。还有一些鱼类,食用是有季节性的,例如洄游性鱼类,由于年龄、季节、性腺的成熟度等不同,肌肉的组成成分也不同,温度高、饵料多的季节,鱼体脂肪含量高,味道和质量就好。

根据鱼类的这些特点,随着捕鱼量的增加了,人们开始研究鱼类储藏和加工,于是衍生了新的鱼品加工业,也称水产品加工。

早期的鱼品加工比较简单,只是盐、卤、炸、晒。后来,有了冷藏厂,就把好一点儿的鱼类冷冻成一坨一坨的储藏起来。到了现代,水产品加工已经成为一个用高技术武装起来的,集速冻、冷藏、加工和运销等多产业相连的综合产业。它是水产品从生产到流通的中间环节,也是联系渔业生产和市场的主要桥梁。整个水产品加工业,包括水产制冷、干制、熏制、腌制、罐制、鱼糜、药物与功能性食品、调味品、化妆品、鱼粉与饲料加工、海藻化工、海藻食品、鱼皮制革以及水产工艺等十多个门类。

鱼油和鱼肝油

鱼油和鱼肝油都是比较流行的保健品。许多人常常将它们混为一谈,其实,无论从产品的提取工艺,还是成分、功能,二者都大不相同。

鱼油是指从鱼肉中得到的油脂,它的主要成分是 EPA 和 DHA 等不饱和脂肪酸。不饱和脂肪酸和饱和脂肪酸,都是组成人体脂肪的重要成分。大多数饱和脂肪酸人体内可以合成,而不饱和脂肪酸在人体内不能合成,只能依靠食物补充。不饱和脂肪酸具有许多重要的生理功能。EPA 被称为"血管清道夫",具有疏导心血管、降低胆固醇、降血压、预防心肌梗死及动脉硬化等疾病的作用,是老年朋友的保健佳品。DHA 俗称"脑黄金",是大脑细胞形成发育及运作不可缺少的营养物质,可以促进脑细胞发育,防止健忘、智力下降,是少年儿童首选保健食品。因此,富含 DHA 和 EPA 的鱼油保健品,被称为"21 世纪的保健品"。当然,所有鱼类都富含这两种保健成分,寒冷地区深海里的三文鱼、沙丁鱼等含量较高,所以鱼油都是选用深海鱼来提炼的。

鱼肝油是从鱼肝中提取的油状液体,主要成分是维生素 A 和维生素 D。常用的鱼种有鲨鱼、鳕鱼、比目鱼、马面鱼、鲐鱼、大黄鱼等,其中鲨鱼肝脏是最理想的原料。维生素 A 与 D 具有重要的生理功能。维生素 A 对于维持夜间的视觉和上皮细胞的完整有重要作用,摄入不足可引起皮肤干燥、毛囊角化、干眼病及夜盲症等。维生素 D 可以促进人体对钙质的吸收,增强骨骼的钙化。一旦缺乏,容易引发小儿佝偻病和骨质疏松症。因此,鱼肝油是老年人和儿童特别是婴儿经常服用的一种保健品。但是,在一般的鱼肝油产品中,维生素 A 和维生素 D 的比例大约是 10∶1,而人体需要维生素 A 的量极微,并且从食物中摄取就能够满足生理需要。过多地补充维生素 A,会引起毛发脱落、皮肤干燥、食欲不振、皮肤皲裂以及肝脾肿大。因此,服用鱼肝油一定要适量。当然,天然鱼肝油中还含有角鲨烯等重要活性物质。

冷冻调理食品

在超市一排排的冷柜中,有速冻水饺、汤圆、肉串、鱼丸,还有拼好盘的鱼肉等。这些食品买回去之后,只需稍稍蒸煮、加热即可食用,非常适合现代人追求方便、快捷的生活节奏的要求。这类食品,就叫冷冻调理食品。

水产冷冻调理食品是一种水产深加工食品。它采用鱼、虾、贝类等水产品为原料,经过一定的前处理、调理、冻结加工而成。它的制作是在一系列的低温环境下进行的,最大限度保留了水产品的营养,并通过调理加工做成了不同口味的食品。当然在烹调时,你还可以根据个人的口味添加蔬菜或者调味品等。

冷冻调理食品的原料可以是新鲜的鱼、虾、贝类,也可以是鱼、虾、贝类的冷冻品。前处理包括清洗、去头、去鳞、去壳、去内脏、采肉、漂洗、绞碎、擂溃等工序,然后再调理加工。所谓调理加工,就是加入各种调味料和食用添加剂,比如食盐、香辛料、面包屑等,并且可以进一步烹调成熟制品。调理之后,经过快速冻结、包装,就可以上市了。

贝类净化

人们都有一个常识,刚买回来的贝类,一般都马上转移至干净的海域中,或转移至经过人工消毒的海水中,放养一段时间,使其体内的病原菌和毒素等有害物质排出,使之食用起来更安全。

这样做并非多余。因为贝类虽然营养丰富、味道鲜美,但却隐藏着某些毒素,这与贝类的特性和所处的环境有着密切关系。第一,它受外界污染的程度高。贝类一般都生长在浅海且位置比较稳定,而这些地方又是工业和城市污水的"重灾区"。废水来了,它得喝,赤潮来了,它也得受,很容易被毒化。贝类一旦遇到污染,很难自动回避,只能忍受。第二,贝类属于滤食动物,通俗地说,就是贝类什么都吃,自然也不会"放过"有毒物质,特别是它们主食的微藻中含有藻类毒素,所摄入毒素的风险就更大。它的这种滤食特点,决定了它必须把"毒"一起吃下去。第三,贝类的"排毒能力"较弱,有毒物质很容易在体内富集。对于贝类来说,经过长时间的进化,这些毒素只不过是"穿肠而过",不会影响正常的生理活动。但对于人类来说,有的毒素几

微克,就可以致命。经常食用贝类的人,都有可能在身体里积累毒素。

据统计,世界上有60多种贝类经常携带致命性的毒素。按照中毒类型,这些毒素可以分为麻痹性贝毒、腹泻性贝毒、神经性贝毒和失忆性贝毒。麻痹性贝毒是由亚历山大藻、膝沟藻属、原甲藻属等赤潮生物产生的,人食用含这些毒素的贝类会引起外周神经肌肉系统麻痹,例如颤抖、兴奋及唇、舌的灼痛和麻木感,严重时会导致呼吸系统麻木以致死亡;腹泻性贝毒来自鳍藻属和原甲藻,它不是一种可致命的毒素,通常只会引起轻微的胃肠疾病,而症状也会很快消灭;神经性贝毒主要来自短裸甲藻、剧毒冈比甲藻等赤潮生物,人食用含这种毒素的贝类或吸入含有这种毒素的气雾会引起神经麻痹、气喘、呼吸困难等中毒症状;失忆性贝毒主要也来自藻类,人食用会导致记忆功能的长久性损害,包括短时间失忆,即健忘症。由于贝类毒素危害具有突发性和广泛性,且毒性大、反应快,无适宜解毒药,给防治带来许多困难。因此,因食用贝类而中毒的事件时有发生。最典型的例子,就是1988年,上海因食用受甲肝病毒污染的毛蚶而造成30万人甲肝大流行。因此,世界各国都非常重视贝类净化技术的应用。

不过,你不必惊慌。只要是在干净的海域中,非赤潮的季节里,贝类毒素的含量还是非常低的。如果你还不放心,那就把买回来的贝类放入干净的水中暂养几十个小时,让它自然吐毒一段时间再食用。更何况,国家已经采取了安全卫生措施,一整套的贝类净化措施正在实行。所谓贝类净化,首先是从外海抽取干净的海水注入蓄水池,海水经过沉淀、杀菌、净化、充氧过滤后进入储水池。贝类经过检验、清洗、挑拣后,在储水池中经过一段时间的净化,然后再清洗、挑拣、检验、包装后进入冷库。目前,世界上许多国家都建有贝类净化工厂,有的采用紫外线净化海水技术,也有的采用臭氧消毒法。紫外线、臭氧等都可有效杀灭水中的病原菌,而贝类在净化池中也可逐渐将体内富集的有毒物质排出。

我国贝类净化研究工作开始于20世纪90年代,现在的贝类净化形成了一定的规模,但还是远远不能满足市场的消费量需求,只有不到1%的贝类经过了净化处理,其余没有经过任何处理就直接上市了。因此,我们购买的贝类如果没有经过净化,可以把它在清水中暂养一段时间,或一定充分加热后食用。

鱼胶

我们常喝的骨头汤,还有肉冻,热的时候是液体,而冷却后就会凝固,这是因为里面含有大量胶原蛋白。胶原蛋白加热后容易凝胶化,冷却后就会凝固。鱼胶是以鱼鳔、鱼鳞、鱼皮、鱼骨等为原料加工而成,是动物胶的一种,它的主要成分就是胶原蛋白。

胶原蛋白是一种纤维状蛋白质,它是各种动物体结缔组织的主要组分。以鱼鳔为原料制取的鱼胶,可以认为就是鱼鳔直接干燥后的产品。这种鱼胶营养丰富,为"海中八珍"之一,据《海药本草》记载,具有"滋补养颜,生血养气,润泽肌肤"等效用,其中以"白花胶"最为珍贵,是一种高级滋补品。以鱼鳞、鱼皮、鱼骨加水熬制而成的鱼胶,在许多工业中都有重要的用途,既是啤酒的一种澄清剂,又是一种高级粘合剂,特别适用于提琴和胡琴的制作,具有粘合力强、脱胶率低、音质好的特性。

此外,将各种鱼胶进行脱钙、漂洗、中和、胶化等操作后,可以制成高纯度的胶原蛋白,称为明胶。明胶纯度高,透明度、黏度大,冻力强,可用于制造培养基、感光胶片、食品添加剂等。

甲壳质和壳聚糖

海滩上的小虾小蟹都有一个坚硬的外衣,这就是甲壳质。其实不仅虾蟹壳,自然界还有很多生物如昆虫的硬甲、真菌的壳细胞壁、低等植物和酵母中,都含有丰富的甲壳质。

甲壳质又称为几丁质、甲壳素和壳多糖,它是自然界中含量仅次于纤维素的生物多糖。壳聚糖,又名甲壳胺、水溶性甲壳质,是甲壳质的一种衍生物。甲壳质作为一种天然产物,是许多动物的保护"盔甲",因而化学性质非常稳定,经过衍生化处理后的壳聚糖,各种功能就会充分"激发"出来,具有了许多重要的生物活性。

壳聚糖被誉为继蛋白质、脂肪、糖类、维生素和无机盐之后的第六生命要素。在医药保健领域,壳聚糖具有活化细胞、降低胆固醇、抗凝血和抗癌活性,还是一种优良的高分子材料,可以制成人造皮肤和医用敷料等,而且又可以作为药物的理想载体,起到缓释的作用。在食品领域,由于壳聚糖可以抑制大肠杆菌等致病菌的繁殖,因此可制成食品保鲜剂,还可以添加至乳制品中增加黏度。在化妆品领域,含壳聚糖的化妆品会在皮肤上形成一层

透气膜,具有抗皱、防晒、润肤、抑菌等作用,因而很受消费者钟爱。

甲壳质和壳聚糖的生理功能和活性,引起了人们极大的兴趣。我国是海洋大国,甲壳质资源非常丰富,每年扔掉的虾蟹壳就达数百万吨。合理开发这些自然资源,不仅可以为我们提供丰富的生命物质,而且避免了环境污染,因而具有广阔的发展前景。

脱脂鱼

脱脂减肥是当今爱美之人的时尚,这里说的是为鱼类脱脂。鲭鱼、鲐鱼等中上层鱼类脂肪含量特别高。养殖的大黄鱼等由于活动少,体内也蓄积了大量脂肪。高脂肪的鱼类吃起来很香,但却不符合人们低脂肪的健康观念,而且在加工和贮藏过程中极易氧化变质,产生酸败气味。较高的脂肪含量,还会使鱼肉显得松散,嚼起来缺少结实韧性,色泽发黄,产品的售价自然大打折扣。

于是人们对高脂肪鱼类开始了脱脂技术的研究。目前已经应用的脱脂技术有压榨法、溶剂萃取法、酶解法等。压榨法脱脂是最早应用的技术,其工艺类似于花生油的生产,通过机械压榨作用将鱼体内的油脂充分排出,得到的鱼体基本失去了食用价值。溶剂萃取法是利用脂肪在有机溶剂中的可溶性而将脂肪提取出来,其优点是脱脂迅速、完全。但是由于有机溶剂容易残留,因而对人体可能造成潜在的危害,而且成本比较高。酶法脱脂是近年来采用的新技术,是利用脂肪酶对脂肪进行水解,其作用条件温和、专一性强,对鱼体中的其他成分没有影响,因此脱脂后的鱼体肌肉饱满而有韧性,色泽鲜白,口感甚佳。最近,研究人员已经用酶法成功地对养殖大黄鱼进行了脱脂,受到消费者的欢迎,但价格有所升高。

脱脂技术的发展,明显改善了多脂鱼类的色、香、味,贮藏期也更为长久,使许多以前的低值鱼、养殖鱼,也能与野生名贵品种鱼一样美味可口,而且更加符合现代人健康饮食的观念,因而有着广阔的发展前景。

水产调味品

我国古老的饮食文化产生了许多具有地方特色的调味料,而水产调味品在其中占有重要的地位和比例。我国海鲜调味品的生产历史悠久,早在南北朝时期的《齐民要术》中就详细记载了鱼酱油等制作工艺,后来传至东南亚、日本,成为当地重要的调味品。

水产调味品营养丰富,鲜味十足。我国常见的水产调味品包括鱼露、虾油、蚝油、海藻汤料等传统水产调味品,化学鱼酱油、虾头汁、虾味素等利用化学或生物技术开发的新产品。鱼露是传统的水产调味品,主要成分是氨基酸,与我们平时调味的酱油相似。传统的鱼露生产,是利用食用价值低的鱼类等发酵而成的。好的鱼露具有特殊香气,呈橙红色或棕黄色,澄清透明。

虾类调味品品种最多,包括虾酱、虾油、虾头汁、虾味素、黑虾油等。虾酱最为大家熟知。虾酱又称为虾糕,它是以各种小鲜虾为原料加盐发酵后,经磨细制成的一种黏稠状酱,有虾米特有的风味,形状略似甜酱,质地细腻,味道纯香。虾油又称卤虾油,是将加工虾酱过程中产生的卤汁过滤而成的虾酱的副产品。虾油主要成分是氨基酸和虾的组织液,产品为浅红褐色至金黄色,澄清,具有鲜虾浓郁的鲜味。

贝类调味料中最具有代表性的是蚝油。蚝是闽粤一带对牡蛎的称呼,胶东一带叫海蛎子。蚝油也叫蚝油酱、蚝味酱,是用蚝的煮汁加上淀粉、味精、糖等成分,经糊化而成。蚝油可用以烹调蔬菜、肉类,也可以做蘸酱,著名的菜肴有"蚝油生菜"、"蚝油牛柳"等。

生物制剂

生物制剂是现在最为流行的词汇之一,它反映了现代人回归自然、倡导健康的生活理念和消费方式。近年来,随着基因工程、细胞工程、分子生物学等科学技术的发展,各种生物制剂产品也如雨后春笋纷纷涌现,成为我们生活中一道亮丽的风景线。

生物制剂是利用各种生物体及其组织,结合发酵、细胞培养、生化分离等现代技术方法而制得的一类功能性成分。早在19世纪末20世纪初,生物学研究就已经确定了生物分子具有治疗的潜能,并从天然资源中直接提取出足够数量的一些大分子广泛应用于医学,胰岛素即是最早的生物制剂产品。今天,生物制剂的研发和生产进入了新的发展阶段,疫苗就是这一阶段的杰出代表,也是目前应用最为广泛的一类生物制剂。

海洋丰富的资源里蕴含着大量的生物活性物质,人们已从海洋生物中制取了许多活性制剂。在医药领域,河豚毒素纯品制剂可作为一种神经工具药物,在戒除毒瘾、抗心律失常、镇痛、局部麻醉等领域有着良好的应用前景。在化妆品领域，以甲壳素为材料的各种活性制剂开发得就更为成功，具有保湿、抗皱、抗衰老等多种活性功能。在肥料领域，利用从海洋甲壳类动物中提取活性物质氨基多糖而制成的生物有机肥，可以促进植物细胞代谢，提高植物免疫能力，符合生态农业发展方向，可显著提高农作物的产量和品质。此外，在保健食品领域、化工领域等，海洋生物制剂的开发都取得了骄人的成绩，已经开始进入我们的日常生活。

黏多糖

人们往往认为，糖都是甜的。其实不然。我们通常所说的糖类包括单糖、双糖、低聚糖和多糖。单糖和双糖是我们生活中常用的甜味剂，例如蔗糖、葡萄糖、果糖等，的确是很甜的。多糖大多数是没有甜味的，例如淀粉、纤维素，还有虾蟹壳中的甲壳质，都属于多糖，但它们不甜。其中有一类多糖称为黏多糖，也是不甜的，因为它在水中具有较高的黏度而得名。

许多黏多糖具有重要的生理活性，能够调节机体免疫能力，防御细菌或病毒的感染，具有抗凝血活性，防止血栓形成等活性。近年来，人们研究从各种动物中提取黏多糖，刺参、海星、鲨鱼和扇贝中提取的黏多糖，已开始应用于人们的保健生活中。例如刺参黏多糖，是从刺参体壁中提取的一种黏多糖，具有广谱抗肿瘤，提高机体细胞的免疫功能和抗炎消肿作用，对皮质神经有明显的保护作用，可以有效防止中枢神经病变，这也正是海参价值昂贵的原因之一。从鲨鱼软骨中提取的硫酸软骨素，可以治疗疼痛性疾病，并且能抗动脉粥样硬化和血管内斑形成，降低心肌耗氧量，从而对冠心病、心绞痛有治疗作用，已经成为我国重要的生化出口产品。

但是，你可不要以为黏多糖是好东西又不甜就可以多用、随便补充啊！黏多糖在体内要进行一系列降解，最后释出多糖才能被吸收，而有些人体内缺乏分解酶系，因而黏多糖逐渐贮积在软骨、角膜等组织细胞内，导致身材矮小、骨骼畸形、心脏病、脊髓损伤等，在医学上称为"黏多糖症"。所以患有"黏多糖症"的人，尽量少吃脆骨、蹄筋、刺参等含黏多糖较多的食物。

海藻化工品

海藻种类繁多，分布广泛，含有大量的营养成分和其他有用物质。随着陆地资源的过度开发，人们开始将眼光投向广袤的海洋。资源丰富的海藻，除了作为食品，海藻化工品的生产也开始被人们重视，并逐步形成了有相当规模的海藻化工业。

最先兴起的是褐藻工业,已经有 300 多年的历史了,原料主要是海带、裙带菜、巨藻、马尾藻等大型藻类。17 世纪末法国人把墨鱼藻烧成灰生产纯碱,用于玻璃制造业。19 世纪初,法国人又从褐藻中发现了碘元素,由于碘在医药上的价值,迅速促进了当时褐藻工业的发展。除法国外,挪威、荷兰、英国先后也建起了海藻提碘加工厂,使海藻提碘成为 19 世纪中叶一项十分发达的化学工业。随后,人们在褐藻中发现了褐藻胶。褐藻胶是褐藻中的一种多糖类物质,在食品工业中可以用作稳定剂、增稠剂、乳化剂、发泡剂等,在纺织、医药、化妆品等领域也有重要用途。1928 年,美国建立起世界上第一家褐藻胶加工厂。目前,从海带中提取褐藻胶已成为海带综合利用的重要内容,也是褐藻工业的支柱。甘露醇是褐藻工业另一重要的化工产品,它是一种六元醇,是褐藻中普遍存在的一种光合作用产物,其中以海带含量最高,它广泛应用于医药、食品和化工等领域。

从红藻中提取的工业产品,主要是琼胶和卡拉胶。琼胶又称琼脂,是石花菜、江蓠和紫菜等红藻中普遍存在的一种多糖类物质。琼胶具有良好的凝固性,浓度 1‰ 以上便可以凝固成固体凝胶。在食品工业中,琼胶可作罐头、肉冻、果冻等的凝固剂,作果酱、花生酱的增稠剂和稳定剂;在医药工业中,琼胶用作各种细菌的培养基,分离和提纯各种细菌等。卡拉胶是从红藻中的麒麟菜、角叉菜、鹿角菜等提取出来的植物多糖,它是一种良好的凝固剂、粘合剂、稳定剂和乳化剂,是制作果冻的主要成分。面包中加入卡拉胶,可改善口感、蓬松度。精制低分子卡拉胶,还可以制成抗肿瘤、抗病毒、抗心血管疾病的海洋药物等。

海藻食品

在浩瀚无边的海洋里,有着极其丰富的矿产、动物和植物资源。种类繁多的海藻,就生活在这晶蓝的海洋里,为我们提供着无穷尽的食物和财富。

海藻,自古以来就是人们非常喜爱的食品。我国在 2 000 多年前,就有食用海藻的记载。我们日常食用的海藻主要是些大型海藻,如海带、裙带菜、紫菜、羊栖菜等。这些海藻营养丰富、晶莹透绿、海味十足,而且具有重要的保健功能和药用疗效,因此深受欢迎。特别是我国沿海、朝鲜半岛、日本的居民,每年都会消费大量的海藻食品。一位西方学者曾惊叹说:"中国和日本人吃海藻，就像美国人、英国人吃番茄一样普遍。"足以说明海藻在我们东方民族中的重要地位。

海藻可以直接加工食用，例如海带丝、紫菜汤、凉拌裙带菜等，都是人们经常吃的美味佳肴。当然，也可以提取海藻中的营养物质和功能成分，做成各种零食和小吃，其中最受青少年喜欢的就是海藻凉粉和果冻。海藻凉粉是以天然海藻为原料，利用其中的胶质成分熬制而成的一种凝胶食品。海藻凉粉入口爽滑、清凉可口，更有新鲜的海藻风味，因而是沿海一带人们喜爱的佳肴。制作凉粉的海藻主要是石花菜，石花菜中含有大量的琼胶。制作凉粉时，将石花菜放入水中，细火慢熬，熬成的汤汁冷却后即为固体凝胶状的海藻凉粉。当然，这只是传统的制作方法。现在商场中卖的海藻凉粉，是用成品海藻胶调制而成，并且加入了许多成分，如柠檬酸、香精等，味道也就更加鲜美。海藻果冻，是以果汁或果味香精和海藻胶为原料凝固而成的食品。

许多人以为凉粉和果冻没有什么营养，其实，它们中的海藻胶是一种天然食物添加剂，在营养学上，人们把它叫做可溶性膳食纤维，具有调节肠道特别是润肠通便的功能。

海洋药物

海洋药物的历史可谓源远流长，早在几千年前，中国、印度就开始采集海草、海贝类等海洋生物作药物。从《神农本草经》到《本草纲目》，再到清朝的《本草纲目拾遗》，纵览我国 2 000 多年来的古代医学典籍，其中收录了海洋药物 110 余种。

现代生物技术的发展，大大促进了海洋药物的开发。人们不断地发现许多海洋生物中含有对人体具有重要生理功能的有效成分，科学家将这类有效成分命名为生物活性物质。如牡蛎中含有的牛磺酸，具有降低胆固醇、降血压等功效；海参中的海参素、刺参酸等活性成分有抗癌作用等。这些物质可以直接进入新药的开发。不过有的存在着活性较低或毒性较大等问题，需要将这些活性成分作为先导化合物进一步进行结构优化、结构修饰和结构改造，以获得活性更高、毒性更小的新的化学成分，然后再经过严格的药理学和生理学实验，才能成为治疗人类疾病的药物。迄今海洋药物已经在抗癌、抗心脑血管病、抗艾滋病、消炎镇痛等领域获得了瞩目的成就。藻酸双酯钠、甘糖酯、河豚毒素、多烯康、烟酸甘露醇等十几个品种经国家批准进入临床应用。新型抗艾滋病海洋药物"911"、防心脑血管疾病药物"D-聚甘酯"和"916"等一大批新产品也正进入临床试验。

然而,相对于其他药物的研发,海洋药物的进展还略显缓慢。究其原因,首先,因为开发海洋药物的历史较短,无知领域多多。比如,我们知道海马具有补肾壮阳、舒筋活络的功效,但究竟海马体内的什么物质有这样的药效呢?还有,海洋天然产物中的活性物质有的含量极低且结构复杂,难以提取,难以合成;有的因自然资源有限无法大量获得,或者会对海洋环境造成很大的破坏,对海洋药物的研发形成了一定的制约。但是,在陆生动植物药源的开发周期越来越长的状况下,开发和利用生长在高压、高温、低温等恶劣环境中的海洋药用资源就显得非常重要。我们有理由相信,在生物系统筛选技术、基因组学、生物信息学、化学生态学等新兴学科的方法和技术支撑下,海洋药物的研究、开发将向广度和深度发展,一个新的制药产业亦将巍然崛起。

鱼糜制品与模拟食品

鱼糜,有的人可能比较陌生,其实它就是鱼肉经过绞碎、加盐处理后得到的黏稠肉糊。鱼糜制品,就是以鱼糜为原料,做成一定形状后,进行水煮、油炸、焙烤、烘干等操作后制成的具有一定弹性的水产食品。鱼糜制品不仅保持了鱼肉的鲜美,而且具有一定的弹性,吃起来鲜嫩爽滑,因此广受欢迎。

鱼糜制品加工在我国具有非常悠久的历史,久负盛名的福建鱼丸、云梦鱼面、江西的燕皮、山东的鱼肉饺子等传统特产,都是我国有代表性的鱼糜制品。

所谓冷冻鱼糜又称生鱼糜,是鱼类经采肉、漂洗、脱水并加入糖类等抗冻剂冻结之后得到的糊状制品。冷冻鱼糜生产过程中温度的控制非常重要,既要保证鱼肉不被冷冻变质,又要防止鱼肉因温度过高而分解腐败,此外还添加糖类等多种抗冻剂,以防止蛋白质冷冻变性。冷冻鱼糜生产出来以后,要进行加盐擂溃、凝胶化等操作,经过蒸、煮、烤、炸等工艺,就可以得到美味的鱼糜制品了。

模拟食品是指采用价格低廉的原料,经过系统加工处理,制成在色、香、味、形以及营养价值等方面与天然高档食品极为相似的食品。水产模拟食品,有模拟鱼翅、模拟蟹肉、模拟虾仁、模拟海蜇皮、模拟干贝等。这类食品就其营养价值、口味来讲,几乎等同或接近于天然食物,但物美价廉,因而非常畅销。

水产模拟食品的制作是以鱼糜为原料,添加与天然海产品相似的风味成分、调味料和色素,然后经过蒸、煮、炸等工艺制作而成。水产模拟食品,以模拟蟹肉最受欢迎。它的制作工艺非常简单,首先将新鲜的鳕鱼绞碎做成鱼糜,同时将新鲜蟹肉取出磨细,按照一定比例混合,加入食盐、淀粉和调味料,倒入模型中成型,在表面涂上天然色素,用机器切细成型。经凝胶化以后,就是具有蟹肉风味的模拟蟹肉了。

糟制品

糟制品又称腌糟制品、糟醉制品。水产糟制品是以各种水产品为原料,在食盐腌制的基础上,使用酒酿、酒糟和酒类等进行腌制而成的产品。我国的糟制品多用米酒的酒酿和米酒、黄酒,加入适量的砂糖和花椒作为腌浸材料。这种糟鱼制品,肉质结实红润、醇香浓郁、清凉可口,自古以来就深受人们的欢迎。

糟制品的加工过程可以分为盐渍脱水和调味腌藏两个阶段。盐渍脱水一般采用轻度盐渍的方法,即加入少量的食盐进行腌制调味,再进行适当的干燥。调味腌藏主要是酒糟、酒类和其他一些辅助调味料腌制的过程。在此阶段,酒糟中含有的酒精可以起到杀菌防腐的作用。所含有的酶类,对鱼肉腥味的去除也起到了很关键的作用,并且能够形成特有的酒香味。

糟制品可以说是南方菜中的精品,南方称为"糟货"。单从字面上理解可能误认为是糟粕,其实其中包含着南方的海洋文化。"糟"是古代海边渔民制作凉菜的一种方法。糟制品在夏季的南方是每家必备的凉菜小吃,花式多种多样。更有夸口的师傅说"入口之物,皆可糟之"。由此可见,糟制品的美味深得大众的喜爱。

盐渍品

盐渍品又称食盐腌制品,是利用食盐与各种加工原料混合腌制而成的一类高盐度食品。最常见的腌制食品,就是我们常吃的咸菜。腌制水产品的种类也非常多,例如咸鱼、海蜇、虾米等。

用食盐保藏食物已经有悠久的历史了。特别是在古代,人们没有冷冻、真空包装等现代的保藏技术。用食盐腌制水产品,既方便,风味又好。世界各地都有自己传统的腌制食品。发展到今天,依然是我们不可或缺的美味佳肴。

腌制保藏食物的原理,是利用食盐的脱水性和腌制品的高渗透压。食盐腌制,包括盐渍和成熟两个阶段。在咸鱼腌制的成熟阶段,鱼肉组织逐渐断裂,肉质变软。同时鱼肉中的营养物质发生多种反应,例如蛋白质水解成氨基酸,脂肪分解成小分子醛类物质等,形成了咸鱼特有的风味。

人们对腌制品,比较关注的问题就是它的安全性了。许多人认为腌制品中含有亚硝酸盐,可能会有致癌性。其实,亚硝酸盐在蔬菜、肉类中是广泛存在的,而且也是一种国家标准允许使用的食品添加剂。像许多腌菜、火腿等产品中,都明确标明含有亚硝酸钠,它可以使腌制品、肉制品的颜色特别光亮,并且能够防止细菌腐败。亚硝酸盐本身是没有致癌性的。绝大部分亚硝酸盐,在人体内是以"过客"的形式随尿排出。只有在特定的条件下转化成为亚硝胺——一种已知的致癌物质,才会具有危害性。这种特定的条件包括环境酸碱度、微生物菌群和适宜的温度等。因此,在腌制品中可能或多或少含有亚硝胺,从而对我们的健康造成潜在的危害。当然,我们也不用大惊小怪,因为腌制品口味一般都很重,我们不可能吃得太多。

干制品和水发品

干制品,就是利用自然或人工的方法,使食品中的水分蒸发而得到的水分含量非常低的一类制品。这种干制保存食物的方法,已经有几千年的历史了。在古代的战争中,人们动辄行军数千里,可是新鲜的食物带着又累又麻烦。渐渐地,人们发现许多风干的牛肉、马肉、面饼,不仅不容易变质,风味也特别好,吃了以后力气倍增、精神抖擞……于是,干制品开始大规模发展起来。

水产干制品的加工,首先是将原料经盐腌、蒸煮、调味等处理后,放入干燥箱进行干燥。干燥的方法有热风干燥、微波干燥、远红外干燥等。近几年又盛行冷冻干燥。经过干燥了的水产品,能长时间保藏而不变质,且风味独特。尤其是耐嚼的口感,更是让我们回味无穷。但是老人和小孩,就不这么认为了。他们喜欢稍微湿润的、黏黏的、水分含量介于干制品和鲜品之间的食品,像咸鱼、蜜饯、果脯等,这类食品往往加入大量的食盐或糖蜜。食盐和糖蜜有很强的保水性,口感就会非常湿润。近几年,人们开始用甘油、食用明胶、甘露醇、山梨醇等代替糖和盐,做成的半干食品已经开始上市了。

水发食品是将干制品浸泡在水中,吸水膨胀而得到的一类食品。许多水产品,像海参、干贝、海米、鱼皮等,都需要水发以后才能食用。食用前,只要在水中浸泡,就能恢复它们原有的色泽与风味。水发品的特点,就是最大限度保留了鲜品的风味和口感。

能够进行水发的食品,通常是一些复水性比较好的干制品。鱼片等干制品,无论浸泡多长时间,也不会恢复原来的形状,所以不能进行普通的水发,可以使用碱发、油发、热水发等加工方式。

海珍品

"物以稀为贵",海珍品也是这样。传统的"海珍品"指的是什么?这个问题众说纷纭。据说周朝就有了"八珍"之说,原指美食美肴。到了清代,便成了珍稀名贵烹饪原料的专用词语。后来,又有了"海八珍"之说,特指海鲜,海味珍品。"海八珍"究竟包含哪8种?说法也不一。有说是鱼翅、鲍鱼、海参、鱼肚、淡菜、鱼唇、干贝、鱿鱼;也有说是鲍鱼、刺参、扇贝、蚬子、对虾、海红、蚶子、牡蛎;还有说是鲨鱼翅、刺参、鲜贝、紫鲍、乌鱼蛋、鳖肚、鱼皮等。

不管哪一说,鱼翅、鲍鱼、海参、鱼肚都在其中。这4种海产品,不仅鲜嫩、美味,而且营养丰富,具有滋身健体功能,受到了大多数营养家和美食家的普遍认可。尤其是海参和鲍鱼,更被视为"海中极品"。海参,吃起来无滋无味,长相也让人害怕,可是它有着"补肾益精,强身壮体"的功效。对防止人体衰老,增强血管弹性,治疗高血压与冠心病,以至预防癌症等,都有一定特殊的疗效。所以,长期以来一直受到人们的青睐。鲍鱼,自古就被人们视为"海味珍品之冠",其肉质柔嫩细滑,滋味极其鲜美,非其他海味所能比拟。尤其是在东南亚一些国家的华裔和港澳同胞,对鲍鱼更是高看一筹。据说其谐音"鲍者包也,鱼者余也",鲍鱼代表"包"和"余"。因此,鲍鱼不但是馈赠亲朋好友的上等吉利礼品,而且是宴请、筵席及逢年过节餐桌上的必备"吉利菜"。有研究表明,鲍鱼营养价值极高,肉含丰富的球蛋白,具有滋阴补阳功效。中医还认为,它是一种补而不燥的海产,吃后没有牙痛、流鼻血等副作用,多吃也无妨。鲍鱼的肉中还含有一种被称为"鲍素"的成分,能够破坏癌细胞必需的代谢物质。

千百年来,"海珍品"只有帝王将相、达官显贵方能品其美味,尝其鲜香,大众百姓只能望而兴叹,甚至连看都看不到。如今,生活水平提高了,昔日的海珍品进入了寻常百姓之家。只要囊中不甚羞涩,偶尔也能品尝一下其鲜美之味。当然,从另一个角度说,"海珍品"也是一个动态的概念。随着生产的发展,产品由"稀"变"多",珍品也会随着由"珍"变"凡"。几十年前还列于海八珍中的牡蛎、扇贝、对虾,今天就早已变成"凡品"。也许再过几年十几年,今天被人们宠为八珍之首的海参、鲍鱼,也会被新的珍品所替代。

鱼肚

鱼肚,并非鱼的肚皮,而是主沉浮的鱼鳔。因富含胶原蛋白,也称鱼鳔胶、花胶。鱼肚种类繁多,其中以鳘鱼、大黄鱼等石首鱼的鱼肚最为名贵。

鱼肚是传统的"海八珍"之一,它的主要营养物质是胶原蛋白和多糖类物质。《本草纲目》记载,鱼肚"味甘、气温、入肾经,专补精阴,更能生子",中医认为鱼肚具有补肾、润肺、滋肝、止血等功效,自古以来就是强身健体、美容养颜的滋补佳品。现代科学研究证明,鱼肚可以促进精囊分泌果糖,对不孕不育有很好的疗效,鱼肚中的黏多糖可以抑制癌细胞、增强免疫功能,对治疗糖尿病也有特殊功效。

我国食用鱼肚已有悠久的历史,南北朝的《齐民要术》中就有用鱼肚加工食用的记载。到唐代,鱼肚列为贡品。相传在古代金门却有不吃鱼肚的风俗,尤其是结了婚的女子更加在意她们的丈夫是否爱吃鱼肚。因为金门的男子经常去南洋捕鱼,有时南洋的姑娘看上了金门捕鱼郎,就会用鱼肚招待他们。他们吃了之后往往就发生男欢女爱之事。由此可见鱼肚的价值了。

鱼肚是烹制菜肴的高贵原料,红烧鱼肚、绣球鱼肚、高汤烩鱼肚、大扒鱼肚等都是筵席上的上乘名菜。鱼肚是鱼鳔的干制品,食用前需要提前泡发,泡发的方法有水发和油发两种。水发时,将鱼肚在清水中浸泡几小时,然后放入焖罐中,加冷水烧开后离火,反复几次,直到鱼肚涨大发足为止。油发即是将鱼肚洗净后在温油锅中炸,油不能过热,当鱼肚炸到用手一折就断、断面如海绵状时,就可捞出,放水中泡软食用。鳘鱼肚等小型鱼肚体小质薄,最好油发;黄唇肚、鲟鱼肚个头大而质厚,水发、油发皆可,但均要中温细火,才能发出上好的材料,加工成美味的菜肴。

干贝

干贝是扇贝、江珧、日月贝等的闭壳肌的干制品。

贝类的闭壳肌是介于双壳之间的肌肉,贝类依靠它的收缩进行壳的张合。闭壳肌相当肥厚发达,因为只有这样贝类才能紧闭双壳、有效地保护自己,或者依靠强有力的张合划水前行,也只有如此有力,才不会在"鹬蚌相争"中败下阵来。闭壳肌一般为圆柱状,人们称为贝柱,干燥之后即为干贝,来源以扇贝居多。日月贝的闭壳肌又称带子,江珧闭壳肌称为江珧柱,不过人们一般都混称干贝。论个体大小,干贝最小,带子次之,江珧柱最大;论鲜美程度,干贝最佳,带子次之,江珧柱纤维较粗,风味不及前两者,但价格却最为昂贵,可能是个头出众之故。用干贝入馔,须经发制,以少量清水加黄酒、姜、葱等隔水蒸1~2小时,直到用手指能捻成丝,再将体侧的筋抽去,泡在原汤内待用。

干贝是"海八珍"之一,营养丰富,每100克干贝中,含蛋白质高达67克左右,而脂肪仅含3克,是一种高蛋白、低脂肪的健康食品。干贝中还含多种维生素及钙、磷等矿物质,中医认为其"味甘、平,功能调中下气、止渴、利五脏、缩小便、去积滞,另有滋阴降火之功",是一种很好的食疗补品。

干贝因其本身味鲜,常作鱼翅、鱼肚、海参、鹿筋等本身味淡的珍贵原料的赋鲜剂,也可作白烧、白烩、清蒸等菜品的配料或增鲜、吊汤之用,并在菜名前冠以干贝字样,如干贝鱼肚、海参干贝等。此外,作滚黏料的有绣球干贝,配鸡蛋的有桂花干贝、芙蓉干贝,配蔬菜的有炒苜蓿干贝、扒干贝冬瓜球等。还可作主料,如红烧干贝、香酥干贝、葱油干贝、扣干贝等,都是令人垂涎的美味佳肴。

虾皮

在众多的海产品中,虾皮往往不引人瞩目。许多人误以为虾皮就是虾的皮,其实,虾皮是新鲜白嫩的完整毛虾的干制品。

我国虾皮加工晒制历史悠久。据资料考查,始于南北朝,明、清朝代已形成一定的规模。虾皮的加工,可以分为生晒和熟晒两种:生晒即从海里捕捞上来直接晒干,鲜度高,不易返潮霉变;熟晒是加盐煮熟后再晒干,盐度高,主要用作调味。

毛虾是虾家族中的一员,是我国海产虾类中产量较大的虾类资源,常见的有中国毛虾和日本毛虾。毛虾个头很小,只有 1~2 厘米,肉又少,干制后如同一层皮,故人们习称虾皮。虾皮营养丰富,特别是钙、磷含量尤为惊人,每 100 克虾皮中含有钙 2 克、磷 1 克,比普通肉类、蔬菜及干鲜果品中的含量多得多,因此有"钙的仓库"之称,是一种非常好的补钙食品。虾皮还是一种高蛋白、低脂肪的食品,据测算,1 克虾皮所含蛋白质,相当于 3 克牛肉或 2.3 克猪肉、1.7 克鸡肉、2.7 克鸡蛋或 11.9 克牛奶,不仅优于对虾、鳗鱼等许多名优鱼虾类,而且比家禽、家畜和蛋类更胜一筹。不过,虾皮中含有较高的胆固醇,对于高胆固醇、高血脂的人来说,虾皮还是适量为好。

海米

海米,即虾米,是鹰爪虾、脊尾白虾、羊毛虾、周氏新对虾等加工而成的熟干品。其中以鹰爪虾为原料生产海米最为广泛,质量也最好。因色泽金黄、形体似钩,又称"金钩海米"。

海米的制作方法是将鲜虾加盐水煮,晒干后放入袋中,扑打揉搓,风扬筛簸,去皮去杂而成。因如同舂谷成米,故称海米。优质的海米色泽杏黄或红黄,含水量少,握在手中有干硬之感。若存放过久,则颜色开始变红,深褐色就表示已经开始变质,不能食用。海米盐度也要适中,盐度大的海米色泽黄白,表面会泛起盐霜,容易发酥变硬,鲜味也会下降。含盐量少,则易发霉变质。

海米中含有丰富的营养物质。据推测,100 克海米约含有蛋白质 58.1 克,脂肪 2.1 克,糖类 4.6 克,钙 0.57 克,磷 0.61 克,铁 0.13 克,还有多种维生素和矿物质。海米性温味甘,具有健胃化痰、益气通乳、壮阳补肾等作用,对肾虚脾弱、筋骨疼痛患者有食疗作用,自古以来就是筵席必备的美味佳肴。

海米煎、炒、蒸、煮均宜,味道鲜美,为"三鲜"之一。干品可以即食,特别耐嚼,也可用以调拌凉菜。海米也可发制,发制好的海米形态完整、肉质软嫩、味道鲜醇,再用于制作菜、汤、馅等均别有风味,胜过鲜品。

墨鱼干

墨鱼干即墨鱼的干制品,又称墨鱼鲞、乌贼粑,是一种营养丰富、味道鲜美的传统食品。

每年的 4 月和 11 月是墨鱼捕获的旺季。将新鲜墨鱼从腹部正中切开,挖去内脏,去除墨囊,挑破眼珠子,然后将洗净的墨鱼放在太阳下曝晒。曝晒的过程也有技巧。晒到七成左右时,要用木棍打平,使其形态整平,质地均匀。晒到八成时,要收起来入库堆垛平压,称为罨蒸,不仅可以使其扩散水分和平整,还能使墨鱼体内磷蛋白中的卵磷脂分解为胆碱,再进一步分解成甜菜碱析出。甜菜碱是一种白色的非蛋白的碱性化合物,具有甜味,呈粉末状附着于表面,增加了墨鱼干的鲜美滋味。此过程称为发花,一般 3～5 天,发花之后再晒至充分干燥时,就可包装入库。

墨鱼干呈淡红色半透明,体态平整,肉腕条理完整,表面附有一层白霜,气味清香,干燥均匀,含水量一般在 15% 左右。墨鱼干含有蛋白质、糖类、多种维生素和钙、磷、铁等矿物质,具有壮阳健身、益气补肾、健胃理气等多种功效,是一种理想的滋补佳品。

墨鱼干既可干食,也可水发后食用。发制时先用清水浸泡,再用碱水涨发,待到颜色均匀鲜润、形态饱满时,就已发足。用手摸之,结实而富有弹性,继而炒、溜、氽、烩皆可。质量好的墨鱼干,如果泡发得当,其味道胜似鲜品。

乌鱼蛋

乌鱼蛋又名墨鱼蛋。称之为蛋,并非是蛋,而是雌性墨鱼的缠卵腺,因色泽乳白、形如卵而得名,是一种珍贵的海珍品,尤其是山东日照的腌制乌鱼蛋更是闻名全国。

缠卵腺在墨鱼体内的作用,是产卵的同时分泌黏液将卵粒缠绕起来粘结成串,使卵串依附于海藻或其他物体上。它的外表呈卵圆形,表面有一层乳白色、半透明的脂皮保护,脂皮轻薄光滑。在取蛋的时候,要注意保持其完整性。取出之后,先用海水洗刷,再用淡水洗刷。

乌鱼蛋既可以做成冷冻品,也可干制和腌制。其营养丰富、味道鲜美,含有丰富的蛋白质、糖类、维生素和微量元素,具有重要的生理活性和食补疗效。在《本草纲目拾遗》、《药性考》中都有记载,说它有"补气益血、美容养颜"之功效。乌鱼蛋可溜、可煮、可烩。乾隆年间大诗人及美食家袁枚,在《随园食单》中就有记载:"乌鱼蛋鲜,最难服侍,须河水滚透,撤沙去臊,再加鸡汤蘑菇煨烂。龚去岩司马家制最精。"烩乌鱼蛋、酸辣乌鱼蛋、芙蓉乌鱼蛋都是筵席上的佳肴。

虾青素

虾青素又名虾黄质、龙虾壳色素,是广泛存在于自然界中的一种类胡萝卜类色素。

从名字上看,虾青素呈现的色泽应该是青色、蓝紫色,不过却恰恰相反,虾青素是一种亮丽的黄色素,例如色彩斑斓的羽毛、红光鲜艳的鳟鱼、通身澄黄的龙虾中,都有它的光泽在起作用。只有它与生物体中的蛋白质结合后,才呈现出青色、蓝紫色,例如螃蟹、对虾的体表色等,当加热使蛋白质变性后,又会呈现它的原色。

天然虾青素是一种生物制剂,自然界主要由植物和微藻产生。近年来,虾青素在水产养殖中的应用越来越广泛,最主要的作用就是发色,使肉质红润、色彩鲜艳。例如,野生的红鳟鱼,其食物——小虾、贝等中含有大量的虾青素,慢慢积累后鱼体逐渐呈现亮丽的澄红色,而养殖红鳟鱼的饵料中由于缺少虾青素而显得体色黯淡,价格自然大打折扣。于是,养殖户们"对症下药",在饵料中添加一定的虾青素,收到了很好的效果。添加这种人工色素会不会对健康造成威胁呢? 不会,作为一种天然制剂,虾青素还具有许多重要的生理功能,例如虾青素对鱼类的生长繁殖有很重要的作用,能够促进鱼卵受精,减少胚胎发育死亡,促进个体生长,增加成熟速度和生殖力,提高养殖对象抵抗疾病的能力等。虾青素还是一种天然的抗氧化剂,人类补充后能够清除自由基、延缓衰老,增加人体的免疫功能等。

目前,商品虾青素主要为化学合成品,天然虾青素主要从血球藻、甲壳类水产品加工副产品中提取,在红酵母中发酵生产。天然虾青素的安全性已得到广泛认可,由于其卓越的生物活性,目前供不应求,具有良好的发展前景。

水产品安全与卫生

有人说,现在什么都不敢吃了,毒大米、陈馅月饼、瘦肉精、毛发酱油、敌敌畏火腿、回收奶……每一样都令人毛骨悚然、不寒而栗。尽管有点危言耸听,但现实生活中确实出现过这样的问题。水产品比起来算是好的,但也存在着不安全的隐忧。水产品营养丰富,是致病菌繁殖的场所。刚捕获的鱼,如果不冷藏,很快就会变质;1 克河鲀血的毒性足以使 5 个健康成人毙命;鲭鱼、鲐鱼等鱼类和多种贝类、藻类体内含有一定毒素。工业废水尤其是重金属被鱼类吸收,在其体内积累,通过食物链会进入人体。在水产养殖过程中,渔药的滥用导致水产养殖品中残留超标,也都威胁着人类的健康。

了解了水产品的这些不安全因素,是否有了"水产品不能吃了"的慨叹呢？这也大可不必。水产品安全已经引起政府的高度重视,并制定了一系列安全措施,形成了一套成熟的检测监测制度和技术,相对禽流感、疯牛病、口蹄疫等畜禽类的危害性来说,水产品的安全系数还是比较大的。例如,加强了水生动物防疫和病害预报工作,大力推广无公害水产品,从源头上确保水产品的安全；在质量检测中应用快速试剂盒、酶标仪等先进检测手段,建立水产品市场准入制度,等等。随着质量安全与卫生制度的落实以及检验检测技术的进步,水产品的质量安全标准有了大幅提升,因质量问题引发的贸易纠纷也大大减少,水产品已经成为目前最安全的食品之一,你尽可以大饱口福。

四、和谐梦想

"红灯"之后的醒悟

人对鱼类的酷捕滥杀已经达到了登峰造极的地步！而中国的捕鱼者又堪称是酷捕滥杀的急先锋。投入的渔船和人力为各国之首,使用的手段也算是最狠的。不要说少数人炸鱼、电鱼、毒鱼,单是海洋里的拖网渔船就让大小鱼类插翅难逃。

从 20 世纪 60 年代末进入捕鱼的"人民战争",海洋捕捞机动渔船的数量随着迅猛持续增加,由 60 年代末的 1 万余艘增加至 90 年代中期的 20 余万艘。来势凶猛的捕鱼船,让海洋难以承受,鱼类们东躲西藏也终难逃法网。特别是那些被人们称之谓"扫地穷"的底拖网,几乎用不了几天就把海底被拖了个遍,再小的鱼也逃不过去。而且,一年四季歇人不歇船,有的地方春节只休息一天,"吃了饺子就出海"。

伤害鱼类的不仅仅是疯狂的捕捞。工业发展,城市人口膨胀,工业和城市排污增加。盲目围海、填海,浅海滩涂的开发也来势凶猛。港口、航运、围垦、旅游、采矿、石油、房地产等,各行各业都想在此一展身手。

就这样"大干快上",仅仅十几年的时间,现代人"不仅吃了祖宗(留下来)的饭,也断了子孙的饭",渔业资源就从富饶堕落到贫瘠,鱼类产量逐年锐减。终于有一天,鱼类向人亮出了红灯！

有专家 2009 年说,"现在渔船功率越来越大,渔网的种类也越来越多,有更先进的渔船、更先进的捕捞技术以及更先进的鱼群探测装备,而近海渔船的年捕鱼量还不及 20 世纪 50 年代的 10％"。"南海六大渔汛基本消失"、"渤海已经濒于'死海'状态:渔汛基本消失"、"黄渤海传统的'黄金渔场'无渔汛"。渤海三大湾之一的莱州湾,是山东重要的滨海湿地分布区、产卵场及渔场,有黄河、小清河、弥河等多条河流注入。2006年以来,莱州湾主要河流入海断面水质多为劣五类,约占整个海湾面积的30%,鱼卵仔鱼数量持续下降,渔业资源严重衰退,传统产卵场、索饵场、渔场功能受到破坏。

渔民说,"现在海里的鱼数量少、质量差。捕上来的鱼,鲳鱼像铜钱,带鱼像筷子","有时出一次海,只捕上来几百斤鱼,连油钱都挣不出"。70岁的钓鱼人,回忆起自己年轻时候到海上钓鱼,"都是大鱼,上百斤的";40岁的钓鱼人回忆自己年轻时,"海边的鱼非常多,即使不懂技术一天也能钓个一二十斤。如今,钓不着了。偶尔钓上来一条两条,也就一指长短"。

海洋鱼类捕鱼量锐减,市场海产品奇缺。即使在海边,普通人家的餐桌也很难看到海里的野生鱼了。鱼少了价格就疯涨。长江里的刀鱼,在20世纪五六十年代一斤鱼几毛钱,七八十年代升到几块钱,到了九十年代就是几十、几百块钱。进入21世纪初卖到了8 000元还供不应求。这不仅对于那些喜欢吃鱼的人来说不是个好消息,叫苦连天地喊着"吃鱼难",而且让"世界上主要靠鱼类获取蛋白质的十亿人口"不得不去寻找新的蛋白源,几亿靠渔糊口的人难以为计,不得不重新考虑转产转业。

然而,没有鱼吃事小,更严重的是,海洋生态系统遭到破坏可能引发沿海地区爆发洪涝灾害,造成赤潮等一系列环境灾害。美国科学杂志发表最新报告说,鱼类虽是可再生资源,但数量是有限的。"如今数量已经少了1/3"。科学家警告,"如果人类还想继续采取这样的方式掠夺鱼类资源",那么"鱼类数量就会按照现在的速度减少"。照此下去,这个世纪将会成为"野生海产的最后一个世纪",2048年之后几乎就不会有任何的鱼类留存世上。加拿大科学家鲍里斯·沃姆表示:"我对目前的趋势感到震惊和忧虑,这种趋势远远超出了我们的想象","一旦海洋生物系统崩溃,影响的将不仅仅是人类的食物供应,地球生态系统的稳定性也将受到破坏"。值得一提的是,虽然这项研究针对的是海洋,但是一些生态学者对湖泊、河流的状况也表示担忧。专家警告,"海岸周围水域的海洋生物已经严重损坏各种海洋生物都将处于崩溃边缘"。鱼类栖息地特别是鱼类幼苗繁育生长的栖息地,遭到破坏和污染,"海草床、沼泽湿地等都减少了69%","而可以过滤海水、保持海水洁净的浮游植物、海生植物也减少了63%","物种多样性遭到破坏,海洋生态系统变得不稳定,提供食物、保持水质、数量恢复的能力都会被削弱"。鱼类减少,海洋生物种群减少,生物多样性消失,海洋生态也会变得脆弱,这又将会威胁着人类的生存。因为鱼类被捕捞殆尽的近海生态系统很容易遭到外来物种的入侵,疾病很容易大规模暴发,海岸上也更容易发生洪水,有害的藻类疯狂生长。依靠鱼类生存的鸟类,将会因为鱼类的迅速减少而摄食、栖息受到致命的影响,海洋生态链的损害将直接导致陆地,以及全球生态链的不稳定。如果这样,人类将会因此经历一场灾难!浙江省海洋水产研究所所长徐汉祥先生曾打了个比方:"现在的(渔业资源)状况就像是海上的一条船,在风浪里颠簸,已经摇摆得很厉害,非常危险了。如果船翻了,那就完了。海洋生态系统破坏,就很难很难恢复了"。

鱼类锐减的现实,专家们的郑重警告,终于让有良知的人开始觉醒了。认识到合理保护和利用鱼类资源对于人类的生存以及可持续发展的重要意义,政府开始制定合理开发利用海洋渔业资源、加强海洋渔业资源环境保护、养护水生生物资源、改善海洋生态环境、减轻捕捞强度、减船降产,鼓励渔民转产转业等采取一系列措施。还大力发展养殖业,千方百计地增殖和修复海。人们期待着大海能早日恢复它的繁荣盛世。

亡羊补牢

渔业法

为了规范人们的捕鱼行为,科学合理的利用鱼类资源,我国制定了"渔业法"。渔业法是渔业上的"基本大法",也可以说它是渔业上的"总法",其他的渔业法律、法规都必须服务和服从于这个"总法"。

我国虽然渔业的历史悠久,但却长时期处于无法可依的滥渔状态。直到改革开放以后的 1986 年 1 月 20 日,第六届全国人大常委会第十四次会议才正式制定并颁布了我国的第一部《中华人民共和国渔业法》,并于同年 7 月 1 日开始实施。此后,各地也相继颁布了渔业法的"实施办法"。从此,我国渔业生产开始走上了有法可依的轨道。

渔业法有狭义上和广义上的两种解释。从狭义上说,就是指渔业法这部法律。从广义上说,它还包括《中华人民共和国宪法》、《中华人民共和国民法通则》等法律中涉及渔业的法律内容以及《中华人民共和国渔业法实施

细则》、《山东省实施〈中华人民共和国渔业法〉办法》、《山东省渔业资源保护办法》、《山东省人民政府关于加强伏季休渔管理工作的通知》等规范性文件。同时,国际渔业条约、协定,最高人民法院、最高人民检察院的有关渔业方面的司法解释,香港、澳门的渔业法律等,也是我国渔业法的表现形式。

现行的《渔业法》一共有 72 条,主要内容包括国家发展渔业的方针政策、任务;渔业监督管理的机制、原则、目的;渔业资源开发利用保护的原则和措施;维护渔业生产者、经营者合法权益的规定;渔业许可的规定;防治渔业水域污染的规定;保护珍贵、濒危水生野生动物;有关渔船检验、渔港管理、渔业安全的规范;有关外国人入渔的规范;国际渔业合作的规范;违反渔业法的法律责任等。总之,它告诉人们怎样依法从渔,可以做什么,不能做什么,当你做了渔业法所不允许做的会受到什么样的处罚等。

捕捞强度

捕捞强度,是指渔业生产中单位时间内投入到单位渔场面积的捕捞力量,它包括投入的渔船数量与规模、渔具的数量与规模、参与作业的渔民人数等。捕捞强度这个概念在渔业管理领域相当重要,因为它代表着渔业生产者对渔业资源捕捞压力的大小。若捕捞强度过小,那么渔业资源就得不到充分的利用;如果捕捞强度过大,捕捞过后渔业资源难以得到充分的恢复,最终将导致渔业资源的衰退和受损。

目前,在我国捕捞强度已超过了渔业资源可承受的能力。这就是过度捕捞。这是一种求大于供的的捕捞生产状态。在经济利益的巨大诱惑和有力驱使下,渔业生产者往往会忽视资源的可承受量,他们不顾资源的承受能力,盲目地添船增网,尽可能多地向渔场索取水产品资源。在这种情况之下,渔场内的资源状况就必然受到破坏。如渤海里的久负盛名的中国对虾,历史最高年产量曾达到 4 万吨,但目前已降至年产量不足千吨。像这样由捕捞强度过大所导致的水产资源衰退的事例还有很多很多。

我们应当如何控制捕捞强度以确保资源和环境不受损害呢?其一,限制渔船发展数量,减少捕捞强度。其二,严格规定网目大小并限制破坏资源的渔具使用。其三,实行总可捕量制度与配额制度。其四,实行"禁渔区和禁渔期"制度,在一定时间和空间范围内将捕捞强度降至为零。其五,在我国主要经济鱼类的产卵场设置自然保护区。其六,研制选择性渔具渔法。

这几种措施是相辅相成，不可或缺的，如果我们能够将它们有机地结合起来，共同作用于我们的渔政管理领域，那么渔业资源的恢复和渔业环境的改善就是指日可待的事了。

捕捞规格和网目尺寸

捕捞规格，简单地说就是允许捕获的渔获物的最小体长，它在渔业生产和管理领域是一个十分重要的概念。捕捞规格是决定应捕渔获物尺寸大小的一个标准性参数。多大尺寸的鱼可以捕，多大的鱼还不可捕的标准，都是通过捕捞规格加以限定的。同时，利用这个指标还可以对网具的网目尺寸加以限定。网目尺寸就是指捕捞网具的网眼大小。一般网目越大，小鱼逃脱的几率就会越大。网目尺寸不同的渔具，对渔获物的尺寸和规格有着很明显的选择作用。相对较大的网目，能网住大鱼漏走小鱼；网目较小的网目，则大鱼小鱼统统收入囊中，那就势必要破坏渔业资源。

在生产实践中，捕捞规格是网具设计制造的重要依据。有了它，才能有的放矢地设计确定网目尺寸，才能够科学合理地利用渔业资源。比如说，鲐鱼拖网所要求的捕捞规格是体长 20 厘米、体高 5 厘米的渔获物。网目尺寸的设计要直接应用这些参数作为设计依据。

在渔业管理中，捕捞规格也是执法部门衡量某项渔业是否破坏资源的有力尺度。由于种种原因，目前许多渔场的资源量已经呈现出日渐衰退的态势，被捕对象的规格也在逐年减小并早熟化。为了避免这类现象的再次发生，很多国家和地区的渔业管理部门都以法律法规的形式对各个鱼种的捕捞规格进行了规定，一旦某些捕鱼者非法渔获那些未达到这个规格的幼鱼，他们将会受到渔业管理部门的严惩。

总之，捕捞规格和网目尺寸这两个概念是息息相关的。前者的规定是后者的理论依据，反过来，后者又是确保前者得以实施的根本保证。这两个概念是渔具选择性研究领域中的关键环节，它们的准确定位为我们进行渔业资源保护并实现可持续发展提供了最根本的保障。

机动渔船底拖网禁渔区线

底拖网是将网紧贴着水的底层，以捕捞底层鱼类为主的一种捕鱼工具。由于水体底层有着大量营养丰富的底泥，同时也是一些甲壳类的栖身之所，而底拖网通常是将这些底泥和甲壳类的巢穴一并拖走，从而严重破坏了底层鱼类的生活环境。因此,这种拖网方式对渔业资源和环境的破坏较为严重。为了更有效地保护渔业资源,尽可能地减小底拖网作业对底层水产生物的危害,我国渔业管理部门特意为机动底拖网渔船制订了一个禁渔区,明令禁止任何渔船在其中进行底拖网作业。圈定这些禁渔区的标志线,就是机动渔船底拖网禁渔区线。

设立这条禁渔区线是为了保护我国近海渔业资源,维护渔业的可持续发展。这条禁渔区线最先是由国务院以周恩来总理令的形式于 1955 年颁布的,当时称为"机轮拖网渔业禁渔区线",现在则统称为"机动渔船底拖网禁渔区线"。随着海区和渔业资源情况的日趋变化,这条禁渔区线是由 1957 年、1979 年和 1980 年先后公布的 40 个基点之间的连线构成。该线北起鸭绿江口,南至海南岛,西至广西东兴。

同时,在我国渔业管理部门颁发的一系列法律法规中,明确限定了在这条禁渔区线内侧和外侧从事一些渔业生产或工程时的不同规定。规定在禁渔区线内侧的生产或工程,须向该海域的管辖省、直辖市行政渔业管理部门申请。在外侧的生产或工程,则须向国家渔业管理部门申请。例如,在"机动渔船底拖网禁渔区线"外侧设置人工鱼礁的,应当依照《中华人民共和国渔业法实施细则》的规定,报请农业部批准;在"机动渔船底拖网禁渔区线"内侧设置人工鱼礁的,应当报请所在省、直辖市人民政府渔业行政主管部门或其授权单位批准。由此可见,机动渔船底拖网禁渔区线是一条明确权责、指导实践的重要标志线,所有从事与之有关生产作业的生产者都应当责无旁贷地尊重它的权威,遵守它的规定。

幼鱼比例

我们知道,过度捕捞从根本上讲是因为捕捞严重破坏了渔业资源的补充量。所谓的补充量又可以分为两个部分,其中一部分是正处于繁殖期的产卵群体,大量捕捞这批亲鱼势必会影响它们繁育下一代,从而大大减少了新补充的个体。另一部分是指那些正处于生长发育期的幼鱼,它们经过一段时间的生长本该将变为成鱼,然而提前将之捕捞,无异于杀鸡取卵。我们的渔获物中如果出现了大量的幼鱼,其后果是导致日后无鱼可捕的惨痛结局。

综上所述,我们可以得出这样一个结论:渔获物的规格需要有一个严格的限制,其中的幼鱼应该尽可能的少,待都长成成鱼时再收入囊中才是明智之举。然而由于一般常用渔具的捕捞选择性欠佳,难以达到捕成留幼的目的,所以幼鱼在每一批渔获物中会不可避免地占有一定的比例。为科学合理地控制幼鱼数量,于是便出现了"幼鱼比例"这个指标,渔业管理者往往利用这个指标来评估和控制渔获生产的健康程度。通常是通过增强渔具选择性的方法来减小幼鱼比例,比如说限定最小网目尺寸,不让体形较小的幼鱼由于网目过小而无法逃生。

目前,在我国幼鱼比例检查中,根据海区、鱼种的不同,其标准也有不同。如南海区幼鱼比例规定不得超过同品种总渔获量的 30%;东海区规定带鱼幼鱼比例不得超过 25%;黄渤海区规定鲅鱼幼鱼比例不得超过 25%。《中日渔业协定》规定,机轮拖网每航次的渔获量中,幼鱼比例不得超过同鱼种的 20%;机轮灯光围网,每航次的渔获量中,幼鱼比例不得超过 15%。对超幼鱼比例的渔船将依照有关渔业法律法规进行处罚。

国际渔业协定

你到过国境线吗?那你一定看见过那个立在两国国界上的庄严的界碑吧?它明确地告诉你:国界在此,不得越界半步!你也一定到过大海,甚至通过大海到过另外一个国家。可是,你见过大海上的国界界碑吗?回答肯定是否定的。

实际上国与国之间在海上也是有国界的。与陆地不同的是,海上很难用固定的标志物把国界界定确切,而只能用经纬度给出一个界限。加上鱼是洄游性动物,很多资源都是跨界生活的,夏天生活在这个国家,而到了冬天却又去了另一个国家。所以,有关邻国在共享这些资源的时候,就得有个"君子协定"。这个"君子协定"就是国际渔业协定。它是邻国政府间就渔业资源的开发利用和管理,签订的具有法律约束力的国际文书。

我国有 18 000 多千米的海岸线。除渤海、琼州海峡是我国的内海以外,其余的黄海、东海、南海都与邻国接壤。我国渔民经常同日本、韩国、越南等国的渔民在同一个渔场上作业,共享一水,但就像我们住家过日子一样,时间长了,也难免出现一些摩擦或者产生一些纠纷。特别是个别国家,总是想侵占别人点什么,这就更难免引发争端。为了避免争端、和平相处,我国政府和邻国经过友好协商,相继签订了《中华人民共和国和日本国渔业协定》、

《中华人民共和国和大韩民国政府渔业协定》、《中越北部湾渔业合作协定》等。渔业协定的内容，主要是相邻渔场的管理问题。比如中日渔业协定规定了两国在黄海水域的鱼类"保护区"、"休渔期"、网目尺寸、幼鱼在渔获物中的比例和诱鱼灯光总亮度等。这些措施对于保护和科学利用黄、东海的渔业资源，发挥了积极的作用。

　　一个国际渔业协定的出台，往往要经过漫长的调查研究和反复磋商。但一经签订，那就是必须履行的重要国际法则。任何一方如果不履行协定确定的义务，则要承担相应的国际法律责任。

共享资源与跨界资源

　　共享资源与跨界资源，是指存在于两个或两个以上国家或地区，并被各方所共同享有渔业管辖权的水产资源。共享资源与跨界资源，实际上是一个问题的两个方面。只要是共享的资源，就必然是跨界的，必然不属于哪一方的；既然是跨界的，那也必然是大家共享的，不能也不应该为哪一方独吞。

　　国家与国家之间、地区与地区之间，海上是有界限的。我国与韩国，在海上就划有渔业生产线，中韩双方都不得越界生产作业。黄海与相邻的东海也有一个渔业生产线，尽管不像中韩生产线那么严格，但也不能随时随地地抛网滥捕。省与省、市与市、县与县，也有由行政区划线延伸或是传统生产形成的渔业生产线。但是，这些界线明确了行政区划，却明确不了所有的资源，特别是那些游动着的鱼。它们没有行政区划的约束，张家里走走李家里住住，很少有永远呆在哪一家不动的。在很多情况下，一些水产资源生物群的分布范围十分广阔，它们可能同时分布于不同属地的渔场，跨界生活在两家或者是多家。有的鱼类，一年之中在一个国家或地区产卵繁殖后又去了另一个国家或地区栖息生活。由于同一种海洋生物对不同国家或地区的重要性不同，一个国家或地区被视为主要捕捞对象的鱼种而在另一个国家或地区却是受保护的对象，就往往会导致两国或两区在该鱼种捕捞和管理上的差异甚至分歧，有时还会将这种资源上的分歧上升为政治分歧。面对这种情况，各方就得加强沟通，增进理解了，在友好协商的基础上立个共享资源的规矩。有的为了减少和避免日后出现纠纷，还要建立双方或几方都可以接受的"渔业协定"，共同致力于发展高效、健康的可持续性渔业。这样，跨界的资源就能安宁了，也能被大家所共管共享了，才能真正为双方的渔民带来丰厚、实惠的收益。为了协调某共享资源各国之间的利益关系，国际上先后成立了许多针对某经济鱼种的公约性保护和管理组织，各利益国通常情况下都会加入该组织。我国也先后与邻国建立了渔业协定，在共同制定并统一遵守的框架协议的约束之下展开跨界水产资源的保护与利用。

资源量及其调查与评估

这里所说的资源量，其实就是水产资源的多少。如果把一个水体比作一个宝库，那么居于其中的那些水产动植物就是财宝了。这些财宝究竟有多少就是资源量这个概念的真正意义了。资源量这个概念要在一定时间和一定空间的共同约束下才有实际意义。通常是指某一时间内、在特定水域中存在的经济动植物的总量。资源量标志着特定时间内某水域的渔业资源丰富程度。管理部门知道了资源量，才能制定出合乎实际的管理对策；生产者知道了资源量，才能提前确定投入的规模。

知道了资源量的概念，大家一定非常好奇渔业工作者是怎样调查估算一个水体的资源量的。这里就涉及渔业资源调查与评估的概念了。实地调查渔业资源量并对资源的生物学特性和数量动态变化进行研究分析，最终得到科学的数据，这一过程就是渔业资源调查与评估。

渔业资源调查与评估有很多方法与手段，除了通常所用的数学分析法以外，还有初级生产力、生物学以及水声学调查等方法，了解和掌握捕捞对象的年龄、生长、规格、重量、繁殖力，定期对重点渔区和鱼种进行探捕，定期统计各种鱼类的年渔获量，对鱼类等捕捞对象的生长、死亡等有关参数进行测定和计算，考察捕捞生产对渔业资源数量和质量的影响等。不管采取什么样的调查和评估手段，尽可能地提高调查评估结果的精度，正确反映资源实际情况是这一工作最终的目标，也是从事这项工作的人们不懈追求的最高境界。

渔业资源调查与评估的重要性主要体现在以下两点：第一，渔业资源调查是渔业资源开发的先导。"没有调查就没有发言权"。没有科学的评估，也就不能有科学的利用。第二，有利于了解和掌握渔业资源的生物学特性及其数量动态特点。主要目的在于：一是调查清楚水体环境条件与渔业资源分布的规律性及渔场形成的原理，从而为资源的开发和利用服务；二是调查清楚各种主要渔业对象的渔业生物学特性，为进一步研究种群动态和合

理利用与管理提供依据;三是通过渔业生态系统的调查,提高对渔业资源宏观上的管理水平。

专属经济区

20世纪中叶以前,尽管世界各国领海宽度并不相同,但领海之外世界各国都可以开发利用。1947年,智利总统声明:凡距离智利海岸200海里以内的海域均属智利国家主权范围,由智利实行保护和控制。此后,1952年智利等南美国家签署的《圣地亚哥宣言》首次提出了"200海里海洋区域"。1972年,肯尼亚向国际海底委员会提交了"关于专属经济区概念的条文草案",正式提出了"专属经济区"这个概念,在第三次联合国海洋法会议上得到了广大发展中国家的一致同意,成为《联合国海洋法公约》确定的一项新的法律制度。

所谓专属经济区,它有别于公海和领海,是指位于一个国家领海以外并邻接领海的区域,从计算领海宽度的基线量起,不应超过200海里。在专属经济区内所属国享有以勘探、开发、养护和管理海床、底土和其上覆水域的自然资源为目的的主权权力,以及在该区域内从事经济性开发和勘探,如利用海水、海流和风力生产能等其他活动的主权权力。对该区域内人工岛屿、设施和结构的建造和使用,海洋科学研究、海洋环境保护和保全行使管辖权。其他任何国家不论是沿海国还是内陆国,在专属经济区内享有航行自由、飞越自由、铺设海底电缆管道自由等。

我国目前还没有公布所有的领海基点,也就没有划定领海基线。我国与邻邦日本、韩国、朝鲜等海上邻国划界问题复杂,相邻、相向国家海上国土不足400海里,专属经济区一直没有划定。

渔获配额制度

渔获配额制度也称渔获量限额,就是对某些鱼类或某一捕鱼单位、渔船限定其渔获量的一种制度。前者与总可捕量相同,后者是将总可捕量分配到各捕鱼单位或各渔船,只允许捕鱼单位或各渔船在分配到的捕捞限额内从事捕捞,其渔获量不得超过捕捞限额。

看到这里,可能有人会问:为什么有鱼不让捕呢?对,就是不让捕。确切地说,是不让随便捕。这是保护资源的一个重要措施。因为任何一种资源都是有限的,无限制的捕捞必然会导致资源的枯竭。随着人口的增长,原来的捕捞方式已经不能满足对鱼类的需求,于是许多不加选择的、捕捞效率更高的渔具被应用到生产中,尤其是近50年来,捕捞能力与渔业资源再生能力的矛盾越来越突出,迫使人们考虑控制捕捞强度、保障渔业资源可持续利用的问题。其实,很多发达国家都早已实行了这样的限额制度。比如有一国家已探明近海有500万吨鳕鱼,但每年只限捕20万吨,就把这20万吨的捕捞指标分给每一条船。然后,每条船都按自己分得的配额进行生产,不得多产。渔民早已习惯了这样的配额制度,分得配额以后会精打细算到每一天、每一网。如果哪网捕多了,他们会自觉地放掉一些鱼。如果总量最后超出了配额,还会主动到有关管理部门说明原因并缴纳罚款。所以,一个配额制度的执行,不仅需要管理部门有一个科学的指标和严格的管理办法,更重要的是生产者要有很强的法律意识,自觉地遵守这个制度。我国《渔业法》已经有了配额制度的规定,但目前还没有开始实施。

总可捕量限额制度

总可捕量限额制度,简称 TAC 捕捞制度,是目前国际上渔业经济发达国家所普遍采用的一项先进渔业管理制度。它是通过控制总渔获量,来实现对渔业资源的保护和利用,以达到渔业经济的可持续发展。具体说来,总可捕量制度就是根据某个种群的繁殖和生长的特性,评估出它的总资源量,然后根据这个总资源量确定出总利用量,留有一定数量的资源使其繁衍生息,使种群始终保持生态平衡状态,实现可持续利用之目的。目前,很多国家都在科学评估的基础上,规定了一些特定渔业资源种类的最大捕捞量,并将这些资源量以配额的形式分配给各个生产单位,对捕捞渔获量或上岸量进行检查。当实际捕捞的总渔获量达到或者超过最大值时,就立即对该资源对象采取禁捕措施。

当前,我国捕捞能力过剩,渔业资源已经过度开发,部分渔业资源衰退,实行总可捕量限额制度,既符合国际渔业管理的一般要求,也符合我国渔业资源的现实状况。2000 年我国新修改的《渔业法》增加了第二十二条"国家根据捕捞量低于渔业资源增长量的原则,确定渔业资源的总可捕量,实行捕捞限额制度"的规定,并且对总可捕量限额制度的前提、监督措施、管理办法作了原则性的规定。但是,实施这项制度是有条件的。它不仅需要科学准确地评估出总资源量,而且还需要有先进的管理和监控手段。不然,即使知道了某一种群的资源总量,实施了限额捕捞制度,也遏制不了那些贪得无厌的捕鱼者滥捕。有人曾经提出对我国黄渤海的鲅鱼资源实施限额捕捞,但由于渔船多且作业渔场和卸鱼港口分散,管理、监控手段落后,人们保护资源的法律意识还比较淡薄,所以至今也没有正式实施起来。但是可以肯定,在不远的将来,总可捕量制度将在我国实施。这不仅是渔业发展的客观必然,而且也是人民的强烈要求。

水生野生动物保护法

长江三峡大坝的建设举世瞩目,这一造福人类的重大工程前后论证了几十年。在漫长的可行性研究过程中,有一件争论很大的事,就是建大坝后如何保护好一条鱼。

是什么鱼有这样高的价值?这就是中华鲟。中华鲟是我国特有的水生生物,至今已有1亿多年历史,它对研究人类的起源、发展具有重要的科学价值,被称为水中"活化石"。因此,它和大熊猫一样,被列为国家一级重点保护的水生野生动物。如果因建大坝阻断它的洄游路线,势必使中华鲟产生不良反应和生殖节律的紊乱,最终影响它的繁衍生息。1981年国家建设葛洲坝工程过程中,十余位水产科技工作者和专家教授分别向中共中央和国务院领导提出了《关于保护长江水产资源,建立葛洲坝过鱼水道的紧急建议》。经过反复调研论证,中共中央和国务院领导决定:要采取有效的措施救护中华鲟,将网捕过坝作为救护鲟鱼的补充措施,严格实行禁捕;做好葛洲坝下中华鲟产卵场的调查,加紧坝下鲟鱼人工繁殖试验工作;葛洲坝工程技术委员会应吸收农业部参加委员会一起工作。

为了保护像中华鲟这样的水生野生动物,国家专门制定了《中华人民共和国野生动物保护法》。这部自1989年3月1日起实行的法律,共有5章42条。受到法律保护的主要是那些价值很高、数量稀少,而且濒临灭绝的水生野生动物。国家重点保护水生野生动物分一、二级,其划分的标准是根据物种价值、濒危程度以及是否为我国所特有等因素。国家一级保护水生野生动物有白暨豚、中华鲟等13种。国家二级保护水生野生动物有文昌鱼、玳瑁等35种。国家禁止猎捕、杀害重点保护的水生野生动物,也禁止出售、收购这些动物及其产品。非法捕杀国家重点保护的水生野生动物的,要被判刑。因科学研究、驯养繁殖、展览或者其他特殊情况,需要捕捉、捕捞国家重点保护水生野生动物的，必须向渔业主管部门申请特许猎捕证或特许捕捉证。如果无意中捕获了被保护的水生野生动物，应当立即放生。

《中华人民共和国野生动物保护法》颁布施行以来，各级渔业行政主管部门及其渔政管理机构做了大量的工作，并已取得了初步成效。特别是对白暨豚、中华鲟、儒艮、海龟、大鲵、斑海豹、文昌鱼等物种的保护工作，受到了国内外的关注和好评。但是，从整体上看，我国水生野生动物保护管理工作所面临的形势仍然十分严峻，各地保护管理工作开展的情况也不平衡，乱捕滥杀倒卖走私珍稀水生野生动物和破坏其栖息环境的情况相当严重，使我国水生野生动物资源急剧减少，有的甚至濒于灭绝。加强水生野生动物保护，任重而道远。

渔业补贴

2003 年秋天，美国康涅狄格州的龙虾渔民举行罢工示威，要求政府发放龙虾生产补贴。这一年，因海况变动等原因，龙虾渔业歉收。经农业部与渔民协会代表谈判，最后满足了渔民的要求。这一事件，反映出发达国家对渔业生产的保护性政策。

渔业补贴是指政府向从事渔业的单位和个人提供的经济补助。根据世界经济合作与发展组织对渔业补贴的定义，渔业补贴分为收益提高性补贴、成本降低性补贴和一般服务三类。收益提高性补贴主要有市场价格补贴、在渔业不景气时保证渔民最低收入的收入保险、远洋渔业保险、渔民失业保险、渔船退役计划补贴等；成本降低性补贴主要有降低渔业贷款利率、渔业燃油补贴等；一般服务主要有政府对渔业管理和科研等渔业事业的支出。在我国计划经济时期，国家对渔业实行价格补贴。目前，各级政府也提供多种形式的渔业补贴。如某市规定，出口企业每出口 1 美元的加工水产品，市财政奖励 1 分钱人民币；养殖企业每新上一只深水网箱，市财政补贴 10 万元人民币等。

世界贸易组织限制各国政府对国际渔产品贸易的补贴，但对发展中国家做了例外规定，禁止出口补贴的规定不适用于最不发达国家和人均国内生产总值不足 1 000 美元的发展中国家。如果进口国家发现来自发展中国家的产品，其总补贴额不超过该产品金额的 2%，或该产品不到同类产品进口总额的 4%，或所有发展中国家的所有补贴产品不到同类产品进口总额的

9％,则该产品补贴是允许的。我国已经加入世界贸易组织,而且人均国内生产总值超过1 000美元,今后,渔业补贴将受到国际惯例更大的限制。

"三无"渔船

"三无"渔船是指无渔业捕捞许可证书、渔业船舶登记证书和渔业船舶检验证书的非法渔船,也有人称之为"黑船"。

"三无"的目的是企图逃避监督检查,进行走私等违法犯罪活动。"三无"渔船危害海上治安,妨碍生产、运输的正常进行。为打击违法犯罪活动,维护海上正常秩序,保护人民群众生命财产安全,近年来,各级渔业部门一直在清理、取缔"三无"渔船。国务院规定:凡未履行审批手续,非法建造、改装的渔船,由公安、渔政渔监和港监等执法部门予以没收;对未履行审批手续擅自建造、改装渔船的造船厂,由工商行政管理机关处船价2倍以下的罚款,情节严重的,依法吊销其营业执照;未经核准登记注册,非法建造、改装渔船的厂点,由工商行政管理机关依法予以取缔,并没收销货款和非法建造、改装的渔船。港监和渔政部门在各自的职责范围内抓好对船进出港的签证管理。对停靠在港口的"三无"渔船,应禁止其离港,予以没收,并可对船主处以船价2倍以下的罚款。按照有关法律规定,公安边防、海关、港监和渔政渔监等部门没收的"三无"船舶,可就地拆解,拆解费用从渔船残料变价款中支付,余款按罚没款处理;也可经审批并办理必要的手续后,作为执法用船,但无论如何也不能用于捕鱼。

负责任渔业

人们曾经认为,广阔海洋里的渔业资源是取之不尽的,于是,开始了无休止的增船添网。过度的投资,使捕捞能力过剩,这又导致了渔业资源的过度开发。20世纪70年代和80年代,世界范围内的船队捕捞能力的增长速度是渔获量增长速度的两倍。今天,大多数野生鱼种已被过度利用,主要的经济鱼类存量下降,资源衰退。此外,在捕鱼作业过程中还经常捕获、杀死或抛弃大量不合尺寸或不合口味的鱼。有资料说,目前每年全球被捕杀和抛弃的海洋生物估计达2 000万吨。还有一些捕鱼行为如底拖网作业,不仅捕走了大量幼鱼,而且还破坏了海洋鱼类的栖息地和生态系统中食物链。

面对捕鱼业的残局,许多人都希望水产养殖业能有效缓解野生渔业资源的压力。但哪里想到,水产养殖本身也在产生环境问题。随着养殖业的普及和养殖密度的提高，养殖池塘里的污染物，如肥料、未被鱼吸收的饲料和生物废料等可能被直接排放到周边水域，导致了自身的污染和水域的富营养化。活鱼和鱼产品在不同地区间的流动，又加大了鱼病传播的可能性。

在世界渔业出现各种盲目发展的背景下，负责任渔业成为当今国际社会普遍关注的一个问题。所谓负责任渔业，通俗地说，就是以对自己、对自然、对公众、对未来负责的态度来从事渔业活动。自从 20 世纪 90 年代以来，几乎每次国际渔业组织的会议上，都研究讨论负责任渔业问题。1995 年，联合国粮农组织 170 个成员国通过了《负责任渔业行为守则》。《守则》站在一个很高的角度认识渔业发展的战略地位和负责任渔业的重要性，强调渔业在营养、地位、社会、环境和文化方面的重要性和渔业所涉及的所有人员的利益，强调资源的生物特征和环境、消费和其他用户的利益，并指出，包括水产养殖在内的渔业，是全世界当代人和后代人的食物、就业、娱乐、贸易和经济生活的一个重要来源，因此应当以负责任的方式开展。该《守则》规定了负责任渔业的原则和国际标准，对渔业生物资源养护作出了具体规定，形成了渔业生物资源养护的基本国际法律框架。要求确保有效地保护、管理和开发水产生物资源，同时注意生态系统和生物多样性。2001 年 10 月联合国粮农组织召开负责任渔业大会，提出将"生态渔业管理"作为世界渔业管理的战略目标。2002 年 8 月召开的联合国可持续发展世界首脑会议形成的《执行计划》和《政治宣言》提出，"为实现可持续渔业，于 2010 年前对捕捞能力进行管理，2015 年前恢复衰退中的渔业资源，使之处于最大可持续产量的水平"。发展负责任渔业，已成为国际水生生物管理趋势和普遍遵守的行为准则。

我国是个负责任的国家，我国政府已经和正在采取有效措施，履行《负责任渔业行为守则》。

船旗国责任

一艘船舶需要获得某国国籍方可进行运输和渔捞作业，船舶的国籍通常依据授予国籍的国家的国内法、通过船舶登记而取得。获得某国国籍的船舶，在其进行航行、运输以及捕捞作业等行为时，必须在船体规定位置悬挂授予国籍国家的国旗，以此向外界表明这条船是哪个国家的、哪个国家应当为该船的行为负责。例如，一艘美国的渔船申请并获得了加拿大的国籍资格,那么这艘船就属于加拿大的船,就应当悬挂加拿大的国旗。同时,加拿大就是这艘船的船旗国,应当为这艘船所进行的一些活动负责,这就是船旗国责任。

渔船船旗国的责任主要包括以下几个方面:首先,应当确保悬挂其国旗的渔船在公海不从事违反国际渔业协定的活动。一旦发现其正在从事非法或违背协定的捕捞生产时,必须立即对其进行制止或制裁。其次,船旗国有责任采取措施,如以捕鱼许可证、批准书或执照等方式,管理公海上悬挂其国旗的渔船,并要求渔船在公海上作业时随船携带这些证件。第三,船旗国有责任建立这些渔船的国家档案并应根据有关国家的要求提供这些档案资料。除此之外,船旗国还应确保悬挂其旗帜的渔船,遵守养护跨界鱼类种群和高度洄游种群的分区域和区域措施,对违反这些措施的船只,必须履行其应尽的执法义务。

随着我国的对外开放,我国企业和公民的很多渔船开始走出国门到他国或者公海捕鱼作业。你一旦通过了船旗国的船舶登记,取得了船旗国的国籍资格,那提醒你一定自觉遵守船旗国的法律法规,履行应尽的义务,切不可做国际法盲。

方便旗渔船

众所周知,根据国际法的有关规定,一个自然人的国籍可以因出生在某国或加入该国国籍而获得。与之类似,一艘渔船也要通过船舶登记才能获得某国国籍。目前船舶登记制度可以分为开放式、半开放式和封闭式三种。其中采用船舶开放式登记制度的国家,对前来登记的船舶,条件限制比较宽松,有些近乎没有限制条件,几乎所有的船舶只要交上一笔钱,都可以在该国登记,方便得很。因此,这些船舶的国籍已失去了"法律纽带"的本质。我们称这些渔船所取得的国籍为"方便旗籍",它们所悬挂的国旗为"方便旗",这些渔船就是"方便旗"渔船。

这些"方便旗"渔船,在授予其船籍资格的国家领海或专属经济区内从事捕捞作业时,往往会受到较小的限制和约束。同时,它们也会因为免予履行相关国际渔业及海事义务而降低作业成本,从而获得更多的经济利益。从另一方面来讲,为外国渔船授予"方便旗籍",对于船籍授予国而言无疑也是一个可观的外汇来源。这些国家把船舶登记看作一个商业行为,并为之制定了宽松的船舶登记条件和优惠的政策吸引其他国家的船舶前往登记，以收取可观的登记费和税金，弥补其外汇收入的不足。这看似是一个"无本生意"，又似乎是一个可以实现双赢的利好制度，但是，从整体上看，一些方便船籍国忽视了对方便旗船的有效管辖与限制，给渔业经济活动带来了一系列负面的影响。大量的"方便旗"渔船的注册使用，导致了不公平的竞争。"方便旗"渔船由于得到了特别照顾，往往会在更大范围内进行过度的捕捞生产，这对渔业资源的合理利用和维护带来了不利的影响。

总之，"方便旗"制度是一柄双刃剑。如何在充分利用它的优势的同时有效规避它的危害，是一个值得人们思考的问题。

休渔

休渔制度，是国家为了保护渔业资源实行的一种制度。它是由国家颁布、渔业行政主管部门组织实施的。这个制度规定，在每年的一定时间、一定水域内不得从事捕捞作业，这段禁止作业的时间称为"休渔期"。在休渔期内禁止作业的水域，则称为"休渔区"。

渔业资源虽然是可以再生的资源，但盲目和过度的捕捞，会造成渔业资源的破坏乃至枯竭。为了保护海洋渔业资源和渔民的长远利益，可以说休渔制度是大有益处的。在时间和空间上的禁捕会有效降低人为捕捞对水产资源的压力，使得幼鱼能够充分生长发育，成鱼能够充分肥育繁殖，这对于水域渔业资源量的恢复和补充是重要的举措之一。只有水域渔业资源得以休养生息，我们的渔业才能可持续性地创造经济效益，渔民才能更长久地创造财富。可以说，这项利国利民的渔业政策有利于渔业资源的保护和恢复，有利于渔业生态环境的改善，有利于渔民的长远利益，有利于促进渔业的持续、稳定、健康发展。在休渔期内，渔民可以利用这段时间修船修网修机器，使各种渔具能够得到充分休整，待到开渔日期一到，他们又能够精神饱满、装备齐整地出海捕鱼，由于经过了数月的肥育，捕上来的鱼虾具有更高的市场价值。在休渔区内，由于不存在捕捞压力，我们就有条件进行渔业资源增殖工作了。对那些由于捕捞过度导致资源衰退的某些水域，休渔区制度是迅速恢复渔业资源和修复渔业环境的有效手段。

但是，我们还应当注意到，由于个人经济利益的驱使，极少数渔民不顾渔区整体利益，从事一些偷捕、盗捕的勾当，更有甚者还同监督管理的渔政执法人员"捉起了迷藏"。为了完全杜绝这类现象的发生,坚决贯彻此项制度的执行,各级渔业行政主管部门及其所属的渔政监督管理机构应当按照各级人民政府的组织部署,根据《渔业法》等有关法律法规的规定,加强休渔期间和休渔区内的执法检查工作,严厉查处违法捕捞行为。很多地区的休渔标准就是在休渔期内做到"船进港、网进库、证集中",只有这样,我们才能把工作落到实处,真正达到保护资源的目的。

渔获量和剩余产量

捕鱼者,当发现鱼群时都想将其一网打尽,都想追求最高的渔获量。但事实上这是不可能的,总会有一部分鱼逃之夭夭。被捕捞上来的鱼就是渔获量,也就是捕捞生产获得的渔获物的数量。逃走的那部分鱼,就是剩余产量,也就是指某片水域中鱼类的实际拥有量与实际渔获量之差。

研究渔获量和剩余产量,对合理利用渔业资源有着积极的作用。渔获量,象征着我们丰产的程度,标志着我们开采资源的强度;而剩余产量,则告诉我们水域里这样的鱼类还有多少。

大家知道,渔业资源虽是可再生资源,但我们在捕捞时也不能"一网打尽",而必须尽可能多地保留一些待捕资源,特别是得留下那些"爸爸妈妈"和"没有成年的孩子",好让"爸爸妈妈"继续繁衍后代,让"孩子"长大成"人",使其对水域中整个资源量起到补充作用并维持生态平衡。话虽这样说,但实际生产中要每个人都做到却不是件容易的事。特别当遇到大鱼群的时候,看着活蹦乱跳的鱼群,很少有人会忍心放生。更有甚者抱着一种"我不捕他捕,不捕白不捕"的不平衡心理,一股脑地把"鱼爸爸、鱼妈妈"连同它们的子孙们全捞个一干二净,根本就不考虑什么剩余产量。这种过度的酷捕,必然导致剩余产量过低,那将意味着渔业资源的"后继无人"。长此下去,渔业资源就必定会出现严重衰退直至枯竭。事实上我们已经尝到了这种片面追求渔获量所带来的苦果。不是吗?你看,现在的捕鱼者有谁能捕到一网又大又肥的带鱼?有谁能捕到一网够规格的大对虾?都没有了,都已成为历史了。这样的教训难道还不值得我们吸取吗?

当然,从另一个角度来看,如果水域中的剩余产量明显偏高,那么这意味着渔业生产对此水域中的资源开发力度还不足。遇到这样的情况,那可真是"不捕白不捕"了。不捕,就有相当一部分鱼类将会自然死亡,这又是一笔巨大的资源浪费！所以,我们在渔业生产和管理中,必须科学地控制渔获量和剩余产量,既不能利用不足,又不能过度利用。

存活率与死亡率

存活率和死亡率这两个概念看似有些抽象,其实不然。它们不过是两个比率的概念而已,其中存活率标志着存活的程度,死亡率则标志着死亡的程度。具体地说,存活率是指在一定的时间间隔后,存活的鱼类尾数与最初的鱼类尾数之比。与此相对,死亡率是指在一定的时间间隔后,死亡的鱼类尾数与最初的鱼类尾数之比。很明显,对于同一段时间间隔以及同一待测鱼群,这两个比率的和应该为1。而且,这两个比率也是此消彼长的,存活率高了,死亡率必然就低,反之亦然。存活率和死亡率的测算过程也不复杂,就是要精确地计算出在一段时间后这个群体有多少个体死亡,用总数减去死亡个体数就得到了存活个体数,然后用这两个数分别除以群体总数,得到的百分比就是该群体在一段时间后的存活率和死亡率了。

存活率和死亡率在整个渔业领域中都是不可或缺的两个指标。从增殖放流到工厂化养殖,从水域污染调查到鱼类行为研究,几乎各个渔业部门的实际工作中都要用到它们。存活率代表着鱼类适应水域环境的程度,可以说,某个群体在一定时间内存活率越高,则说明它们越适应这个水域环境,高存活率代表着高适应性。与此相反,如果该群体在一段时间内死亡率较高,那么将意味着它们不适合生活于该水域环境,需要人为地加以环境改造,才能使得该群体得以存活。在水产资源增殖的过程中,渔业资源专家会有计划地对投放到水里的鱼苗进行实时监控。每隔一段时间就会通过回捕的方式,测定投放鱼类的成活率和死亡率。因为当鱼群来到了一个完全陌生的环境后,很多水文条件以及天敌情况可能对它们的生长和繁衍产生一定的抑制作用,我们如果不及时发现问题、解决问题,就很可能会导致放流鱼群大量死亡,从而为我们的资源增殖工作带来不必要的经济损失,甚至会"竹篮打水一场空"。与增殖放流情况类似,养殖生产中更要及时准确地掌握养殖群体的存活率和死亡率,以确保鱼苗的成活和丰产丰收。同时,当渔业水域遭到外界人为或自然因素破坏,导致大面积污染时,为了准确有效地评估该污染物的毒性、影响范围和损失程度,很多学者也都会用测得的鱼类存活率和死亡率作为可靠的事实依据。还有,在对鱼类进行行为学研究的

过程中,有时也会用到存活率和死亡率这两个指标。比如测试鱼类在受到缺氧胁迫的情况下适应环境的行为机制时,在对鱼类进行特定时间的贫氧供给之后,通过测定存活率和死亡率,可以了解它们究竟能够耐受多大程度的缺氧胁迫。

水生动植物自然保护区

水生动植物自然保护区,是指为保护水生动植物物种,特别是具有科学、经济和文化价值的珍稀濒危物种、重要经济物种及其自然栖息繁衍生境而依法划出土地和水域,予以特殊保护和管理。

水生动植物自然保护区包括:① 国家和地方重点保护水生动植物的集中分布区、主要栖息地和繁殖地,例如中华鲟、白鲟、白鱀豚等的栖息和繁殖水域;② 代表不同自然地带的典型水生动植物生态系统的区域,例如某些湿地地貌特有的植物生长区域;③ 国家特别重要的水生经济动植物的主要产地,例如对虾、带鱼、金乌贼等的生长繁殖水域;④ 重要的水生动植物物种多样性的集中分布区,例如沿海潮间带;⑤ 尚未或极少受到人为破坏,自然状态保持良好的水生物种的自然生境。

我国的水生动植物自然保护区,按照其被保护价值高低划分为国家级和地方级。通常具有重要科学、经济和文化价值,在国内、国际有典型意义或重大影响的水生动植物自然保护区,列为国家级自然保护区。其他具有典型意义或者重要科学、经济和文化价值的,列为地方级自然保护区。这两个级别的保护区分别由国家和地方两级渔业行政主管部门进行管理和监督。

保护区的主要责任就是为被保护的生物群落创造最为适宜的生活及繁育条件,打击盗捕盗猎的不法分子。还要定时开展自然资源调查和环境的监测、监视及管理工作,建立工作档案;组织或者协助有关部门开展科学研究、人工繁殖及增殖放流工作;开展水生动植物保护的宣传教育;组织开展经过批准的旅游、参观、考察活动;接受、抢救和处置伤病、搁浅或误捕的珍贵、濒危水生野生动物等一系列保护工作。

珍贵水生野生动物

水生野生动物是指那些在海洋和野外淡水水域中繁衍生息的水生动物类群,绝大多数都是个体数很少甚至处于濒危状态的珍稀野生保护动物。

我国水生动物资源相当丰富，水生脊椎动物种类约有数千种，其中有很多是我国的特有种，具有较高的经济和科学价值。近年来我国水生野生动物中濒危动物正在逐年增多，特别是中华鲟、白鲟、白鱀豚、中华白海豚、海豹和玳瑁等生存情况更加令人担忧。文昌鱼是一种我们国家特有的小型鱼类，在鱼类进化史上是一个过渡种类，是一种活化石，具有极高的科学研究价值。多年来，人们把它作为经济鱼类无节制的捕捞，已经面临资源枯竭的危险。但是我们也看到，在国家水生野生动物保护法出台之后，此类现象得到了有效的整治。

野生动物资源保护目前有就地保护和迁地保护两种方法。前者主要是通过建立自然保护区和野生物种保护公园（国家公园）的方式，对野生动物的自然生态系统、动物物种和物种的遗传多样性实施就地保护；后者主要是通过建立动物园、植物园、野生动植物人工繁育中心、物种基因库等，对一些濒于灭绝的物种实施迁地保护或称异地保护，两种方法其实各有利弊。就地保护可以更有效地保护那些未知物种和保留自然环境的原始风貌，为将来的进一步发展留有余地；迁地保护则为一些珍稀濒危物种回避恶劣自然环境的影响创造了条件，同时通过人工繁殖增加种群数量并放归大自然，从而增加了种群延续的机会。

野生动物是我们人类永远的朋友，保护并为之创造更加安全舒适的生活环境是我们义不容辞的责任。只有人类与动物自然和谐地共同生活在一起，我们的未来才能充满生机，绚烂多姿！

水质监测系统

众所周知，无论是对于自然水域还是养殖水域，其水质的优劣将直接决定着水产动植物的丰盛与否。既然水质条件对于我们的渔业生产如此重要，那么时刻掌握准确的水质状况无疑是十分关键的。因此，在实际生产中，几乎所有的渔业水域都会配备相应的水质监测系统。该系统对于渔业生产及水域环境保护是一个关键环节，它不但具有及时、准确的预警功能，而且对于水质恶化的早发现、快处理也十分有益。水质监测系统主要负责对常见水质指标和对水质造成负面影响的因素进行监测和调查，以此来评价该水域的水质质量及其对渔业生产的影响。

水质监测系统通常包括中心站和分支站两部分，中心站主要是以数据

接收、分析和存储为主,而分支站主要是采水样、分析和发送数据。这一整套的监测系统具有完善和有序的工作流程。首先,在监测分支站中,水样经过泵、阀、管路进入到相关的仪器、仪表(包括水体酸度计、溶解氧仪、氨氮仪等)进行水质的自动分析与检测,检测后的数据信息通过传输线路进入工程控制机,然后又通过拨号网络与中心站数据库形成广域网,以此实现历史与现实数据的综合分析、研究和储存。

为了保证渔业水质监测的结果能客观反映渔业水域环境状况及水质污染状况,使其对渔业生物和生态环境状况作出客观的评价,水质监测系统的选择和测定方法应遵循一定的原则和标准。一般情况下,应根据污染物的性质、特征,选择活性大、毒性强、影响范围大的项目进行监测。但在实际操作中,应根据当时、当地的具体情况对拟监测项目进行适当的调整,对已造成污染或具有潜在危险且污染趋势可能进一步蔓延的项目以及对具有广泛代表性的监测项目,或可能造成严重不良后果的项目应优先安排监测。

水质指标作为渔业水体的晴雨表,它与渔业生产息息相关,为此应当下大力气搞好渔业水质的监测工作,并尽一切努力建设更快、更准、更全的水质监测系统,确保渔业水环境处于健康良好状态。

红树林生态系统

在海水里种树,你信吗?不信,你到海南、广东、广西、福建和台湾等省(区)的海边看看,一片一片的树木在海水里生长得枝繁叶茂,这就是红树林。红树林是热带、亚热带海湾、河口泥滩上特有的常绿灌木和小乔木群落,而组成红树林的红树植物则是为数不多的能够耐受海水盐度的陆地植物。

红树林具有呼吸根或支柱根,其种子可以在树上的果实中萌芽长成小苗,然后再脱离母株,坠落于淤泥中生长发育。小苗掉在海水中即使被海浪冲走,也能随波逐流,数月不死,一遇泥沙,数小时后即可生根成长,神奇吧?

红树林生态系统是世界上最富多样性、生产力最高的海洋生态系统之一。它是热带或亚热带海岸重要的景观,也是渔业的亲密朋友。林繁叶茂的红树林不仅为海洋里的水产生物提供了一个理想的栖息环境,而且以其大量的凋落物为之提供了丰富的食物来源,从而形成并维持着一个食物链关系复杂的高生产力生态系统。很多红树在海边排行成林,为潮间带的养殖鱼塘形成了天然的挡浪大坝。当然，红树林生态系统更重要的作用还在于它的生态学意义和社会经济意义。它不仅能够形成一道有效缓解或抵抗风暴潮、海浪对海岸冲击的天然屏障，而且根系还有保水固土、防止水土流失的作用。在印度尼西亚 2005 年发生的大海啸中，凡红树林茂密的地方受到损失都相对较小。还有，红树林的树干木材、叶子等用途很广，除了传统的作为燃料之外，还可以利用其抗水性建造房屋和船只，充当牛羊饲料和作为优质纸制品的原材料。

然而，盲目的开采和过度的利用已经严重损害了红树林生态系统保护海岸、涵养生物的基本生态功能。所以，保护红树林生态系统的工作必须引起我们的重视。

增殖资源

为了有效抑制鱼类资源的衰退，人类除了控制捕捞强度外，世界上的很多国家和地区还开始尝试着对衰退的鱼类资源进行增殖和修复，并为此采取了一系列措施。

鱼类资源增殖，简单地说，就是通过人为的方法，向水域中投放苗种，使渔业资源得到补充和繁衍。一是人工放流。就是把人工繁殖、培育的达到一定规格的鱼苗投放到天然水域中，凭借自然水域中的养料和适宜的环境，使得这些水产动物得到最大程度的繁殖和育肥，从而使得该水域的渔业资源得到有效的增殖。二是底播增殖。这是专门用于海胆、海参、鲍这些底栖水生动物的一种增殖方法。即将人工培育的种苗投放到环境条件适宜的海域，经自然生长，使之达到商品规格后再进行回捕。三是移植增殖。就是人为地将一水域中的水产动植物转移到另一水域中去，使被移植水域的水产动植物得到增殖。这里有两个前提条件，第一，被移植的品种适合移植。移植了以后，这些水产生物仍然能够正常的生长。第二，需要移植。移植水域有空间，资源需要增殖，移植进去一些水产生物以后，能够有效改变移植水域的资源状况。

如今，这样的渔业资源增殖已经在全面展开。仅山东一个省，1984～2005 年的 20 多年间，就向大海里投放了 160 亿尾鱼、虾苗种。

2006 年，国务院批准实施了《中国水生生物资源养护行动纲要》。这是科学发展观在水生生物资源养护领域最重要、最集中的体现,是指导我国水生生物资源养护工作的纲领性文件和行动指南。它不仅体现了我国政府对水生生物资源养护事业的重视和关心,同时对水生生物资源养护工作也提出了更高的要求。我们有理由相信,经过几年、几十年甚至是几代人的不断增殖,破坏了的渔业资源一定会得到恢复与发展,人类与自然将更加和谐。

渔业生态修复

当渔业生态或它的有序性由于种种原因遭到破坏后,我们的渔业生产活动以及渔场周围居民的正常生活将会受到严重的威胁。因此,修复受损的渔业生态就成了摆在我们面前的迫切任务。

通常情况下,修复渔业生态包括以下5个步骤:首先,应该查明渔业生态遭受破坏的原因。第二步是确定渔业生态受到破坏的程度。第三步是在前两项工作的基础上,制定出一个切实可行的生态修复方案,包括确定修复的目标和修复工程的具体项目、关键技术、资金的保证、风险预测和具体实施步骤等。这是整个渔业生态修复工作的核心和关键。第四步,是实地实验并在实验成功的基础上展开全面实施。方案经批准后即可进行实验,并在实施修复方案的过程中定期现场调查研究修复的效果。如有必要,还可对方案中的不合理细节进行更正。第五步是修复后的监测与效果评价以及建立管理措施。这一环节同样是极为重要的,因为它是保证该渔业生态不会再次受损的重要前提。

山东省从2005年开始了渔业资源的修复工作,每年拿出了数以千万计的巨额资金。正在山东省近海实施的保护、养护、增殖和人工渔礁等项目,已经收到明显的成效。渔民说:这是"政府耕海我们收鱼,是惠及子孙的善事!"当然,渔业生态修复是一种被动的补救措施,其实我们更应该做的是,在生态没有被破坏之前的保护。因为一旦我们开始了修复工作,说明渔业生态已经受到了破坏,已经造成了经济和社会的损失。所以我们应当牢记这样一条原则:以防为主,万勿亡羊补牢。

水域生态系统

水域生态系统,是指在一定的空间和时间范围内,水域环境中栖息的各种生物和它们周围的自然环境所共同构成的基本功能单位。它的时空范围有大有小,大到海洋,小到一口池塘、一个鱼缸,都是一个水域生态系统。按照水域环境的具体特征,水域生态系统可以划分为淡水生态系统和海洋生态系统。淡水生态系统又可以进一步划分为流水生态系统和静水生态系统,前者包括江河、溪流和水渠等,后者包括湖泊、池塘和水库等。海洋生态系统又可以进一步划分为潮间带生态系统、浅海生态系统、深海大洋生态系统。

淡水生态系统的特点是,水层光照较强,水温高,溶解氧含量高,结构稳定,营养物质丰富,聚集着许多动植物。它不仅是人类资源的宝库,而且是重要的环境因素,具有调节气候、净化污染及保护生物多样性等功能。在这个系统里,有"生产者",也有"消费者"。生产者主要是那些植物,如挺水植物、浮水植物、沉水植物等较大型生根植物和硅藻、绿藻、蓝藻等浮游植物,它们极为繁茂,源源不断地为系统提供着氧气,也为系统中的水生动物提供了饵料;消费者主要是那些水生动物,主要是鱼虾类和浮游动物、原生动物等。这些消费者好吃懒做,只知道吃而不干活。当然,其中相当一部分浮游动物迟早会成为鱼虾们的消费品,鱼虾类最终也被人类所捕食。

海洋占地球表面积的71%,整个海洋是一个巨大的生态系统。在这个系统里,生产者是浮游植物,消费者仍然是那些好吃懒做的动物。与淡水生态系统不同的是,它的空间比淡水大了很多,生物量也比淡水丰富很多,生物个体普遍比淡水系统的大,有的大出几十倍甚至几百倍。同时,海洋生态系统对人类的作用也比淡水系统大。海洋是生命的摇篮,它为地球提供了70%的氧气,维持着大气中二氧化碳与氧气的平衡。海洋蒸发的水蒸气变成降水,能够为陆地生态系统补充大量的淡水。海洋蕴藏着极为丰富的生物资源,目前已知的生物约有20万种。它们不仅为人类提供了丰富的工业原料,而且很多生物还有着特殊的药用价值。当然,更多的海洋生物具有很高的食用价值。它们大多蛋白质和维生素的含量高,各种氨基酸比较均衡,容易被人消化吸收。很多鱼虾蟹贝和软体动物、腔肠动物、棘皮动物以及藻类,都是人们喜爱的美味佳肴。

我国有漫长的海岸线和辽阔的海域以及众多的河流、湖泊等淡水资源,水生生物种类繁多。我国水产品年产量已经超过4千万吨,居世界第一位。但是,由于长期的过度捕捞和环境污染等原因,我国的水域生态系统已经遭到了不同程度的破坏。

水域生产力

"万物生长靠太阳",这不仅是因为太阳能够给万物带来光明和温暖,更重要的是太阳的能量是以光的形式释放的,太阳光照射到绿色植物上,绿色植物就会发生光合作用,吸收二氧化碳,放出氧气,合成有机物,并将太阳能转化成自身组织中的化学能。这一过程,就叫初级生产过程,形成了初级生产力。由于水域是一个立体生产系统,正常情况下单位面积水域的初级生产力要高出土壤好多倍。

水域生产力,就是初级生产力基础上的水域生产能力。它的能力越高,在其中生活的动植物生长得也就越好。就好比土地一样,地力越好,庄稼越旺。

影响水域生产力的因素很多,但主要是光照、温度、营养盐等。这些因素会随季节而变化,水域生产力也会随这些因素的变化而变化。在一年四季中,夏季的光照强、水温高,细菌的分解能力强,浮游植物生长旺盛,初级生产力就高;到了冬季,光照弱、水温低,细菌分解能力下降,浮游植物衰败,初级生产力也就低。藻类生长时需要各种营养盐类,而作为初级生产者的藻类,其生长的好坏又直接关系到初级生产力。所以,水中所含的营养盐浓度,也影响初级生产力的高低。

提高水域生产力是水产养殖业的一项重要措施。在生产活动中,除了及时调整养殖水域的光照和温度,使水生生物始终处于一个适宜的环境中以外,还应该通过施肥等手段增加水中的营养盐,提高水域的"地力"。当然,这些措施必须在科学的指导下实施。盲目、片面地追求"地力"的提高,也会导致水体的营养过剩,造成富营养化,水质恶化,最终影响养殖生物的生长,那可就得不偿失了!

水域生物群落

生活在一定的自然区域内,相互之间具有直接或间接关系的各种生物种群的总和,叫做生物群落,简称群落。例如,在一片草原上,既有牧草、杂草等植物,也有昆虫、鸟、鼠等动物,还有细菌、真菌等微生物,这就是一个生物群落;再如,池塘里的鱼、青蛙、水草以及浮游生物等,这也是一个生物群落。甚至一根水草上的生物组合,也是一个生物群落。群落中的这些生物,有规律的组合,共同生活在一起,互相依存、互相制约、共同发展,形成一个自然整体。

生物群落具有一些基本特征。群落里的不同物种之间是有规律的共处。虽然说生物群落是生物种群的组合体,但并不是说任意一些种群组合起来便是一个生物群落。一个群落的形成和发展,取决于两个条件:第一,必须共同适应它们所在的环境。第二,它们内部之间必须相互依存,相互协调。

生物群落可分为陆地生物群落和水生生物群落。陆地生物群落,一般是以植被的分类为基础。主要类型有:热带雨林、红树林、热带季雨林、热带旱生林、热带稀树草原、荒漠和半荒漠、亚热带常绿阔叶林、硬叶常绿阔叶林、温带落叶阔叶林、温带草原、北方针叶林、冻原等。水生生物群落,又可分为淡水生物群落和海洋生物群落。淡水生物群落包括湖泊、池塘、河流等群落。海洋生物群落中的植物主要是各种藻类,由于水生环境的均一性,海洋植物的生态类型比较单纯,群落结构也比较简单。一般来讲,海洋生物群落也像湖泊群落一样分为若干带:① 潮间带或沿岸带,即与陆地相接的地区。虽然该带内的生物几乎都是海洋生物,但那里实际上是海陆之间的群落交错区,其特点是有周期性的潮汐。② 浅海带或亚沿岸带,包括从几米深到 200 米左右的大陆架范围,世界主要经济渔场几乎都位于大陆架附近,这里具有丰富多样的鱼类。③ 浅海带以下沿大陆坡之上为半深海带,海洋底部的大部分地区为深海带,深海带的环境条件稳定。④ 大洋带,从沿岸带往开阔大洋,深至日光能透入的最深界限。大洋缺乏动物隐蔽所,但动物保护色明显。

自然繁殖与人工繁殖

自然繁殖,顾名思义就是水产动物在无任何人为干涉的条件下性成熟、产卵、排精、受精、孵化的一系列过程。

神奇的大自然孕育了无数的生命,塑造了这个多姿多彩的世界,也留给了我们许多耐人寻味的奥秘。几乎所有的鱼,都是在水中完成整个受精过程的。对于产卵繁殖场所的选择,这些"鱼爸爸、鱼妈妈们"可丝毫不含糊,多数鱼类都需要经过漫长的游走,历尽千辛万苦才能找到适合它们生养鱼宝宝的地方。贝类的产卵、受精过程和鱼类相似,也是在水中完成。不同的是,贝类不存在洄游现象,幼苗长到一定大小时,需要附着在岩石等上。虾蟹的自然繁殖是最有趣的,虾蟹都是雌雄异体,但是有些种类性成熟不能同步。雄性首先达到性成熟,而雌性此时还不能产生成熟的卵子。为了正常的受精发育,雄虾通过特殊的交配方法,把成熟的精子送到雌虾身体内一个特殊的部位储存起来。待到卵子成熟后,雌虾在产卵的同时也排出了精子,这样就完成受精了。

与自然繁殖不同,人工繁殖就是在人为控制下,使水产动物达到性成熟,并通过一些生态、生理的方法,使其产卵、孵化,从而获得鱼苗的一系列过程。由于多了人为的参与控制,极大地提高了受精成功率和孵化率,并可集中得到大量苗种,为工厂化养殖打下了基础。无论是鱼类、贝类,还是虾蟹类,人工繁殖的关键在于亲体的选择和培养、生殖腺的促成熟、授精以及受精卵向幼体的变态、培育。这个过程中条件的选择、创造,性激素的恰当使用,授精时机的把握以及操作手法的精准,都关系到人工繁殖的成败。

人工繁殖的成功,极大促进了水产养殖的发展。尤其是到了以集约化养殖为主的今天,几乎任何一个养殖品种都是在突破人工育苗技术后得以大发展的。

海洋牧场

如果你到过大草原,那一定见过草原上的牧场吧?这里说的牧场,跟草原上的牧场概念差不多,只不过它是水里的,而且牧场里的动植物,也不是牛、羊和草,而是鱼、虾和藻。具体说来,就是选择一片合适水域,人为地制造适宜鱼虾生长的环境,吸引鱼虾到这里生活或者向其中投放一定量的鱼苗,栽培一些藻类,加以科学化、系统化的管理。那么,这一海域就会成为鱼群密集、海藻丛生的"海洋牧场"了。

海洋牧场就是指在一个特定的海域,人为地营造适宜生存与繁殖的自然生态系统,并控制和管理这一生态系统,以达到使渔业生产实现可持续发展的目的。

海洋牧场的建造和管理,是一个庞大而综合的系统工程。它远比在陆地上建一处牧场艰巨得多。既需要选址与效益评估,又得在水下制造设施、栽培藻场。这需要海洋工程和海洋资源方面的专家,以及企业家、养殖技术人员的共同努力,当然也需要巨大的资金投入。正因为如此,所以我们国家目前还没有大规模地建设海上牧场,只是少量的放流或者建些小的海洋牧场。不过,这方面的研究已经取得了明显的进展。例如在海洋牧场中,人类可以采用杂交、选育、驯化等生物技术来改变鱼的生活习性,控制鱼的活动行为和性别,改良和创造优质高产的鱼种。还可以使用电子屏栅、音响驯化等机电一体化技术来围栏放牧,这样既可阻止鱼类外逃,又可阻止天敌入侵。再如,采用人工鱼礁等工程技术来改善鱼类的栖息环境,让鱼儿在舒适的"窝"中繁衍生长,以增殖海域中的渔业资源。此外,有关科学家正在研制通过制造人工上升流,使深海层中含丰富营养物的海水涌到上层,以增加海水中的营养。也有的科学工作者正在开发沿岸排放废水的处理技术,以便增加渔场肥力,等等。

在一些渔业发达国家,开发海洋牧场早已不是什么新鲜事了。日本制订了15年的长期发展规划,其核心就是利用现代生物工程等高新技术建立海洋牧场,通过人工育苗、饲养和集结鱼群,茫茫大海中的鱼儿如同在"圈里驯养羊群"。

人工鱼礁

也许大家都看过电影《海底总动员》,海底各种色彩斑斓的鱼儿在五光十色的礁丛中穿梭往来追逐嬉戏。它们仿佛把礁丛当做自己的巢穴,其索饵、避敌、育幼都离不开这些天然的庇护所。由此可见,海底礁丛是水生动物赖以生存的最佳栖息环境。人工鱼礁,就是根据水生动物的这一爱好,人工为鱼儿们营造的礁丛。

早年,人们发现山东长岛附近水域有一块鱼群喜欢密集的地方。人们纷纷来此撒网、垂钓,但鱼儿似乎总是取之不尽。有时,几个人一天钓上来的鱼竟然比一条渔船的日产量还要高。于是渔民们奔走相告,说发现了"鱼窝"。后来,水产科研人员下海一看,才知道水下有一条多年以前的沉船。这里富集了许多水生动植物,又能阻挡大型凶猛敌害的侵袭,所以就成了鱼类们的乐园。这为后来建设人工鱼礁,提供了实践上的依据。从20世纪80年代初开始,我国曾自南向北开始了大规模的的人工鱼礁建设。建设用的主体材料大多是报废了的渔船船体。后来又加入了钢筋混凝土铸体和石块等。其中钢制或木制的船体,主要起到固定作用。它们利用自身体重的特点,避免礁丛随海流飘移。而钢筋混凝土铸体,主要是用来构筑那些模拟岩礁性鱼类居住的洞穴。这样,人工制成的礁丛就能以假乱真,各种各样的水生动物也就可以来此安家繁衍了。

发达国家的人工鱼礁起步早,发展也很快。他们在人工鱼礁的材料上,不仅仅局限废旧渔船的再利用,而是运用先进工程技术和特种材料建造一些全新且相当高效的人工鱼礁。还有一些国家开始了人工藻礁的研究和制造,人为地向海中增殖藻

体,为海洋藻类提供生长繁殖场所,从而吸引鱼虾贝类等水生动物到藻场来索饵、繁育,以达到优化海底环境,保护、增殖渔业资源的目的。这样虽然投入较大,但是回报也是相当可观的。我国的人工鱼礁尽管起步较晚,但来势凶猛,人工鱼礁工程正在沿海各地稳步展开。目前,人们也越来越重视新型、高效人工鱼礁材料的研制。相信人工鱼礁在不久的将来,会成为渔业资源增殖的一个新增长点。当然,制造人工鱼礁要科学规划,合理布局,不是任何地方都可以投礁的,必须按政府确定的海域功能区划确定投礁地点,尤其要注意必须留有海上交通通道。

标志放流

大家都听说过漂流瓶的故事吧?一个小女孩将一个装有标记了自己联系方式的小纸条放入玻璃瓶中投入大海,瓶子漂洋过海被远在大洋彼岸的另一个小女孩拣到了。最终靠着这个漂流瓶使两个原本相距万里、素不相识的小女孩成为了好朋友。其实,标志放流和这个漂流瓶的故事有着异曲同工之处。它是渔业资源科研领域中经常会被用到的一种方法。

标志放流,是将鱼类做上标记后放回大海,任其畅游生长。待重新捕获时,根据标志放流记录和重捕记录,绘制鱼类洄游、栖息和重捕的分布图。根据入海地、捕获地、重量等情况,推测该鱼类洄游的方向、路线、范围和速度,研究其生长和死亡规律,以及检验增殖放流的效果等。

标志放流的方法,主要有做标记和加标两类。做标记法,就是在鱼体上做记号,如全部或部分地切除鱼鳍。这种方法既简单又快捷,适用于幼鱼。但缺点是切除的鱼鳍,在某些情况下还会继续再生。这样的话,我们就无法区分这条鱼是否被做过标记了。因此,切鳍法通常只能用于标记鱼鳍完全不能再生的鲑鱼。目前世界上大多采用后一种方法——加标法,即把特别

的标志物附着在鱼体上。标志物上一般还应注明标志单位和标志日期等。最广泛使用的方法,是将标志牌系挂在鱼体适当位置上。如将藏有字条的管状标牌扎在鱼体背部或者将环形标牌扎在鱼尾柄部。还有的将一种小钮扣状的圆牌,成对地系在鱼体背两侧。此外,还有染色法、烙印法、激光印标记等。标牌一般都用彩色塑料或银、镍、铝制成,易被发现,不易腐蚀,保留时间长。

人工藻场

在塞北,一望无际的草场,微风一吹,绿油油的草浪波光粼粼,让人心旷神怡。其实,很多人不知道,在大海的深处,也有着一片藻场,那里也有千姿百态的植物。从那些悬浮在水中的用肉眼根本看不到的单胞微藻,到绵延几千米浩浩荡荡的巨大红褐藻,海洋植物真可以说是千奇百怪,形态万千。它们的外形,似乎与陆地上的植物没什么太大差别,不同的是,陆地上的植物通常都具有发达的根系,通过根从土壤中汲取养分。海藻一般是没有根的,是通过茎部的维管束来输送营养。有些海藻的巨大叶片,也具有从海水中汲取养分的功能。草原为牛羊提供了丰富的草料,藻场也为草食性水生动物提供着饵料来源。

可惜的是,藻场与草原一样,已经受到了严重的人为破坏。特别是近海的藻场几乎成了"不毛之地"。于是,人们为了恢复海洋生态,开始了人工藻场的建设。

建设人工藻场,主要是向适宜栽藻的海区移植藻类或者投放海带及裙带菜种子,或向沙泥底质的海底移植大叶藻等。人们之所以不惜巨资建设藻场,是因为藻场是植食性动物的乐园,肉食性动物为了索饵也会来此安家。这样,藻场就会成为资源丰富的渔场。其实,人工藻场的优点还远不止这些。许多海藻如海带、裙带菜等,都有很高的食用价值和药用价值。海藻丛又是鱼类和底栖动物产卵和育幼的场所,它们将自己的卵粒附着在海藻叶上,这样既可以逃避敌害的捕食,又可以躲避海流对卵粒的侵袭,宽大摇曳的藻叶多像是抚育鱼儿生长的摇篮啊。更重要的是,海藻有净化海水的功能,它们能够分泌黏液以吸附水中悬浮的杂质污物。海藻还能通过光合作用,吸收水中的二氧化碳,放出氧气,为动物提供更多的溶解氧。

总之,兴建人工藻场是我们发展海洋牧场十分重要的一环。它们的存

在将为海洋牧场中的水生动物提供最初级的能量,创造最适宜的环境,也会使我们的海洋变得更清澈、更美丽。

渔业生态位

生态位是指物种在生物群落或生态系统中占有的地位和扮演的角色,它包括空间和功能两层含义。空间就是生物为了能维持正常的生活所需要的地盘;功能是指该物种对整个生态系统和其他物种所起到的作用。

陆地上的动植物,都拥有属于自己的生态位,水中的生物同样如此。生态位在渔业资源增殖工作中是至关重要的。因为某种渔业生物,只有在拥有适当渔业生态位的前提下才能够兴旺发展。一旦水域环境无法提供这个生态位,那么这个物种将会受到排斥。因此,当人们对一片水域进行资源增殖时,调查该水域中是否还存在适合这个增殖品种的渔业生态位,是关键所在。说到这里,我们就不能不提到剩余生态位这个概念了。剩余生态位,是我们人为向某一生态群落引入某一物种时,所必须考虑的因素。因为在我们将该物种引入这个群落之前,原有的物种各居其位,如果存在剩余生态位,那么被引入的物种就能够很快、很好地融入这个群落;反之,被引入物种则很可能被其他物种所排斥。在进行一项增殖可行性的评估工作时,我们应该充分考察,增殖品种是否存在剩余生态位。不但要考虑到该种的种群密度是否影响了其生存空间而导致剩余生态位消失,还要从生物和非生物这两个方面去考虑该种的剩余生态位问题。从生物角度来看,如果其敌害生物和争食生物大量存在,那么必将会削弱环境对该物种的剩余生态位;从非生物条件来看,不适宜该种存活的温度、盐度和水质条件,也将严重影响该水域的剩余生态位。

环境容纳量

环境容纳量,是衡量某一生态体系所具有的生物容量指标。在一定的单位内,所能容纳的生物种群数量总有一个最大值。就好比一个杯子,它能盛多少水是一定的,而这个水的容量值,就是环境容纳量。

一片草原,青草作为牛羊的主要食物为其生长创造了条件,但是青草不是无穷无尽的。如果草原上的牛羊种群数量超过了这些青草的负荷能力,那么青草就不能满足众多的牛羊需要,草原这个"环境"所容纳的牛羊就必须有一个量的限制。另外,草原上的狼和其他食草动物过多,也同样会限制牛羊的种群数量。对牛羊而言,青草和狼及其他草食性动物都属于影响它们环境容纳量的生物因素。这就是说,对于某个物种而言,当它所存活的环境容纳量下降的时候,该物种的种群数量会直接受其影响并衰减。种群数量的衰减,意味着它们对环境的压力也在减小,那么环境容纳量又有可能因此而得到提升。还拿草原来说吧,青草面积缩减,必然会导致牛羊的减少。牛羊的减少,又可以使青草得到恢复发展,这无疑又增大了环境容纳量。生物和环境之间,就是这样一个相互作用的有机整体。生物的种群数量超过或低于环境容纳量,都不是健康和谐的生态体系。

海洋也是这样。一个水域中的初级生产力、饵料和水体空间都是有限的,它只能担负一定的水生生物生活其中。如果我们无限制地向其中放养鱼类,那么就很容易人为地使环境容纳量超重,环境和生物就会相互施加胁迫和压力,阻碍对方发展,一个我们所不愿意看到的恶性循环就会开始了。我们已经品尝过这样的苦头。不信,你到一些浅海港湾看看吧。密密麻麻的养殖物一个挨着一个,一排挨着一排,很有些压抑得让它们喘不过气来的感觉。这样高的容纳量,必然导致现在正在发生和将来还要发生的自染病害。因此,科学工作者们一直都在致力于科学准确地评估某个自然水体的环境容纳量,给出一个"度",力求建立起一个和谐的生态系统。

水域生态平衡

水域生态平衡,是指一定水域在一定时间内物质和能量的输入量与输出量接近相等,环境结构和功能维持在一种相对稳定的状态。水域生态平衡是生态平衡这个大概念中的一个具体分支,特指在水域环境,或者说是在渔业环境中的生态平衡。

渔业水域就像一个大家庭,在这个大家庭里,水生生物们扮演着各种不同的角色。植物性浮游生物通过光合作用,使无机物变为有机物,为动物性浮游生物制造出了食物。动物性浮游生物的大量繁殖,又成为幼小的鱼虾类和贝类等的食物,而这些小鱼小虾和贝类最终还会成为大型鱼类的食物。至于大鱼有的成为捕捞对象,有的则自然死亡并被微生物分解为基本的元素和化合物并进入水体,又可成为浮游动植物的食物。一种生物被另一种生物所食,另一种生物又被其他生物所食,如此循环不已,也就形成了渔业水域的食物链。这些在生态系统中扮演不同角色的生物类群,如果能够健康、良性地共存并且得到相应的发展,那么我们就可以说这片水域的生态系统是平衡的。一旦有谁破坏了其中的某一链条,如某一鱼种被过度捕杀,那么这些和谐有序的生态就会受到巨大的挑战,甚至有可能因为其中的一个环节被人为削减而导致整个生态系统营养关系网的崩溃。前几年人们大量捕捞鳀鱼,使得以鳀鱼为食的鲅鱼的生存与发展受到了影响。现在的鲅鱼,不仅捕捞量锐减,而且个体也小了很多,这就是因为鳀鱼被过度捕捞所造成的。所以,无论是从生态学观点来说,还是从经济学角度来看,保持水域生态平衡,对渔业的可持续发展都是十分重要的。

种群、群体与优势种

在渔业生态学中,种群和群体的概念很相似,常被人们搞混淆。

所谓种群,是一个生态学上的概念,是指一群形态特征相似,生理和生态特征相同,有着共同的繁殖习性的水生生物。比如黄河鲤鱼就是一个种群,它们从外形及长度、重量特征方面都十分近似,生理和生态特征也完全相同。最重要的是,黄河鲤鱼是在没有人为干预的情况下生活在黄河流域这个特定范围中的,它们只在其种群内部生殖繁育,不与种群之外的鲤鱼杂交,从而保持了一个相对稳定的基因库。

群体是一个渔业资源管理上的概念,而不是纯生态学上的研究单位。比起种群来,它的范围更大,它是指一个种群或种群在不同生活阶段的一个生物群,也可能是几个生活在同一海区的种群的集合。比如在黄河里,鲤鱼、刀鱼等集合成群,就是一个群体,而黄河鲤鱼只能是其中的一个种群。

大家都知道,若干种群往往同时生活在一个大的群落之中,也可以说群落是由许多不同种类的生物个体组成的。不同种类的个体数量比例和重要程度差别很大,因此,群落可以按照其组成中的优势种来划分和命名。在整个群落中它的数目、个体大小或活动性,起着控制群落特性作用的种群,就是生态学上的优势种。也就是说,优势种是一个群落中具有控制群落能力和反映群落特征的种群,它们在群落生物量中所占的比例最大。如果将优势种从一个群落中去除,这个群落就会失去原来的特征,同时还将导致群落性质和环境的变化。可见优势种对于维持群落和生态系统的稳定性有着多么重要的作用。渔业资源领域似乎更偏重于生物量的重要性,常以生物量的多寡来衡量某一物种的优势度,以及确定其是不是优势种。通常情况下,在渔业资源调查中,我们就是以一个鱼种在单位体积水体中的生物量来判别其是否是一个渔场的优势鱼种,如果是,那么这个渔场往往要以该鱼种命名了,如秘鲁鳀鱼渔场的优势种就是秘鲁鳀鱼。

土著种

大家应该知道曾经生活在北美洲大陆上的"印第安人"吧,有人称印第安人是"土著",即是指那些从古至今就在某一地区繁衍生息,已经适应当地自然环境的原著民。随后,"土著"这个词专门用来形容某地区最原始的种族或居民。

和人类一样,鱼类等水生动物中也同样存在着这样一个概念。这里所谓的土著种,就是指那些自古以来就在一片水域(包括海洋和淡水水域)中繁衍生息的鱼种或其他水生动物物种,这些物种可能是一直生活于此;还有一种可能是很久以前迁徙于此的外来种,后来逐渐适应了这个环境,经历了相当漫长的适应进化,最终也演变为这个水域中的土著种。所以说,土著种这个概念不是绝对的,而是强调某物种生活于此的时间相对久远,最关键的还是要看这个物种是否已经完全适应了这里的气候、水质、饵料及天敌状况等生态条件。

土著种这个概念总是与外来种随影而行的,是相辅相成的。大家都知道,养殖离不开育种,育种则离不开引种。从外地或外国引进的优良品种就是外来种,一直在本地区水域中生活的当然就是土著种了。通常情况下,外来种在逐渐适应了本地环境的过程中,很容易与土著种发生相互捕食或是共同争抢一种饵料,发生生存竞争的情况,甚至染化土著种。因此,我们必须在引种之前权衡利弊,引种的时候,我们应当充分考虑到这二者能否"和平共处,互不侵犯"的问题。否则,盲目引种只会带来得不偿失的不利局面。

物种入侵

在科幻电影当中,外星生物入侵地球似乎是一个被反复应用的题材。人类在本能当中有一种恐惧,害怕外星生物来毁了我们的家园。但具有讽刺意味的是,在我们的现实生活当中,大多数由外来生物引起的生物危机,都是由人类本身造成的。这可以说不仅仅因为我们无知,更重要的是人类需要及时地去调整自己的思维方式,寄予大自然更多的尊重。

在水产生产中,我们也常常会遇到"外星生物入侵"。不过,这可不是像电影里那样的虚幻故事。它是指历史上该区域尚未出现过的物种侵入了该地区,人们称为物种入侵。外来种入侵包括无意和有意两种情况。无意入侵,主要是通过海上交通、运输的引入,其中船舶的压舱水是主要渠道。压舱水内可能有数百种活的生物,如浮游生物、底栖生物幼虫和孢子体、病原体等。它们通过海上运输无意地传入到其他海域,成为当地的入侵外来种。还有一种无意引入的途径是,在不同海区间开通运河造成大量的外来种入侵。有意的外来种引入,主要是由于水产养殖业的需要,经有关部门批准而引入新的养殖种类,如近年来我国从英国引进的大菱鲆,从美国引进的白对虾等。

外来种入侵,有时会给当地经济带来积极意义。比如英国大菱鲆的入侵,不仅给中国的消费者带来了一种从未吃过的上乘海味,而且也为我国的生产者带来了几十亿元的收入。南美白对虾现在已经成为我国虾类养殖的主力军。这无论从哪个角度说,都应该是个好事。但有的物种也会给当地生物群落带来明显的不利影响,改变了原有群落的结构、功能,威胁了入侵地生物的多样性,破坏了原来的生态平衡,甚至会带来毁灭性的灾难。20世纪20~30年代经日本进入我国的克氏原螯虾,繁衍迅速,不仅对当地的鱼类、甲壳类、水生植物等严重侵食,而且它们还在堤坝上挖洞筑穴,威胁到堤坝设施安全。我国前几年从美国引进的福寿螺,也是在很短的时间内在洼地、稻田泛滥成灾。最后,不得不全民动员进行捕杀。原产南美洲的水葫芦现已遍布华北、华东、华中、华南的河湖水塘。令人痛心的是,连绵1 000公顷的滇池,水葫芦疯长成灾,布满水面,严重破坏水生生态系统的结构和功能。食人鲳原产于南美洲亚马逊河流域,在我国的自然界中没有天敌。体质强壮、对水质要求不严格的食人鲳,在我国南方广大地区很容易找到适宜繁殖生长的水体,一旦流入自然水域,必将打破现有的生物链,威胁土著鱼类的生存,就如同侵略者入侵一样,对生态的破坏不堪设想。

破坏性的外来种一旦入侵成功,要清除这种危害极其困难,而且用于控制其危害的防治代价也极大。所以,我们在引进新物种之前一定要进行周密调查和科学的论证,以免"引狼入室"。

回捕率

大家都知道,我们做的任何一项经济活动,都是讲究回报的。谁也不想做那种"肉包子打狗"有投无回的买卖。同样,人们向大海中投放了那么多的鱼苗虾苗,也就为了有朝一日能让它们在大海中长大并成为人们可以利用的水产品。换句话说,不管我们以何种方式向水域中投放了多少鱼苗,最终的目的都是要尽可能多地回捕这些水产动物。只有这样,我们当初增殖渔业资源所付出的努力才算没有白费。那么,我们怎样来衡量或者评估增殖的效果呢?这就需要了解"回捕率"这个概念了。

所谓回捕率,就是衡量我们能够将多少增殖的鱼虾回捕到手的一个参数,这也是衡量增殖效果的一个重要指标。它通常以回捕尾数与投放尾数的百分数来表示。比如,投放了100尾对虾苗,捕回了50尾大虾,那么回捕率就是50%。

真实的回捕率对于水产增殖业是非常重要的。通过回捕率,不仅可以知道鱼苗虾苗在大海里的成活和生长情况,而且可以为以后该地区该品种的增殖提供有效的依据。比如说,某县年初向某海湾投放了1 800万尾对虾苗,苗种和人工等费用共29万元。秋后捕捞上了370万尾大对虾,回捕率为20.6%,到市场卖了1 293万元。那么除去苗种费用和捕捞成本等纯收入了1 000万元,回报率是30多倍。这样的回捕率和经济回报,肯定会吸引更多的投资商以更大的信心继续在该海湾开展对虾增殖。反之,如果回捕率很低,投入与回报持平或者亏本,那还有谁会继续做这样的生意呢?

有人说:"水产增殖是人放天管,回捕率是老天爷决定的。"其实这种说法失之偏颇。影响回捕率高低的因素很多,有老天爷的原因,更有人的主观因素。一个海区的水域环境、敌害生物和饵料生物情况,适宜不适宜在该海域增殖,需要人去调查、评估;该海域合适增殖什么品种,由人来研究决定;人们投放的鱼苗是不是健康的,也直接影响着成活率和回捕率;人们在回捕过程中的捕捞方法不当,只能捕捞到很少的一部分,也在一定程度上影响着回捕率的高低。总之,无论是投放前的评估、投放品种的确定、投放过程的方法,还是回捕过程中的措施,都会在一定程度上影响回捕率。所以,提高增殖业回捕率的关键在人。

人工养鱼

鱼类养殖是指人类利用淡水和海水水域,采取一系列科学有效的人工措施,促进所养的鱼、虾、贝、藻等鱼类生物快速生长发育,最终获得鱼类产品的生产过程。鱼类养殖生产属于大农业范畴,也是水产业(渔业)的重要组成部分,它包括淡水养殖和海水养殖两大部分。

中国是目前世界上鱼类养殖面积最大、产量最多的国家,也是世界上鱼类养殖业最早的国家,历史非常悠久。早在公元前 1 100 多年的殷末周初时期,就开始了鱼类养殖。堪称世界上最早见之于文字的养鱼著作——《范蠡养鱼经》,著于公元前 460 年左右,距今已有 2 400 多年的历史。鱼类养殖的出现,是渔业乃至整个农业的一个重大变革。从那之后,鱼类养殖业经历了 3 000 多年的发展,到现在已经成为了我国和世界各国农业经济的重要组成部分。自新中国成立以来,鱼类养殖业取得了长足的发展。1990 年,我国鱼类养殖产量第一次超过了捕捞产量,改变了捕捞业主导渔业的历史。2000年开始,我国的鱼类养殖产量跃居世界各国首位,成为世界第一水产养殖大国,是第一个也是唯一一个水产养殖产量超过水产捕捞产量的国家。

但是,随着我国水产养殖的规模不断扩大,也带来了一系列新的问题。如部分水域过度开发和超容量养殖,导致水域富营养化;排放养殖废弃物,影响了水域的生态环境;水产养殖病害时有发生,水产食品还存在药残等。这都使水产养殖生产和产品的安全受到不同程度的负面影响和冲击。我国政府以及水产科技工作者,对这些问题给予了高度重视。在"以养为主"的渔业发展方针的指导下,一个资源节约型、环境友好型、产品安全型的新的、健康的、可持续发展的水产养殖业正在兴起。

养殖证、苗种生产许可证

在大海里养殖水产品得办养殖证,这在过去是没听说过的,可现在已经开始在全国沿海逐渐推行了。养殖证,全称为水域滩涂养殖证,是国家渔业行政主管部门依照《渔业法》规定,为养殖用海者发放的证件。养殖证详细地规定了进行水产养殖生产的地点、范围、时限、养殖品种和方式等。

实行养殖证制度主要有两个目的,一个是贯彻落实国家以养殖为主的渔业发展方针,另一个是理顺和稳定渔业经济秩序,保护渔业生产者的合法权益。该证是确定水域、滩涂养殖使用权的证书,是准许单位或个人使用经批准的全民所有的养殖水域、滩涂从事养殖生产的唯一有效法律凭证。滩涂养殖使用权的使用者,在批准使用期限内使用该水域、滩涂的合法权益受法律保护。未依法取得养殖证的,不享有以上权利。擅自从事养殖生产的,其使用权不受法律保护,并将依法承担相应的法律责任。通过完善水域滩涂养殖证制度,进一步稳定水域、滩涂养殖使用权和承包经营权,保持农村基本制度的稳定,保护养殖生产者的合法权益,依法管理和促进科学规划养殖水域滩涂资源,保护渔业水域生态环境,保障水域滩涂资源的可持续利用。

苗种生产许可证同养殖证差不多。不同的是,这是个生产种子的许可证明。它是根据《渔业法》以及《水产苗种管理办法》关于水产苗种生产审批制度的规定,由国家渔业行政主管部门为水产苗种生产者发放的证件。凡申领《水产苗种生产许可证》的单位和个人,需具备下列条件:有固定的生产场地,水源充足,水质符合渔业用水标准;用于繁殖的亲本来源于原良种场,质量符合种质标准;生产条件和设施符合水产苗种生产技术操作规程的要求;有与水产苗种生产和质量检验相适应的专业技术人员。制定苗种生产许可证制度,有利于保护和合理利用水产种质资源,加强水产品种选育和苗种生产、经营管理,提高水产苗种质量,维护水产苗种生产者、经营者和使用者的合法权益,促进水产养殖业持续健康发展。

人工授精与孵化

我们都知道,精子和卵子结合的过程称为受精。通过人工促使精、卵结合的方法,就称为人工授精。有些水产动物虽然亲体性腺已经发育成熟了,但就是无法自己把卵产出来。在这种情况下,只能采取人工的办法促使亲体产卵、排精。

受精完毕之后,就要对受精卵进行孵化了,这也是人工繁殖的最后一环。孵化,就是自然产卵受精或人工授精的受精卵,在人工管理条件下进行胚胎发育直至孵出苗的全过程。我们不妨来了解一下鱼类和虾蟹类人工授精和孵化的过程吧。在自然环境中,亲鱼一遇到适合的环境条件,就开始产卵。但在人工培育的过程中,无法像自然条件下那样自然产卵。所以科学家们就利用给亲鱼注射催产激素的方法,对亲鱼催情产卵,保证亲鱼同时、大批量地产出质量高的精子和卵子,完成人工授精过程。不同种类的鱼,所产出的卵有不同的特性,比如漂流性卵、浮性卵、黏性卵、沉性卵等,孵化方法也不同。必须根据不同卵的特性,选择合适的孵化方法。虾蟹类可以在产卵池中自然产卵受精,不过当交配率低下的时候,也可以采用人工授精的方法加以补救。它们比起鱼类可以算是模范父母了,除了对虾不抱卵之外,其他种类都抱卵,也就是把受精卵抱在亲体的游泳肢上或腹部上保护着,直到孵化出幼苗,这一过程称为"孵幼"。对于抱卵的种类,孵化过程就是饲养抱卵亲体的过程,更需要精心的管理。要给它们提供充足的食物,否则这些"模范父母",可能会因为肚子饿而吃掉自己尚未孵化出来的"宝宝"呢。

人工授精和孵化,是人工育苗的关键,科学的操作程序和精心的管理,决定着孵化率和苗种质量的高低。

发眼卵与鱼苗、夏花

发眼卵、鱼苗和夏花,是鱼类的苗种培育阶段常用的几个概念。

鱼类从胚胎发育到长成小鱼儿,大约要经过 6 个阶段。其中在器官形成期,出现心脏搏动,开始形成鱼形,可以明显地看到两个黑色眼点,这个过程称为发眼。从眼点出现到孵出前的卵就叫发眼卵。发眼卵在水产养殖中有比较特殊的意义,这是因为当胚胎发育到发眼卵之后,胚体开始转动,对外界环境的刺激反应较稳定,很结实,这就为受精卵的长途运输提供了可能。这时候运送受精卵,对胚胎发育的影响最小,孵化率最高。

鱼苗,是从孵化至体长 3 厘米的统称。刚孵出的鱼苗,消化系统还没有发育完善,不能自己开口吃东西,主要依靠自身残留的卵黄提供营养。只有等消化系统发育完全了,才能开口摄食。当鱼苗长成 3 厘米长的稚鱼时,就像一朵朵小花漂在水中,又加正值炎炎夏日,所以人们就形象地称它们为夏花。生产上经常提到的鱼苗培育,就是把鱼苗养成夏花的过程。在此过程中,由于鱼苗小,体弱娇嫩,活动能力差,摄食范围狭窄,摄食能力低,新陈代谢水平高,对外界环境的变化十分敏感。因此,必须精心管理,小心操作,使用专门的鱼池,防止敌害侵袭。

卵生、胎生、卵胎生

神奇的大自然孕育了数不清的生命。生命最基本的特征之一,就是要繁殖后代,保证种族的延续。不同的生命,有着不同的繁殖方式。卵生、胎生和卵胎生,就是 3 种不同的繁殖方式。

卵生,顾名思义,就是通过产卵进行繁殖。这种繁殖方式,在动物界非常普遍,昆虫、鸟、绝大多数爬行动物和鱼都是卵生的。水产养殖的鱼、虾、蟹、贝，几乎也都是通过卵生方式繁殖。卵生动物的胚胎在发育过程中，全靠卵自身所含的卵黄为营养。受精方式有体外受精和体内受精两种。体外受精，就是亲体把卵子和精子排出体外，在水中完成受精。受精卵发育所依赖的温度，全部由外界环境提供。卵生动物的产卵量一般都很大，如翻车鱼，一次产卵可达 3 亿～4 亿粒。但这类动物的后代存活率，在这 3 种繁殖方式中却是最低的。

胎生，是动物受精卵在母体子宫内进行发育的。我们人类以及绝大多数哺乳动物都是胎生的。胎生动物的胚胎，通过胎盘由母体获得营养，直至出生时为止。胎生是最高等的繁殖方式。由于受到母体的保护，产仔的数量虽少，但成活率却最高。有趣的是，除了哺乳动物之外，有些特殊的鱼类也是胎生的，比如真鲨科鱼类等。它们发育中的胚胎，是通过一条类似脐带的组织与母体取得联系，其营养既依靠卵黄，又依靠母体供给。加上它们母体养育胚胎的结构也起了变化，与哺乳动物的胎生还是有很大的差异，所以，我们称之为假胎生。它们一般产仔不多，只有几尾，最多也不过十多尾。

卵胎生，是介于卵生和胎生之间的一种繁殖方式。动物的受精卵虽在母体内发育，但营养仍依靠卵自身所含的卵黄供给，与母体没有或只有很少的营养联系，但后代的成活率还是比较高的。如鲨鱼中的白斑星鲨、白斑角鲨、日本偏鲨等和海鲫、黑鲐等，均为卵胎生动物。

引种驯化

大家都知道，一个人到了一个新的地方，都会有些不适宜，需要一个适应的过程。鱼虾也是这样，从一个地方特别是很远的地方移植到另外的一个地方，也需要一个适应的过程。引种驯化，就是指人类按照自己的需要把野生或外来种培育成养殖品种的过程。

尽管引种和驯化在驯养的手段和方法上有差异，但最终目标都在于增加养殖对象的数量和提高质量。引种驯化既可从国内外引进已被证实有显著经济效益的养殖品种，使其在当地的池塘或其他水体中生长繁殖；也可以开发国内江河、湖泊中的某些野生经济品种，使驯养的品种能够适应池塘或水库等环境，成为新的养殖对象。

引入品种能取代生产上原有品种，是解决生产中迫切需要获得的优良品种的重要途径，各种品种具有各自的生物学特性，对环境条件亦有一定的

193

要求。因此,在选择引种对象时,应从地理及生态学标准、生物学标准、经济学标准等方面预测引种驯化成功的可能性。为了利用引进种类,使其对新的生存环境产生适应能力,就得对其进行驯化。鱼类人工定向驯化可分为以下 3 种方式:其一,增殖驯化,目的在于使被引入种在天然水域中完成全周期驯化,最终能够完全适应该水域,开展渔业利用。其二,培育驯化,目的在于利用生物某一阶段的驯化潜力,驯化阶段主要是养殖、人工繁殖等,以适应苗种繁育、池塘养殖、网箱养殖和大水面放养的需要。其三,瞄准孵化,目的在于某种特殊的需要,如抑制低质种类、消灭敌害生物或病原体,利用特殊饵料资源或充实空闲水体空间等。

养殖周期

养殖周期,是指养殖生物从苗种养至商品规格所需要的时间。不同的种类,养殖周期不同。相比较而言,鱼类的养殖周期一般较长,而贝类和虾蟹类的养殖周期较短。

影响鱼类养殖周期的因素很多。一般说来,主要有品种、气候、水域环境、水质条件、养殖设施、放养密度、饵料的丰歉与质量、饲养技术水平等。比如,同一养殖品种,在温暖湿润的南方地区,养殖周期要比北方短。再比如,采用精养方式比粗放式养殖,也可以缩短养殖周期。

缩短鱼类的养殖周期,不仅可以较少的时间、花费较少的成本,得到较大的效益,还能够提高养鱼设施的利用率,加速资金周转,减少饲养过程的病害和其他损失。这是所有养殖生产者的追求。如何才能有效地缩短养殖周期呢?水产养殖专家告诉我们:首先要选个好种子,不仅健康,而且生长速度要快。其次,要有最适合它生长的环境。第三,配置最科学的管理方式,适时加大投饵量和管理力度。其中,种子和饵料是最关键的。生产和使用营养全面、适口性好的优质配合饵料,不仅可以保证养殖生物的快速生长,而且还可以防治病害,生产出健康、优质的鱼产品。

缩短养殖周期固然是好事情,但也应该综合考虑。比如,快速长成的鱼肉质和风味都会有一定的损失。当然,如果能够既缩短了养殖周期,又不对肉质和风味造成影响是最理想的了,水产专家们正为此进行着不懈的努力。

暂养

暂养,即暂时养殖。它并非一种养殖模式,而是在养殖生产过程中的特定阶段为达到特定目的而采取的一种手段或者措施。通俗地说,它是将水产生物暂时养于特定的水体中,保持其存活状态的一个过程。

暂养发生于真正的水产养殖之前。早在7 000年前的河姆渡人就把从江河和海洋中捕捞上来、吃不完的鱼放在小水体里暂时养起来。现在这种暂养方法依然发挥着重要的作用。大海里捕上的活鱼被暂养在网箱中待售,刚刚出池的养殖生物在充氧水袋中被运送到市场,饭店里利用水族箱暂养着待食海鲜……总之,把握市场行情,待价而沽已经成为暂养的一重要用途,特别是对像鳝鱼、乌鱼、泥鳅、甲鱼、螃蟹、大虾等生命力强的名贵水产品进行暂养,避开上市高峰,选择节日期间或冬春淡季上市销售,是当今生产者和销售商为追求更大经济效益而普遍采用的重要措施。

当然,暂养的应用更多地是在水产养殖领域。水产养殖者把刚刚孵化出来的小鱼小虾,放入特殊的室内暂养,待它们身强力壮后再投放到室外养成。这样,不仅可以给它们一个适应自己独立生活的能力,而且可以大大提高水产养殖生物的成活率。总之,暂养在水产养殖和水产品经营中都发挥着重要的作用,今后需要进一步探索更好的暂养方式,使其发挥更大的作用。

附着基

当大海退潮的时候,你会发现很多岸礁上长满了海蛎子,用手揭还揭不掉它。对海蛎子来说,岸礁就是它的附着基。其实不只是牡蛎,很多贝类都有附着基。有的附着在礁石上,有的附着在船体上,还有的附着在水草上。这些贝类只有固着或附着在一定的固体上才能生存。

在贝类养殖,特别是在半人工采苗和人工育苗中,附着基是一种常用的工具。又因为附着基是被用于采集贝类苗种,所以又被形象地称为采苗器。在半人工采苗中,采苗对象不同就得用不同的采苗器。拿牡蛎来说,一般采用表面粗糙、附着面大、耐风浪、操作容易、经济耐用、取材方便的采苗器。常用的有石块、石柱、水泥板、竹子、贝壳、胶胎等。如果采苗海区滩涂底质较硬,可以采用石块、石柱、水泥板或贝壳等采苗器采苗,并把它们直接投到滩涂上密集排列进行采苗,这就是所谓的投石采苗;如果底质较软,可进行插竹采苗;也可以把牡蛎壳或其他大型贝类的壳串联垂在水里,进行筏式采苗。对贻贝、扇贝等附着型贝类,一般采用筏式采苗,所用的采苗器有红棕绳、稻草绳、岩草绳、毛发垫、废旧浮绳等,其中以多毛的红棕绳最好。对于栉孔扇贝或珠母贝的筏式采苗,就需要特制的采苗袋(笼)或者利用贝壳串作为采苗器进行采苗。采苗袋由塑料窗纱制成,袋内装由聚乙烯、尼龙线结成的废旧网片。埋栖型的泥蚶等在接近附着期时,应在池中铺好泥沙作为幼虫的附着基。匍匐型的鲍等的幼虫,在将要进入匍匐生活时,应该使用附有底栖硅藻的波纹板作为采苗板,以便在采苗的同时让幼虫舔食上面的硅藻。

放养与投饵

放养是养殖过程中必经的一个阶段,是将苗种放到养殖水体中进行养殖的第一步。放养包括苗种的选择、运输、放养密度的确定及最终的放苗。放养,在整个养殖生产中虽然是短暂的,但却是一个至关紧要的关口。在苗种的运输和放养过程中,要细心爱护,这样才能保证放到养殖池塘里的苗种都是健康和强壮的,才能保证我们的养殖生产有个良好的开端。

投饵,顾名思义就是投喂饵料,也就是给我们的养殖动物吃饭。投饵要根据动物的摄食特点,遵循一定的规律,讲究"匀"、"好"、"足",即饵料质量要好,每次投饵量要足而不过,保证动物吃饱、吃好、有规律。一般应做到"四定",即"定质"、"定量"、"定时"、"定位"。

随着养殖技术的进步,投饵的方法越来越先进。特别是自动投饵机的使用,使鱼类们实现了"吃饭机器化",更是方便了多次投饵、均匀投喂。一些发达国家,已采用计算机技术,根据养殖池的水质和养殖动物的生长、呼吸、摄食等信号,计算出当时的最适投饵量,并控制投饵机自动投饵,其信息反馈快速、水质和投饵量的控制及时有效,大大促进了鱼类的生长。

养殖密度

养殖密度,是指单位面积的养殖生物数量。通俗地说,就是1亩或者1立方米体养多少尾鱼,种多少株藻。养殖密度的合理与否,关系到养殖的成败和效益的高低。养殖密度太低,会浪费养殖水体生产力,减少收入与收益;养殖密度过高,则会影响养殖生物的成品规格,还会因为密度过大造成水中缺氧、鱼类争饵,甚至诱发疾病。

不同的养殖条件,不同的养殖品种,养殖密度不同。一般说来,精养的养殖密度要高于粗养,小个体生物的养殖密度要高于大个体的。但制约养殖密度的因素最主要的还是水、氧和饵料。水质优良且有良好水源、水深氧足、饵足的养殖水体，可以适当地提高养殖密度。当然，恰当采用先进的养殖模式和养殖设备，也可以帮助提高养殖密度。比如混养可以充分利用各层水体，增加轮捕轮放的次数，可以提高养殖密度；增氧机、液态氧和自动投饵机的使用，保证了溶氧和投饵质量，也为提高养殖密度创造了条件。但是，所有这些措施，都不能脱离合理放养的原则。根据池塘条件、鱼种的种类和规格、饵料情况、饲养管理措施以及历年放养模式在该池中的实践结果，确定合适的放养密度，才是丰产的关键。

净水微生物

在自然界中，很多种微生物对水产养殖是有益的。这类微生物具有分解水中有机物、转化有害的无机物、净化水质的作用，我们称这类微生物为净水微生物，它包括光合细菌、芽孢杆菌、硝化细菌、酵母菌、放线菌和基因工程菌等。

我们知道，水产养殖过程中的残饵、粪便、死亡生物尸体等在水中和水底聚集、沉淀、分解，很容易导致水体出现严重的富营养化，最终诱发水产动物的大规模病害，给养殖业造成不可估量的损失，这是很多养殖生产者头疼的事。最有效的方法之一就是用微生物净水。

净水微生物对改善养殖水质有非常明显的效果，特别是对那些已经污染了的水质更是"手到病除"。它们通过分解多糖、蛋白质等有机废物，减少有毒的氨氮和亚硝酸盐的产生，降低它们在水中的含量，从而为养殖生物提供更好的水域环境，并能通过减少有机耗氧，有效增加水体中的溶解氧。甚至还可以自身分泌抗生素，抑制有害微生物的繁殖，维持水体生态平衡，对防止水产动物病害的发生、促进水产动物的快速生长都有积极的作用。

用微生物净化水质，要根据不同的养殖水质选择不同的微生物和不同的方法。在正常情况下，要想保证水质良好，最好使用多种微生物混合的复合菌，这样可以扬长避短，更好地发挥它们的综合功效，而且要定期不间断地使用，才能长期稳定地调控水质。单一的微生物，只能在某些特定的情况下使用。它们是针对某一种水污染而起作用的。所以，当你遇到水质污染时，可千万不要慌张，更不能滥用微生物，一定要根据污染物的特性和污染的程度，在专家的指导下对症下药。另外，净水微生物对抗生素之类的药物

十分敏感,使用抗生素药物杀灭病原生物的同时,往往也会把净水微生物一起杀死。因此,净水微生物一定不要与抗生素类药物同时使用。

轮养

轮养,简单地说就是轮流养殖。就像种地,秋种小麦春播谷,同一块土地上一年中轮流着种两种或者多种植物,两次或者多次收获。这里说的轮养,也是这个意思,包括轮捕轮放、多级轮养和套养。

在水产养殖中,人们往往利用动、植物生长时间和成熟季节的不同,在同一水体里、不同的时间进行不同品种的轮流养殖。这样,不仅可以充分利用水体,而且可以"一水多产",提高养殖效益。与轮养不同,轮捕轮放主要是分期捕鱼和适当补放鱼种。即捕出一部分达到商品规格的成鱼,再适当补放鱼种。通俗地说,就是"一次放足,分期捕捞,捕大留小,去大补小"。这样可以充分利用水体,始终保持合适的养殖密度,有利渔获的均衡上市。多级轮养是在轮养的基础上,结合轮捕轮放技术发展起来的。它可以使养殖的连续性更强,鱼池的利用效率更高。具体说来,就是根据鱼种规格的大小及食用鱼的不同饲育阶段,将鱼池人为地分成鱼苗池、鱼种池和食用鱼池等几级,当食用鱼池的鱼一次性出池后,其他各级池里的鱼依次筛出大的转塘升级,通常分为4级或5级,也有分6级的。套养即套养鱼种,是在轮捕轮放的基础上发展起来的。具体说,就是在成鱼池中套养鱼种,不需要另外设鱼种池,只需要每年在成鱼池中增放一定数量的小规格鱼种或夏花。到了年底,成鱼池中就可以套养出一大批大规格鱼种。越冬后,这些大规格鱼种就可以直接满足生产需要了。

单养与混养

单养和混养是两种养殖模式。在同一个水域中仅放养同一品种的养殖生物,就是单养;同时放养多品种的养殖生物,那就是混养。

单养是传统池塘养殖的最初模式。后来,人们发现这种养殖模式不能有效地利用水体,也不具备水质自我调节和饵料综合利用的功能,于是混养应运而生。混养就是根据养殖生物的生活习性、食性和栖息水层等生物学特性,充分运用它们互相利用的一面,尽可能地限制和缩小它们有矛盾的一面,让不同种类养殖生物一起生活,从而充分发挥"水、种、饵"的生产潜力。混养的形式很多,有鱼鱼混养、鱼虾混养、虾贝混养、虾蟹混养等。总之,不管哪种形式,都必须科学地利用动物的生物学特点及主养动物之间的关系,共享一水,相得益彰。

混养有如此多的优点,单养是不是就该放弃了呢？事实不是这样。一方面有些养殖品种不适合混养,只能单养,例如凶猛的肉食性鱼类;另一方面随着养殖技术进一步的发展,传统的水产养殖模式由于受环境和气候影响太大,已不能完全满足需要,工业化养殖应运而生,单养再次展现了它的魅力。由于这种养殖方式需要面对的情况比较简单,生产中只需要考虑一种养殖品种的特点就可以了。根据它的需求提供最适合的温度、水质、饵料等,就可以使其处于最佳的生长状态,而现代化的养殖设施正好可以满足这些要求。由于只有一种养殖生物,还可以增大养殖密度,进行高密度养殖。所以工厂化养殖非单养莫属,尤其适合高档鱼虾类。

由此,我们可以看出,单养和混养这两种养殖模式各有优点,在养殖发展中都发挥着重要的作用。

养殖模式

所有固定下来的养殖方式都可以称为养殖模式。根据不同的标准,水产养殖有很多分类方法,分为不同的养殖模式。根据养殖水体流动与否,可分为流水养殖和静水养殖;根据养殖的水域类型,可分为池塘养殖、稻田养殖、河道养殖、湖泊养殖、水库养殖、港养等;根据养殖设施的不同,又可分为网箱养殖、围网与围栏养殖及工厂化养殖等。池塘养殖中,又可采取单养、混养、轮养、轮捕轮放、多级轮养等养殖模式。精养、半精养、粗养也属于不同的养殖模式。

决定选择何种养殖模式的因素有很多,包括现有养殖水域条件,资金是否充足,养殖品种的价值,养殖和管理技术的难易等。随着养殖技术的不断发展,新的先进养殖模式也会不断涌现。虽然养殖模式各有适用情况,但养殖条件总体呈现越来越好的趋势,养殖模式也有一个发展的趋势。例如,粗放式养殖正逐渐被产量更高、收益更大的半精养、精养所取代。再比如,池塘养殖之初都采取单养的方式,后来发现可以混养、轮养、套养、轮捕轮放,还能多级轮养。这些养殖模式,能够更好地利用水体,取得高产。可见,采取哪种养殖模式关系到养殖的最终效果,养殖模式的选择需要科学、谨慎,同时养殖模式不是一成不变的,而是有一个不断发展的过程。

海水养殖

海水养殖,是指在海中或海边养殖各种水产品的活动。也有人说,凡用海水从事水产品养殖的,都属于海水养殖。

我国的海水养殖有着悠久的历史,早在 2000 年前的西汉时期,人们就在滩涂上养殖牡蛎等贝类。400 多年前的明朝就有鲻鱼养殖的记载,是世界上最早开展养殖海水鱼类的国家之一。新中国成立之后,我国的海水养殖业取得了突飞猛进的发展,前后共经历了三次发展浪潮:20 世纪五六十年代,以曾呈奎院士为代表的海洋科技工作者,在成功突破了海带人工育苗、养殖海区海水贫瘠以及海带南移养殖等难题之后,在全国掀起了人工栽培海带的热潮,使我国的海带产量常年稳居世界第一,从而引起了第一次海水养殖生产浪潮;20 世纪七八十年代,以刘瑞玉院士、赵法箴院士为代表的海洋科技工作者,在突破了中国对虾人工育苗以及工厂化养殖难题之后,中国对虾养殖发展迅猛,引发了第二次海水养殖生产浪潮;20 世纪八九十年代,张福绥院士将海湾扇贝从美国引入我国,掀起了第三次海水养殖生产浪潮。目前,我国海水养殖种类多达 40 多种,包括如牙鲆、大菱鲆、河豚、石斑鱼、中国对虾、海参、鲍等名贵品种。随着海水鱼类养殖业的迅速发展,品种的不断丰富,产量的不断增加,有人认为第四次海水养殖生产浪潮也已经到来了。目前我国海水养殖产量已经超过海洋捕捞产量,成为海洋水产食品的主要来源,丰富了人们的餐桌。我国成为世界上海水养殖第一大国,养殖产量和品种数量均是世界第一。

随着科技的不断进步,包括运用分子遗传技术培育抗病、抗逆、优质、高产的新品种,流行疾病的诊断、控制、治疗,高效全价饲料生产及水产品加工技术等一批新的技术正不断运用到海水养殖生产中,从而为这个古老的行业注入了更高的科技含量和更强劲的发展动力。

淡水养殖

淡水养殖,就是利用淡水水域如江河、湖泊、池塘、水库等,进行的水产养殖。当然,所养殖的生物也全部都是淡水种类。

淡水养殖的历史非常悠久。早在 3 100 年前的殷末周初,人们就已经在池塘里养殖鲤鱼了。到了公元前 460 年的春秋战国时期,有人总结了前人养鱼的经验,编写了一本《养鱼经》,详细描述了养殖鲤鱼的池塘条件和繁殖方法,这是世界上有关养鱼的最早著作。有意思的是到了唐朝,因为唐朝的皇帝姓李,和鲤鱼的"鲤"发音相同,所以鲤鱼被当成了皇家尊严的象征。谁吃鲤鱼,就好像吃了皇帝的亲戚一样,于是皇帝就下了一道圣旨,命令全国上下,一律不准养鲤鱼,也不准吃鲤鱼。所以在唐朝的时候,就没有人再敢养鲤鱼了。不过,也正是从那个时候开始,其他的种类如青鱼、草鱼等开始成为人们所养殖的对象。

新中国成立之后,我国的淡水养殖业有了很大的发展,不仅养殖面积、产量和品种增长得飞快,而且养殖技术也不断地提高。比如人们总结前人的经验,概括出"水、种、饵、混、密、轮、防、管"的"八字精养法",由此奠定了大规模开展淡水养殖的基础。养殖品种除了常见的鲤鱼和青鱼、草鱼、鲢鱼、鳙鱼这"四大家鱼"外,还有鳗鱼、鲈鱼、鲶鱼、中华绒螯蟹、甲鱼等。养殖的方式也在向多元化和集约化发展,除了池塘、湖泊、河道、水库等传统的养殖方式以外,现在还开展了网箱、网栏、库栏、工厂化养殖等新的形式。

淡水养殖能为人们及时、方便地提供鲜活水产品,曾经为我国解决"吃鱼难"问题立下大功,至今在水产活品市场上还扮演着主角。但淡水水产品不易保存,加工问题也至今没有得到很好的解决。这为发展淡水养鱼业带来了一定影响。

稻田养鱼

在稻田里既种稻又养鱼,可达到稻鱼双丰收,是一种一水多用、一举两得的生产方式。而且,稻田为鱼儿提供了良好的水域环境,鱼儿则可以吃掉稻田中的杂草、害虫,它们互利互惠,形成良好的共生关系。

我国稻田养鱼的历史十分悠久,早在2 000多年前的陕西汉中、四川成都就已盛行。三国时期魏武的《四时食制》中就有稻田养鱼的记载。现在,稻田养鱼已经在我国有了很大的发展,养殖范围由南方向北方扩展,间养的品种也由最初的鲤鱼、鲫鱼增加到黄鳝、罗非鱼、鳗鲡等。一些特种动物,如泥鳅、河蟹、淡水虾、蛙类和甲鱼类等,也成了稻田养"鱼"的新宠。

要想稻田养鱼、稻鱼双收,没有那么简单,需要付出一定的努力。首先,要对普通的稻田进行一定的改造。要加高加固田埂,在田里开挖鱼沟,还要开设进排水口并安装护鱼栅,防止鱼儿逃掉。建好了养鱼设施,就具备了稻田养鱼的硬件基础。接下来还要选择合适的鱼苗,确定放养规格和数量。

田间管理尤为重要,要经常巡田检查,观察鱼的活动、鱼的长势、水质状况,及时进排水和施肥、用药。还要经常检查设施,保证完好。这样,待到半年后的稻谷飘香、鱼肥体壮的季节,就会一份劳作两份收成,既丰收了我们的"米袋子",也丰富了我们的"菜篮子"。

水库养鱼

水库,是利用有利地形拦河筑坝、围堤建闸形成的人工水域。它在我们生活中,不但发挥着防洪、灌溉、供水等重要作用,而且还可以养鱼。

水库养鱼以粗放式为多,也有网箱等集约化养殖。粗放式养殖的突出特点就是养殖面积大,放养密度小,管理要求低,几乎不投或很少投放人工饵料。水库里有着丰富的自然饵料。蓄水后,有利于浮游植物的繁殖,浮游动物也会大量繁殖。周丛生物生长在水库四周浸没的石砾、树枝或杂草表面,是刮食性鱼类的饵料。有些老化的水库,底栖动物则比较丰富。水草在多数水库中也不贫乏。各类生物死后,会产生有机碎屑,有一定的营养价值,可供食腐屑的鱼类利用。细菌除了起分解作用以外,还会凝结成团,形成细菌絮凝体,可供浮游动物和鲢、鳙等鱼类食用。所以,把鱼苗放进水库里不用愁它们没有吃的。当然,水库养鱼还要注意根据水库特点与饵料生物基础,选择合适的放养对象。一般首选像鲢鱼和鳙鱼这些主要以浮游动植物为食的滤食性种类。目前大多数水库养殖中,这两种鱼都是主要的养殖种类。如果水库中水草比较多,还可以放养草鱼、团头鲂等吃水草的种类。另外,科学地搭配放养种类和数量,也是决定水库鱼产量高低的重要技术措施。要求共同组成一个可以互相共存、各摄其饵、各自占有不同生态小环境的合理的鱼类群落,更大地发挥水体生产力。

流水养鱼

流水养鱼,是一种在流动的水体中进行鱼类高密度精养的生产方式。

流水养鱼最大的特点就是养鱼的水时刻不停地流动着。流动的水能不断输入溶解氧和带出鱼类排泄物,使鱼类始终能在良好的水质条件下生长,可大幅度提高鱼类的放养密度,获得高产。

我国流水养鱼的历史非常悠久,早在公元479~482年,杭州就建造了玉泉池,利用涌泉水常年养青鱼、草鱼供人观赏。明代,在浙江、江西、安徽三省交界的莲花山区域,已有小型农家流水养鱼。20世纪70年代以来,利用河道、渠道拦网,利用电厂余热水进行温流水养鱼等,在全国以更快的速度和规模发展。目前,常见的流水养鱼方式主要有敞开流水式和封闭循环式流水养鱼两种类型。敞开流水式养鱼,特点是鱼池流出的水不再回收利用,以水库、渠道、河道、涌泉以及地热水等为水源,依地形建筑鱼池,一般不用动力抽水;封闭循环式流水养鱼,特点是养鱼用过的水经过净化处理后重复利用,其控制温度、流量、增氧的能力较强,也可以称为循环过滤式工厂化养殖,是自动化程度高、耗水量少、具有水质净化装置的高级养殖方式,主要用来养殖价格较高的优质鱼类,如淡水鳗鲡、鲟类和海水鲷类、石斑鱼、花鲈、牙鲆、河鲀等。

湖泊养鱼

湖泊,是指陆地上低洼地区储蓄着大量不与海洋发生直接联系的水体。湖泊养鱼,就是利用这样的水体养殖和繁殖鱼类的一种渔业生产方式。

我国湖泊养鱼的历史非常悠久,大致起自殷商时期。到战国时期,池沼、湖泊养鱼又有了较大发展。在当代,东部平原湖群区的洞庭湖、鄱阳湖、洪泽湖、太湖、巢湖渔业开发利用较早。湖泊养鱼有粗放、精养和综合3种经营方式。粗放养殖的方式与水库养鱼类似。精养主要是在开阔的湖面上,投放网箱或者用聚乙烯网圈围水体,围成数个圆形或椭圆形的养殖区,实行小面积精养。养殖区周围还可布设宽窄不一的水生植物带,这些水生植物带既可以提供优质饲草,又可以净化水质。精养不占据陆地上宝贵的土地资源,不影响湖泊调节能力,可以充分利用湖泊水面和天然饵料资源以及湖水溶氧丰富和水体交换快等优越条件,产出的鱼品质好、无污染,且管理方便成本低。

发展湖泊养鱼,一定要注意保护好湖泊的生态系统。湖泊生态系统一旦遭到破坏,就很难修复,甚至不可再恢复。目前,湖泊养鱼大部分以放养鲢、鳙鱼等以浮游植物为食的滤食性鱼类为主。为了给这些鱼类提供充足的饵料,开发早期经常放养大量以水草为食的草鱼,把湖泊中原有的大量水草清除,浮游植物才能迅速繁殖、发展起来。但是,这样就使得原来生态系统遭到破坏,从"草型湖泊"转变为"藻型湖泊",水质恶化,富营养化程度越来越高,已经严重影响到湖泊养鱼的发展。为了使湖泊具有可持续发展能力,现在已经加大了对湖泊生态系统维护的力度,采用种植沉水植物、限制

草食性鱼类的放养量、保护水草资源等方法,使"藻型湖泊"重新恢复成"草型湖泊"已初见成效。

河道养鱼

河道养鱼是利用河、渠等水体养殖和增殖鱼类的一种渔业生产方式。中国南方雨量充沛,河道水位稳定、水量丰富,特别是长江三角洲、江汉平原、珠江三角洲等河网地带,水质肥沃,天然饵料丰富,是鱼类育肥繁殖的理想场所,也是河道养鱼的主要地区。

河道养鱼有粗放、精养和综合3种经营方式。粗放式:采用灌江纳苗、移植驯化、人工投放鱼种等手段,辅以繁殖保护等措施,不进行或很少进行人工投喂,让鱼类摄食天然水体的饵料来生长。其中灌江纳苗,即引灌有鱼苗或幼鱼的江水,弥补养殖水域里的鱼苗资源的不足,是有条件的地方一种成本低、效益好的良策。精养式:就是在一些小型河道,较易人工控制的水域,提高鱼种投放密度,实行多种鱼类混养,人工投喂饲料,进行半精养或精养式开发利用。综合经营式:通过水中养殖鱼类,水上养殖鸭鹅,立体利用水域,充分发挥水体的生产潜力,提高水体综合效益。

实行河道养鱼,关键要选择合适的河道作为养殖场所。河道的选择要满足以下几点要求:水质肥沃,浮游生物、底栖动物、水生维管束植物丰富,天然鱼类资源丰富,水质良好;支流不多,进出水口小,水深1.5～5米;四周堤埂高、坚固,来往船只较少,水底地形比较平坦,便于筑箔和捕捞;水流缓慢,最大流速在0.6米/秒内,且水位稳定,常年水位差2～3米,雨季不泛滥,旱季不干涸。河道养鱼必须有拦鱼设备,以避免逃鱼事故或影响鱼类的存活率和产量。

池塘养殖

在水产养殖发达的地区,人们经常见到一排排的池塘,居高鸟瞰,好像整齐的稻田。近塘望去,一群群的鱼虾密布在水中,多少显得有些拥挤,这就是池塘养殖。

池塘养殖,是指在人工开挖、面积较小静水塘里进行的养殖生产。它在我国水产养殖业中占有相当大的比重。池塘养殖属于精养的范畴,水体比较小,一般面积有数亩到十几亩不等;管理方便,人们能够有效地控制生产的全过程;适合高密度的养殖,单位面积产量高;可以采用人工投饵喂料、施肥以及增氧等综合技术措施,获得高产、优质、低消耗、高效能的结果。池塘养殖既适合海水养殖,也适合淡水养殖。

养殖生产的池塘,要选择在水源充足,水质良好,交通、供电方便,没有工业污染的地方。每个池塘的面积要适中,一般以 10 亩左右比较合适。池水的深度不低于 2 米。除此之外,池塘的形状、土质、池堤等也都有一定的要求。

有了一个合适的池塘,该如何开展养殖生产呢?首先,要清池。通过清淤、暴晒、杀菌等办法,清除野杂鱼等敌害生物,杀死细菌、病原体和寄生虫等。其次,鱼虾进池之后,工作重心就要放在池塘管理上了。俗话说"三分养,七分管",水质管理和投饵管理是重中之重。具体的要求是水质保持"肥、活、爽",投饵保持"匀、好、足"。保持水质的"肥、活、爽",能够为鱼类提高良好的生活环境;保持投饵"匀、好、足",为鱼类提供充足的营养。那么,这个池塘就丰收在望了。

网箱养殖

在海边游览,你常会看到港湾里一排排框子,像陆地上漫了水的稻田、菜畦,这就是养鱼的网箱。

网箱养殖,就是把用合成纤维或金属材料制成的一定规格的网箱,安置在水域中,然后在网箱中养鱼的一种养殖方式,有人称为"水中池塘"。但它比池塘水活、氧足,排污力强,产量高,易管理,易捕捞,非常适合单品种或多品种密养。只是受风浪影响较大,养殖的鱼类容易外逃。有的附着生物多,需经常洗刷。

网箱养殖适宜的水域范围较广,只要水深大于网箱高度、安全且便于管理就行。湖泊、水库、河流、大海、港湾,都是它生存的地方。网箱养殖起源于柬埔寨。当时,船民把捕到的活鱼放进竹篾或藤条编成的箱笼里,再把箱笼置入水中。有时也喂些剩饭剩菜,发现鱼竟然能够生长,于是就逐渐发展为网箱养鱼。后来这种技术传播到日本、欧亚美洲几十个国家,技术也越来越完善。我国的网箱养鱼始于鱼苗暂养,真正的网箱养殖成鱼是 1973 年开始的。首先在淡水养殖上获得推广,以后扩大到海水养殖。

网箱养鱼主要有 4 种类型:固定式网箱、浮式网箱、沉式网箱和升降式网箱。固定式网箱适用于在潮差不大或围堵的港湾内;浮式网箱便于操作和移动,水质状况较固定式要好;沉式网箱仅适用于经常风浪较大的区域或底栖鱼类养殖;升降式网箱可较好地躲避风浪,但不易管理且成本较高。如果你要进行网箱养鱼,那一定要根据水域特点及养殖种类,对海区进行综合考察,选择合适的方式。无论采用哪种网箱,都要遵循一定的排列规律,一般要面向潮流方向,网箱间还要留有一定的距离。养殖过程中,要经常进行巡箱检查,做好记录检测,及时清污换箱,并做好灾害的预防。

网箱养殖尤其海水网箱养殖目前发展迅速,不但网箱规格多式多样,网箱材料和模式也不断改进,操作越来越方便,抵御风浪能力越来越强。

浅海养殖与深海养殖

浅海养殖与深海养殖是一个相对的概念。浅海养殖,是指在近岸的15米等深线以内进行的海水养殖;深海养殖,则是指在15米等深线以外进行的海水养殖。二者都属海水养殖,不同的是浅海养殖更接近海岸,水更浅一些,而且一般选择在风平浪静的海湾中,设施更为简单,管理也更加容易;深水养殖离岸较远,水深流急,但水质好、污染少,天然饵料也比浅海丰富。

目前,海水养殖的品种越来越多,方式也多种多样。一般情况下,浅海主要采用的是筏式养殖,即在浅海地区利用旧船、绳索、锚、橛、浮桶、竹竿、玻璃或塑料浮子等器材制成平台式、延绳式各种类型的筏架,把养殖物悬在浅海水体半空。这种方式主要用来养殖海带、裙带菜、紫菜等藻类和扇贝、贻贝等贝类,也有用这种方式养殖海参、鲍和鱼类的,还有的进行贝、藻的间养与套养。深海养殖主要采用网箱,把造好了的网箱悬挂在大海里,在其中进行养殖。这种方式主要用来养殖鱼类,特别是一些珍贵鱼类。往往越在深水大流的海域,水质越好,养殖的鱼质量就越好。当然,网箱的质量也就要求更高。有些地方,已经用上了沉浮式抗风浪的现代化网箱。

随着现代科学技术的进步,海水养殖业会逐步向深海大洋推进,海水养殖的空间会更大,养殖的品种会更多。

滩涂养殖

每逢炎热的夏天,到沿海自助旅游的人们,总愿意到海边的滩涂上"赶海"。在习习的海风中拣螺捉蟹,好不惬意。但你可得小心,稍不留神,就有可能误入了人家的"菜园"。因为很多人家,在海边的滩涂上建起了养殖池。这就是我们要说的滩涂贝类养殖。

利用滩涂养殖贝类,是养殖业中最基本、最原始的养殖方式。元朝时期就开始在滩涂上养殖蛏类。随着人类对大自然认识的提高和养殖技术的进步,滩涂养殖的方法越来越多,品种也越来越多。20 世纪 50 年代末,人们利用贝类幼虫的生长发育规律,进行了平滩播种和平埕附苗养殖。70 年代以来,苗种来源已从主要采集天然苗,发展为半人工采集及工厂化育苗。养殖方式也由自然型单养、混养发展到人工控制放养密度、人工施肥、投喂饵料的集约式精养,提高了产品质量和产量。

滩涂养殖因底质的泥沙含量不同,适宜养殖的品种不同,采用的方法措施也有所不同。目前,适用于贝类的滩涂养殖方法主要有:① 埕田养殖。适合于养殖缢蛏、泥螺、蛤仔等种类。② 滩涂播养。主要适合于牡蛎的养殖。③ 投石养殖。把长方形的石块作为贝苗的附着物,投放到适宜的海滩上,让贝苗自行附着在上面,利用天然海水中的饵料生长。④ 插竹养殖。在海滩上竖直或倾斜着插上竹条,以此作为贝苗的附着物。⑤ 虾贝混养。在滩涂挖掘虾池,在放养虾类的同时放养一定数量的贝类,可以净化水质,提高产量。除此之外,还有立石养殖、桥式养殖、栅式养殖等多种方式。

筏式养殖

如果你有机会到山东沿海,可能会看到一片片排列整齐的圆形小球浮在海面上,在阳光的照射下闪闪发光,这就是筏式养殖。

筏式养殖,指的是在浅海海区利用绳索、铁锚、木橛、玻璃或塑料浮子等器材制成平台式、延绳式等各种类型的浮筏,进行贝类、大型藻类等水产动植物养殖的一种方式。最常见的是单绠延绳筏,每台单筏长 50～70 米,3～4 台筏约 1 亩。日本则在浅海设置双绠浮筏养殖紫菜,称浮流式养殖。一般浮筏的结构包括浮绠、橛缆、橛子、浮子等部分。浮绠又称为筏身或大绠,是浮筏的主体部分,一般由聚乙烯或聚丙烯材料制成,长度大约在 60 米,就像一条大缆绳浮在海面上,所养殖的贝类或海藻就挂在浮绠上面;橛缆一般有两条,一端绑在浮绠的两端,另一端绑在橛上,橛就是木制或水泥、铁制的一个桩,钉在或依靠自身的重量沉在海底,橛缆就绑在它上面,就像船的缆绳和锚一样,把整个浮筏固定在海中;浮子,又叫浮漂,呈球形,比重比水轻,它们间隔绑在浮绠上,把浮绠托起漂浮在海面上。浮筏做好之后,选择潮流畅通、饵料丰富、风浪平静、水深在 4 米以上的海区就可作为筏式养殖场地了。

浮筏养殖是立体式利用水域的,大致上有 4 种类型:① 吊绳养殖:适合于喜欢固着在其他贝壳上生长的牡蛎,将固着牡蛎苗的贝壳用绳索串联成串,吊养于筏架上;或是将固着有牡蛎苗的贝壳夹在聚乙烯绳的拧缝中,垂挂于浮筏上。② 网笼养殖:利用聚乙烯网衣和粗铁丝圈或塑料盘,做成多层的圆柱形网笼,每个网笼中放养扇贝、珠母贝、鲍或者固着有牡蛎苗的贝壳等,在浮绠上吊养。③ 串耳吊养:主要用于扇贝养殖,在扇贝贝壳的前端钻出一个小孔,用塑料细绳串起来,挂在浮绠上吊养。④ 绳养:采用包苗、缠绳、拼绳夹苗、间苗和流水附苗等技术措施,使幼苗附着在养成绳上,再把养成绳挂在浮绠上吊养。

半咸水养殖

所谓半咸水,是指盐度介于海水和淡水之间的水。半咸水分布较广,比如在河口入海处,海潮将海水带入江河,和河中的淡水混合形成半咸水;再比如在盐碱地的池塘中,土地中的盐分溶解在水中,也会形成半咸水;另外,过量抽用地下水将使得大量淡水变成为半咸水。所谓半咸水养殖,就是指用这种水来养殖水产动物。

那么,大家一定很奇怪:我们知道一般的水产动物不是生活在海水中,就是生活在淡水中,为什么用这种不咸不淡的水也可以养殖呢? 这是因为,不同的鱼类对其生活环境中的盐分有不同的要求,有一定的适应范围和耐受极限。有些广盐性的鱼类,适应能力强;有些狭盐性的鱼类适应性差,微小的盐度变化就忍受不了;还有些鱼类经过驯化,既能生活在高盐度水域,也能生活在低盐度水域。对于广盐性鱼类和经过驯化了的鱼类,如罗非鱼、白对虾等都非常适合在半咸水里养殖。

半咸水养殖有很多优点。一般说来,能进行半咸水养殖的地方,大多不适合种粮而被荒废。据说,我国目前这样的低洼和盐碱荒地约有 2 000 万公顷,其中可以开发进行半咸水养殖的面积约为 300 万公顷,主要分布在东北、西北、华北地区以及黄河中下游两岸、沿海地带。如果都被开发出来进行半咸水养殖,不仅使土地被充分利用,也是当地人们脱贫致富的最佳途径。而且,有些广盐性的淡水种类,在半咸水中长大,品质得到了明显的提高,肉质鲜嫩,营养丰富,甚至可以和海鱼媲美。所以,我们有理由相信,半咸水养殖会越来越引起人们的重视,发展也会越来越迅速。

养殖规程

俗话说,没有规矩不成方圆。做任何一件事情,都需要一定的规则和程序,水产养殖也不例外。在水产养殖中遵守的规则和程序就称为养殖规程。

一套完整的养殖规程,包括许多养殖过程中通用的规则。例如,苗种的培育,水质的调控,投饵,施肥,放养,成体培育,病害防治等。个别品种的从苗种到养成的一系列养殖规程,例如,一种养殖鱼类的人工繁殖、培苗及养殖技术操作规程,就包括有人工繁殖部分的亲鱼选择、催产方法、授精与孵化,鱼苗、鱼种培育部分的培育池的准备,放养密度的确定,整个育苗、鱼种孵化培养的管理措施及投饵和注意事项等。成鱼养殖过程中的池塘条件、苗种放养、饲料投喂和饲养管理及整个过程中的病害防治措施等。

有些养殖规程由国家或地方政府制定,带有强制性,生产者必须执行。违反了这些规定,就要受到处罚。例如,不允许养殖场将未经过任何处理的废水随意排放到天然水体中;在天然水体进行养殖时不能破坏生态环境;在天然水体引入新品种时,要确保不能对原有生物造成危害,严防人为造成的生态入侵等。有些规程,则是生产场家自己制定的,只对本场实用。还有一些技术性的规程,是科技部门制定的,是为了规范技术操作。

随着生产的发展,对产品质量的要求越来越高,水产品质量控制已经开始实施,也包括很大一部分的养殖规程内容,例如,渔用药品的使用规定、饲料及饲料添加剂管理规范等。尤其是国际通行的水产品质量安全管理系统(HACCP)的推广使用,要从养殖的每一个环节进行管理,养殖规程的内容必将随之不断丰富。

健康养殖

一家人围坐桌前,吃着香喷喷的油焖大虾,多么温馨、多么惬意啊!可是试想一下,如果这盘美味的大虾携带着病毒或者残留着给虾治病的药物,那又将是多么可怕啊!

人们对水产品的需求已不再是量的增加,而是质的提高。越来越多的消费者重视从环保、健康的角度选择水产品。那么,对于水产生产者来说,健康养殖是唯一的选择!健康养殖,是一种新的安全养殖方式。它包括两个方面的含义,一是指生产过程中的健康。也就是要在健康的水域里,通过投放健康的苗种、投喂健康的饲料及人为控制养殖环境条件等技术措施,使养殖生物始终保持在一个健康的生长和发育的状态。二是养殖出来的产品是健康的。养殖品本身体优、质良、味纯、无药物残留。从养殖品捕捞上来到运往市场销售的全过程，所使用的工具和方法也是健康的。人吃了这样的水产品以后，有利于增强身体健康。这就要求水产养殖生产者，从生产一开始就以健康的意识对待每一个生产环节，让细菌、病毒没有在养殖水域和养殖生物身上生存的可能性。其中最重要的是要选择健康的鱼妈妈孵化出健康的鱼宝宝，还要注意它们的饮食卫生和生活环境。一旦鱼儿长了病，一定按照国家规定用药。遇到水域污染，应该快速处置，切不可让不健康的鱼虾进入市场。

目前，各级政府和水产工作者们都在为推进健康养殖努力着。从养殖环境、养殖系统内的水质，到病害的生物防治、水生生物的遗传多样性保护和水产养殖中的优质饲料等，都开始有了严格的安全标准，并且形成了较为成熟的操作技术。

集约化养殖

所谓集约化养殖，是一种高密度的养殖方式。就是通过增加水产动物的放养密度和饵料的投喂，向水生态系统中输入更多的物质和能量，强化管理等综合技术措施，以提高水域的单位面积产量，从而获得更高的经济效益。属于集约化养殖的方式有很多，比如网箱养殖、池塘养殖和工厂化养殖等。

如果有机会去参观集约化养殖车间的话，向池中望去，几乎看不到池底，密密麻麻全是鱼虾，你一定会为一个小小的水池中竟然能养如此多的鱼虾感到惊讶！

集约化养殖最大的特点，就是单位水体中鱼虾放养量特别大，它几乎充分地利用了水体的每一寸空间。这么高的密度，当然需要有足够的营养。水中天然饵料的数量，显然不能满足这样的要求。因此，大量投喂高品质的饲料，就成了集约化养殖的关键。也可以说，饲料是集约化养殖的核心和支柱。而配置和投喂高质量的人工配合饲料，保证鱼类营养全面、均衡，让鱼儿吃得好、吃得饱，更是重中之重。同时，还要注重科学的投喂方法。投喂时，既要保证满池的鱼虾都能吃饱，还要防止浪费，减少残饵数量，以防污染水质。当然，精心的管理也是集约化养殖的保证，就是要保持一定的水温，适合它们生活;水中溶解氧的含量至少要达到 5 毫克/毫升;水中有机物的含量要尽可能低,避免有机物分解消耗氧气,导致鱼虾缺氧等。

集约化养殖和传统的大水面粗放式养殖相比,具有放养密度大、单位产量高、经济效益好的特点。因此,为了节约有限的水面资源,提高水体的综合利用率,加快水产业的发展速度,大力发展集约化养殖是水产养殖今后的发展方向,也是养殖业的国际化发展趋势。

生态养殖

一些原始森林里,喜阳的乔木高耸云端,在最顶端尽情沐浴阳光;低矮的灌木层在乔木的遮挡下密密丛生;地表层阴暗潮湿,正好是苔藓类植物的最爱;藤蔓类植物也凭借树木的枝干尽情伸展着。它们相互依存、共享天伦,这就是大自然的生态。

水产中的生态养殖,也类似原始森林中的自然生态。不同的是,生态养殖是人为的。人们根据不同养殖生物间的共生互补原理,利用自然界物质循环系统,通过相应的技术和管理措施,使不同生物在同一环境中共同生长,实现生态平衡,促进互相利用,进而提高了养殖效益。比如藻贝间养,就是把藻和贝按一定的间距同挂一条筏子上,放置于同一水域,让其共生、互促;虾蟹混养和淡水中的立体养鱼等,是利用蟹等喜栖水底、虾和一些鱼类喜游水中的生活习性,共同生活在同一水体。这样不仅可以充分利用水体,而且可以互相促进。

可以说,生态养殖符合当代"节约型"的经济理念,有利于培植自然生态的和谐与平衡,是水产养殖业的一场"绿色革命"。目前,很多地方的水产养殖业由于发展过于迅速,同一品种在同一区域的养殖密度过大,养殖营养物的外排,造成水体自身污染、环境恶化、病情严重。生态养殖的出现和推广,能减轻这种养殖物的自身污染,减少人工投饵和化学药物,改善环境状况。它不仅节省了生产成本,也大大降低了大规模疾病发生的可能,使养殖的产品更健康、更安全。这样就形成了一个良性循环,既保证了我们生产出来的水产品和自然环境都没有污染,又保证了水产养殖业安全、高效可持续发展。

粗养与精养

粗养,就是粗放式养殖。也就是在大、中型天然水域中,人工投放苗种或引纳天然苗种,基本上不向水中投喂饵料,不进行或者很少进行人工管理,完全依靠该水域中的天然饵料养成水产品。粗放养殖的特点是,投资小,管理松,密度小,产量低,鱼虾基本是在接近自然的环境下生长,人为干预少,是目前比较原始的一类养殖模式。湖泊、水库、河道等大水面的养殖以及一些浅海滩涂养殖等,都属于粗养模式。

精养,是在天然水域中或较小水体中,主要使用人工大规模培育的苗种、人工投饵、人工管理,人为地对环境进行科学合理地调控,在较高的密度下养成水产品。精养投资大、管理严、密度高、产量大,是目前现代化程度最高的养殖方式。比如池塘养殖、工厂化养殖、网箱养鱼等。

粗放养殖是水产养殖比较原始的模式,养殖成本较低,又能利用天然生产力,所以具有一定的经济效益。这也是到目前为止,粗放养殖模式依然存在的重要原因。但是,粗养无法充分利用有限的水体资源。在水产养殖飞速发展的今天,粗养已经无法适应时代的要求,迟早是要被淘汰的。现在几乎所有进行粗养的地方,都在积极努力地改变养殖方式,增加养殖过程中的技术含量,强调人为干预和管理,由粗养逐步向精养靠拢。精养作为水产养殖中的高技术领域,除了单纯提高养殖密度、增加产量之外,对环境和资源的保护以及可持续发展的理念,也不断在新的养殖模式中被体现。

养殖水色

水色即水的颜色。通常我们所喝的水是没有颜色的,但是我们所见到的海是蓝色的,水库是浅绿色的,黄河的水是黄色的……这是水中浮游生物、溶解物质、悬浮颗粒、天空和池底色彩综合反映的结果。

水色共分21个等级,从浅蓝色到棕色,等级越大,水色标号越高,浓度越大。在水产养殖中,黄绿色、草绿色、油绿色、茶褐色且清爽,表明水质浓淡适中,在施用有机肥的水体中该种水色较为常见,在养殖生产中称之为好水;水色呈蓝绿、灰绿而浑浊,天热时常在下风处水面出现灰黄绿色浮膜,表明水质已老化;水色呈灰黄、橙黄而浑浊,在水面有同样颜色的浮膜,表明水体的水色过浓,水质恶化;水色呈灰白色,表明水体大量的浮游生物刚刚死亡,水质已经恶化,水体严重缺氧,可能导致水生生物窒息死亡;水色呈黑褐色,表明水质较老且接近恶化;水色呈淡红色,且颜色浓淡分布不匀,表明水体中的水蚤繁殖过多,藻类很少,水体中溶氧量很低,水质较瘦。

水色也是有变化的。优良的水质有日变化、月变化和季节变化,而劣水质没变化。所谓日变化,是指上午水色淡、下午水色浓,上风处水色淡、下风处水色浓。很多人会问,水为什么会有这种变化呢?原因就是水里有大量趋光性的藻类。当阳光强的时候,它们就呼啦一下子跑到水面上来了。这样,反映在水体的颜色上就形成了前面所讲的日变化。月变化,是指水色十天或半月浓淡交替。因为这样的趋光性藻类,相对于其他藻类更容易被滤食性的鱼虾吃掉,所以它们的数量就像波浪一样,一会儿高一会儿低,反映在水体的颜色上也就是月变化。

养殖水质

水,是水产生物的"家"。水的质量好坏直接影响到它们的生长发育,也影响着水产养殖的产量和效益。

水质因子有很多。对养殖业来说,通常较为关注的有温度、盐度、溶解氧、酸碱度、氨氮、营养盐类、毒物因子、微生物因子等。根据养殖水产动物对水质的要求和水的理化特点,生产上经常将水质分为瘦水、肥水、老水和优质水等。瘦水:清淡,水体颜色呈淡绿色或淡青色,透明度达60厘米以上,浮游生物少,水草较多,这主要是缺肥所致;肥水:呈黄褐色或油绿色,混浊度较小,透明度适中,浮游生物的活力都很旺盛;老水:因肥水池不加水、少加水或不清塘而引起的,该水质虽肥,但溶氧条件差,透明度低,这种水既不利于水产动物生活,也无法为水产动物提供优质饵料生物,必须及时更换新水;优质水:是在肥水基础上进一步投饵、施肥、加水后发展起来的,这种水可以为水产动物提供量多、质好的饵料,但应注意控制藻类的过度繁殖。

养殖水体透明度

透明度,就是光透入水中的深浅的程度。我们在有些比较清澈的小河中,可以看见很小的鱼在游动;而在某些颜色很深的池塘里,纵使里面有美人鱼向我们招手,我们也看不见,这就是透明度的高低造成的。

水体的透明度的高低主要取决于水中的泥沙含量和悬浮物的多少,尤其是浮游植物的多少,故透明度大小不仅能影响水中浮游植物的光合作用,而且还可代表水体的浮游生物的丰歉。凡是水中悬浮物多的水体,其透明度必然较小。透明度还与季节变化、水体变化和天气变化有关。有时由于风、雨将大量泥沙带入养殖水体,此时混浊度大,透明度降低;夏季水温高,水中各种浮游生物大量繁生,养殖动物的排泄物多,有机碎屑丰富,这时会使池水透明度降低;晚秋、冬季天气转冷,水温低,浮游生物大量死亡沉淀,悬浮颗粒减少,这时水体透明度会升高。

水体透明度的测定,是养殖生产一项必不可少的工作。它的判断方法,一是靠经验看水色,二是通过仪器测定。也可将手掌弯曲、手臂伸入水中,若水浸到肘关节时仍能看到手掌五指,则表示水体透明度大,水瘦;若水还没有浸到肘关节就看不到手掌五指,说明水体透明度小,水肥。这种方法虽不十分准确,但也能大体确定水的肥瘦。在养殖生产中,要根据不同养殖对象来调节水体的透明度。养的水生动物种类不同,透明度的高低也不同。对养鱼来讲,水过肥或过瘦都不利于鱼类生长,一般肥水透明度在20~40厘米。对于养虾来说,既要水肥、浮游生物丰富,又要溶氧充足,透明度一般应保持在35厘米左右。养殖肉食性名贵鱼类,如鲟鱼、鳜鱼等,尤其是室内工厂化养殖,水的透明度要在45厘米以上。

生殖周期

各种鱼类都必须生长到一定年龄才能达到性成熟,这个年龄称为性成熟年龄。鱼类自性成熟到衰老前,性腺发育具有周期性的变化。也就是说,鱼在第一次产卵或排精后,精巢和卵巢定期地按季节周期性地发生变化,称为生殖周期。

生殖周期也称性周期。一般是指从前一次产卵、排精到下一次产卵、排精的整个过程。有些鱼类一生只有一个生殖周期,一生只产一次卵并且产卵后就会死亡,比如大麻哈鱼、银鱼等。大多数养殖鱼类,一生之中具有多个生殖周期,但时间的长短不同:鲟类为2~4年;四大家鱼、花鲈、鲆鲽类等为1年;鲤鱼、鲫鱼、尼罗罗非鱼等为1~4个月。除了鱼类之外,其他的水产动物如虾蟹类和贝类等,也具有生殖周期,并且也因种类的不同而长短有别。虾蟹类在繁殖季节可以多次产卵;中国对虾产卵后卵巢可再次发育成熟,最多的在一个繁殖季节可以产卵7次;贝类的多数种类,在一个繁殖季节内也可以多次产卵。

水产动物性腺的成熟与繁殖的周期性,既受体内神经、内分泌腺的调节控制,也受外界环境条件的影响。影响生殖周期的主要环境因素是光照强度和温度等,特别是对于那些温带鲤科鱼类和秋季产卵的冷水性鲑科鱼类,温度和光照更为重要。

鱼类医院

随着鱼类养殖业的发展,各地陆续出现了名称各异的鱼类医院。这些医院大多设在鱼类研究所或渔业技术推广站,也有的设在基层兽医站。

有人不解:怎么还设鱼类医院?其实,鱼类跟人和其他畜禽一样,也会生病,特别是在集中饲养的情况下。人类之所以重视鱼类的健康,原因主要有三:一,鱼类少了,物以稀为贵,鱼类也显得娇贵了;二,大环境变坏了,各种污染在随时、随地地侵害着鱼类的健康;三,被圈养的鱼类改变了在自由王国里生活环境,就像人,由自由人被关进了监狱,生活环境包括吃的、住的、行动等等,都不能随心所欲了。环境的变化,饮食的变化,当然还有心情的变化,自然会带来很多不适,生病就在所难免了。总之,设立鱼类医院,说是为了鱼类的健康,实质上还是为了人的健康。

鱼类常年生活在水域里,经常都会从周围环境中吸收一些难以分解的化合物,如重金属、有机农药等。这些物质会存留在它们体内,随着鱼类的生长发育,体内的含量会越来越多,浓缩程度不断增强,这种现象就称为“生物积累”。生物积累是海洋生物由于代谢活动而无法避免的现象,它对海洋生物是消极有害的。1970年1月英国东海岸原油污染,一次就使得5万只海鸟因体内原油的沉积而窒息死亡。科学家们通过对这些海鸟的研究发现,鱼类长期生活在海水里,有时尽管海水里的污染物浓度很低,但它们却不能很快地把吸入体内的污染物分解和排出,由于生理、生化影响,改变细胞的化学组成、抑制酶的活性、影响渗透压的调节和正常的代谢功能,从而干扰了鱼类的正常生长、生殖和行为。久而久之,这些污染物通过生物积累作用在鱼类体内不断富集,从而对生物体造成慢性中毒效应甚至死亡。

水里的氧气是否充足也会影响到鱼类的健康和生命。在养鱼池塘,有时会出现这样的情况:所养的鱼虾全都聚集在水面,不停地把头伸出水来,就像我们人类一样直接呼吸空气中的氧气,嘴一张一合,好像在喊:“救命啊!我们快要被憋死了!”渔业专家把这种现象叫做“浮头”。如果出现浮头现象,说明水中的溶解氧已经很少了,这是非常危险的信号。如果不马上采取措施,所养的鱼虾真的会被憋死!一旦没有及时发现浮头现象而采取相应的措施,鱼虾不久就会疯狂游动,不停地窜出水面,做最后的挣扎,紧接着就会横卧水中,大量死亡,这就造成了泛池。一旦出现泛池,绝大多数的鱼虾都难逃厄运。能造成缺氧、浮头和泛池的因素很多。比如,冬天的时候,水面结了一层薄冰,池水与空气隔绝,空气中的氧气无法补充到水中,而鱼虾又不停地消耗氧气,所以水中的溶解氧不断减少,很容易引起缺氧。并且池底的有机物因为缺氧,无法完全分解,产生很多有毒气体,也会对鱼虾造成伤害。在夏天,缺氧现象也经常发生。比如,午后雷雨的时候,池水的表面温度比较低,造成池中水的对流,把池底的有机物翻起,加速分解,消耗大量的氧气。而下午没有充足的光线,藻类的光合作用比较弱,无法进行补充,就很容易造成缺氧。一天的黎明是溶解氧含量最低的时候,这个时候也最容易发生浮头和泛池。

鱼类也像人一样,很多病也是吃出来的。对人类而言,如果营养全面均衡,身体就会健康强壮,很少得病;相反,如果营养不良,人就会面黄肌瘦,疾病缠身,这就是营养和免疫系统联系密切的最好证明。鱼类的免疫力与营养之间也存在着密切的联系。一方面,鱼类的营养状况影响着它们身体的免疫功能和抗病力;另一方面,它们的营养需求是随着它们的健康状况的变化而改变的。虽然鱼类大多属于比较低等的种类,它们的免疫系统比较原始,但营养对免疫系统而言同样重要。鱼类的营养免疫主要来自饲料优质的饵料可保证水生动物营养的供给,满足水生动物对能量消耗和机体生长发育代谢的需要,同时也可以增强水生动物的免疫力,提高抗病能力,促进健康生长。当水产饲料中某种营养物质缺乏或各种营养物质的平衡失调时,就会影响水生动物的免疫功能,并可直接导致水生动物对各种寄生虫和病原菌的抵抗力下降。因此,吃得不合适也会让鱼类闹病。

富营养化

赤潮,是近几年来新闻报道中经常出现的热门话题。发生赤潮的海面,远远望去一片通红。它是水体中某些微小的浮游植物、原生动物或细菌,在一定的环境条件下突发性地增殖和聚集,引起一定范围内一段时间中水体变色现象,它会给海洋环境和渔业生产造成很大的危害。赤潮是什么原因引起的呢?科学家告诉我们,主要原因就是水体的富营养化。所谓富营养化,就是营养过于丰富,也就是氮、磷等营养物质过剩,引起藻类大量繁殖。

富营养化的主要来源是排放进水体的有机废物和生活污水。它们是一类成分复杂的污染物,包括来自造纸、食品、印染等工业生产的纤维素、木质素、果胶、糖类、脂类、生活污水、生物残骸以及围垦养殖区排放废水中的有机物质和营养盐类。它们的显著特点是不会在生物体内积累,然而又是那些赤潮生物大量滋生的必备条件。一旦这些营养物质被大量排入水体当中,那么水体富营养化是无法避免的,由此滋生的大量赤潮生物必然会耗费大量溶解氧,引发养殖生物大面积死亡,从而对该水域的渔业生产带来毁灭性的打击。

富营养化达到一定程度,会在浅海引发赤潮;在池塘、湖泊会导致水质恶化、变老变臭。解决水质的富营养化问题,最关键的是要斩断沿岸的污染源头,真正做到"标本兼治,以防代治"。一方面,必须对各种富营养化物质入海量加以严格控制;另一方面,还应当想方设法在其入海之前先进行污水处理,严格按照国家规定的排放标准进行排放。对那些已经富营养化的海区可以利用各种不同生物的吸收、摄食、固定、分解等功能,加速各种营养物质的利用与循环。利用海生植物吸收剩余的营养盐类,利用浮游动物和底栖动物来摄取各种碎屑有机物,利用细菌同化、分解有机物等,其中,植物的净化作用特别重要。例如,在水体富营养化的内湾或浅海,有选择地养殖海带、裙带菜、羊栖菜、紫菜、江篱等大型经济海藻,既可净化水体,又可创造较高的经济价值。

鲤春病

鲤春病的全称是鲤春病毒病,这确实是一种只在春天水温上升时致病,经常在鲤科鱼类特别是鲤、锦鲤中流行的,能够引起幼鱼和成鱼死亡,危害严重的急性病毒性疾病。

鲤春病病毒属于弹状病毒科、水泡病毒属。这种病毒以水体为媒介,通过鳃进入鱼体。还可以通过鱼类寄生虫如鲤虱或水蛭等,从带病毒鱼体中得到病毒,并传播到健康鱼体上。病毒进入鱼体之后并不立刻发病,一旦春天水温达到 7℃ 以上时开始发生。水温达到 13～20℃ 时流行,水温 17℃ 左右时最为流行。主要危害越冬以后的幼鲤和 1 龄以上的鲤鱼。当鱼发病时,体色变黑,表皮和鳃渗血,腹部肿大,没有食欲,游泳迟缓,侧游,最后失去游泳能力而死亡。因为该病是由病毒引起的,一旦发病,治疗的效果很差。所

以必须做好预防工作,严格检疫,使用消毒剂对鱼体、养殖用水、工具等进行彻底的消毒,切断病毒的传播途径。

鲤春病毒病是一种全球性的鱼类疾病。最早流行于欧洲,近几年逐步蔓延到美洲和亚洲。虽然鲤鱼是最敏感的宿主,但草鱼、鲢鱼、鳙鱼、鲫鱼、欧洲鲇等也能被感染并引发明显的症状。正因为鲤春病毒病具有发病迅速、传播广、传染性强、死亡率高等特点,国际兽医局(OIE)和我国进出境动物检验检疫都将其作为必检二类传染病。

对虾白斑综合征病毒

对虾养殖一直是我国水产养殖业的支柱,正是对虾养殖业的飞速发展掀起了第二次水产养殖浪潮。但不幸的是,1993年我国沿海的各大对虾养殖区不约而同地暴发了"虾瘟",生病虾共同的特征是身体特别是头胸部出现白色斑点,一旦患病,很快死亡。这种"虾瘟"发病快,传播快,死亡率高,有些地方死亡率甚至高达90%以上,给我国的对虾养殖业造成了巨大的损失。从那之后,虾农们谈之色变。几乎每年在对虾养殖区都会爆发类似的疾病,是迄今为止危害最为严重的一种对虾疾病,堪称对虾的"艾滋病",也是目前制约我国对虾养殖业发展的最主要因素。这种病的学名叫做"对虾白斑综合征",引起这种病的罪魁祸首就是"对虾白斑综合征病毒(WSSV)"。

白斑综合征病毒是一种杆状病毒。该病毒感染虾之后,会首先在体内潜伏,一旦外界条件达到它的需要,立刻开始大量繁殖。病毒侵害的主要组织和器官是皮下组织、表皮角质层组织、触角腺、造血组织、鳃、血淋巴器官、肌肉纤维质细胞、食道、胃的表皮与结缔组织,同时在心脏、眼、神经及生殖腺组织中广泛分布。胃部坏死最严重,其次是中肠、表皮及皮下结缔组织。病毒寄生在对虾大部分的器官,从而导致全身性系统性的坏死。患病的虾首先停止吃食,反应迟钝,游泳无力,时而漫游于水面或伏于池边水底。虾体颜色变暗变红,附着物增多,甲壳与肌肉容易剥离,血淋巴不凝固、混浊,体表甲壳内出现明显的白斑。一旦出现上述症状,病虾往往在数天内就会发生暴发性死亡。

该病传播广泛,中国对虾、日本对虾、斑节对虾、南美白对虾等都是该病毒的感染宿主。由于该病是病毒引起的,因此目前还没有有效的治疗措施,只能加强预防。要选用健康无病的虾苗,避免从母体感染病毒;虾池的清淤消毒以及池水的消毒净化，一定要严格彻底；选用优质配合颗粒饲料，并定期投喂抗病毒、抗菌药物以及多种复合维生素。尽可能为虾提供优良的环境、充足的营养，才能最大程度上提高免疫力，增强抵抗能力，减小发病的可能。

维生素缺乏症

维生素，又叫维他命，是指维持动物健康、促进动物生长发育所必需的一类低分子有机化合物。它可以分成两大类，一类可以溶解在水中，称为水溶性维生素，包括维生素 B 族、维生素 C、胆碱、肌醇等；另一类不溶于水，却能溶解在脂肪及脂肪性溶剂中，称为脂溶性维生素，包括维生素 A、D、E、K 等。我们每天需要的维生素的量很少，正常情况下一般仅需 1 毫克。但就是看起来这么不起眼的一点点维生素，却在身体内发挥着巨大的作用。如果把身体比成一个化工厂，每时每刻都在进行着各种化学反应，那么维生素就是催化剂，它能帮助酶起催化作用。如果缺少维生素，酶的作用就得不到充分发挥，工厂便不能正常运转。维生素这个名词，有"维持生命的营养素"的意思。维他命这个名词，则被人解释为"唯有它才可以保命"。可见，维生素的作用是多么重要啊。

对于水产生物而言，维生素当然也是必不可少的。如果我们投喂给它们的饲料中缺少某种或某几种维生素，时间长了就会影响水产生物的正常生理功能，危害它们的健康，导致维生素缺乏症，鱼儿就会出现食欲下降、生长缓慢、痉挛、腹水、眼球突出、运动失调和皮肤出血等症状。甚至还有些鱼类，会因为缺乏维生素而发生畸形。

一旦水产生物出现了维生素缺乏症，就应立即补充，但维生素并不是多多益善。多了不仅造成浪费，而且还会对水产生物有毒害作用。因此，给鱼类补充维生素必须根据实际情况，在专家的指导下科学进行。

中毒症

水产生物的中毒症，大体可以分成 3 种情况，即水生生物引起的中毒、化学物质引起的中毒和食物中毒。水生生物引起的中毒，主要来自微囊藻和小三毛金藻。它们和水产生物共同生活在一起，不停地产生大量的鱼毒素、细胞毒素、溶血毒素、神经毒素等。可怜的鱼虾们，就在这些毒素的包围下无望地挣扎，最后还是难逃中毒死亡的厄运。化学物质引起的中毒，主要是来自各种工业废水、生活废水和农药。它们大量流入海洋和江河湖泊中，污染水质，导致养殖水产生物中毒。能引起中毒的化学物质，除了六六六、敌百虫等农药之外，还有汞、铜、镉、铅等重金属和硫化氢、石油和酚等化学物质。食物中毒，主要是因为水产生物吃了腐败变质的饲料引起的。特别是饲料中的油脂，放的时间久了很容易氧化变质，产生有毒物质。发霉的饲料或者豆粕、花生粕中，常常带有黄曲霉菌或寄生曲霉菌，它们会产生黄曲霉毒素，如果水产生物吃了，就会引起黄曲霉毒素中毒。

因此，为了鱼虾的健康，既要保证养殖用水干净、无毒、无毒害生物，还要保证所投喂的饲料新鲜、优质。

畸形病

在水产生物中，常见的鱼类畸形病有：鱼脊柱弯曲，身体扭曲变形，头骨变形，上下颌缩短或伸长等。

鱼类发生畸形病的原因比较复杂，科学家们认为，最大的可能是环境的影响。鱼类在胚胎和胚后发育的阶段对外界环境的影响特别敏感，这个时候如果水温太高或太低，水中溶解氧不足，或者有有毒有害的化学物质存在，都有可能使鱼卵不能正常发育，导致畸形的出现。

除了环境因素之外，还可能因为缺少某种营养物质，比如维生素等，或者是因为基因突变等遗传因素引起畸形。鱼类一旦患上了畸形病，终身都是残疾，没法医治了。虾类在发育过程中也会出现畸形，如无节幼体畸形，尾巴上的刚毛弯曲，甚至萎缩消失。与鱼类不同的是，虾一旦出现畸形，就没法长成大虾，在发育过程中就会全部死亡。

防止鱼类畸形病得注意三点：一是选择健康的鱼妈妈，二是杜绝水域环境污染，三是注意用药安全。一旦发现了畸形病，应该立即采取隔离措施，特别是不能让畸形的鱼类作亲本把畸形遗传给后代。

为了保证鱼类的健康，人们建立了鱼病医院，并建起了"渔业专家系统"。养殖场一旦发现鱼类染上疾病，或停止摄食，或大量死亡，可立即将养殖的品种、病症以及水质情况等各项指标提交给专家系统。系统将这些信息反馈到渔业专家早已设计好的数据库中。数据库针对所提交的信息进行对照匹配，从而确定病因并且制定出切实可行的解决办法，再通过系统转达给养殖场。这一系列的过程，就是渔业专家系统在沟通科学技术与生产实践的作用所在。当然,渔业专家系统远不止指导解决养殖病害这一方面的功能。它对于整个渔业领域中许多的生产环节,都能够起到及时指导作用。渔业专家系统就像是生产者的智囊团,由于它的存在,鱼类在生长过程中出现的不健康问题不再一筹莫展,而是会通过网络多方查询求助,并最终获得有益的指导。

清池

经过一年或几年的养殖生产,池塘的底泥中可能存在着各种各样的病原和敌害生物,如果不在放养动物前彻底清理的话,可能会导致大规模病害的流行,给养殖生产造成极大的危害。因此,在每年养殖生产之前,一定要彻底清理池塘。

清塘通常包括清整池塘及药物清塘。清整池塘,就是清除一定的底泥,让池底经多日阳光暴晒,可以起到加速土壤中有机物质转化和消灭病虫害的双重作用。同时也便于清除池边滩脚的杂草,破坏寄生虫和水生昆虫的产卵场。清整池塘的重要性还在于清除过多的淤泥,可以减少底泥的耗氧,有利于改善池塘环境,提高鱼产量。药物清塘,是指使用药物杀灭池塘底泥中的病原和敌害生物。常用的方法有生石灰清塘法和漂白粉清塘法。生石灰遇水后会发生化学反应,产生氢氧化钙,并放出大量的热,在短时间内能使池水的 pH 提高到 11 以上,从而杀死敌害生物。这种方法能迅速而彻底地杀死野杂鱼、蛙卵、蝌蚪、蚂蟥、水生昆虫等动物,以及一些水生植物、鱼类寄生虫和病原菌等敌害生物。生石灰清塘对减少鱼病发生有良好的作用。同时,还可以改善池塘中的酸性环境,有利于浮游生物的生长,为养殖生物提供充足的饵料。漂白粉在遇水后,能分解出碱性次氯酸,不稳定的次氯酸会立即分解放出氯。这初生态氯有强烈的杀菌和杀死敌害生物的作用。该方法也能迅速地能杀死鱼类、蛙类、蝌蚪、螺、水生昆虫、寄生虫和病原体,效果与生石灰相同。但漂白粉没有改善水质的作用,整体效果不如生石灰清塘。除这两种最常用的清塘方法外,还可以使用氨水、敌敌畏、茶粕、巴豆、二氧化氯等药物来清塘,也会取得不错的效果。不过需要注意的是,曾经有人使用五氯酚钠作为清塘药物,但由于其对人、畜高毒,同时对环境污染严重,国家已经明令禁止其作为清塘药物使用。

无论用哪种方法进行清塘,都应选择在晴天进行,在阴雨天清塘会影响

药效。同时,清塘药物药效一般都在7～10天消失。在正式放养养殖动物之前,一定要先少量放养试试,确认已经没有毒性之后再大量放养,避免药效未过造成养殖动物中毒。

消毒

消毒,是防止水产病害发生最有效的手段。通过消毒,能杀灭水体、工具以及养殖生物自身携带的病原和敌害生物,从而隔绝了传染源,阻断了传播途径,有效避免病害的发生。在水产养殖中,经常进行的消毒操作包括池塘消毒、水体消毒、养殖动物消毒、器皿和工具消毒以及饲料和肥料消毒等。

在养殖过程中,养殖池里动物的排泄物、饵料残渣的积蓄,会使水质恶化,导致细菌和病毒滋生。从外界引入养殖池的水,也往往带有各种病原生物、有害细菌及病毒。因此,在放养之前和养殖过程中,都要对水体进行消毒。常用的水体消毒剂,主要有二氧化氯、漂白粉、生石灰、高锰酸钾等。除这些药物之外,目前国际上比较先进的水体消毒方法还有液氯、臭氧、二氧化氯和紫外线消毒等,不过由于成本过高等原因仅局限于工厂化养殖用水的消毒。大型池塘的水体消毒,主要还是使用生石灰、漂白粉等传统消毒药物。消毒的方法很简单,就是把这些药喷洒在池底或者水面。养殖动物的消毒也很重要。即便是最强壮的个体,也难免会携带病原体。在放养之前,也必须对养殖动物进行消毒。特别是在苗种培育阶段,由于幼苗对疾病的抵抗力比较低,发病的可能性大,对苗种的消毒就显得尤其重要。消毒方法有药浴法、药物全池泼洒法和人工免疫法。药浴法,就是将养殖动物放入按照较高浓度配置成的药液中,让养殖动物在里面洗个澡;药物全池泼洒法,就是把药物按照比较低的浓度直接泼洒在养殖池塘中,对水体和水中的养殖动物进行同步消毒;人工免疫法,就是给养殖动物注射疫苗,也可以把药物掺拌到药饵里,使养殖动物获得对疾病的免疫能力。通常用于养殖动物消毒的药物包括漂白粉、高锰酸钾、硫酸铜等,对淡水动物来说,食盐水也可以起到消毒的作用。

水产生物病害

水产生物和人类一样,也会由于各种不同的原因引发疾病。目前所知的水产生物的病害种类多达200多种。

水产生物病害发生的原因很多,除了营养不良和生物本身先天的或遗传的缺陷以外,还有病原的侵害和非正常的环境因素。包括那些能导致疾病的生物,如病毒、细菌、真菌等微生物及多种寄生虫进入水产生物体内、环境污染和机械损伤等。

首先,要对病鱼进行全面的检查,看到底鱼类有哪些反常的现象。比如鱼虾身体颜色不正常、不吃东西、烦躁不安、甚至死亡等。再结合解剖、显微镜检查、切片观察等各种手段,确定病因。然后再根据病因,采取各种相应的用药、换水、消毒等措施,控制病情,消除症状,使水产生物恢复健康。

当然,比起发生疾病后再做治疗,不让疾病发生显然是最好的办法。这就要求我们对所养殖的水产生物进行健康管理。首先,要改善和优化养殖环境,给水产动物一个良好的生存环境,保证它们舒服、愉快地生活;第二,要增强水产生物的抗病力,通过现代科技手段挑选抗病能力强的种类和幼苗,同时接种各种抗病疫苗,增强抵抗力,不给病原生物任何可乘之机;第三,控制和消灭病原生物,通过消毒、清淤、药浴等手段,彻底杀死和消灭环境中和水产生物体内的病原生物;第四,保证优质饲料,保证营养供应,使水产生物身体更加健康强壮,增强抗病力。

禁用药

大家都知道,为了防治水产动物的病害,在养殖过程中经常会使用一些药物,包括抗菌药、抗病毒药、抗寄生虫药、水体消毒剂等,大多数药都具有良好的效果。但是,“是药三分毒”,如果药物使用不当或用药过度,不仅不能起到防治病害的作用,反而会产生很多的毒副作用和导致药物残留。人如果食用了药物残留过高的鱼类,可能会导致过敏,出现中毒反应,甚至致癌。还有些激素,在人体内积蓄后会使人的正常生理功能发生紊乱。

为了降低药物残留对公众造成的危害,我国政府通过颁布《无公害食品渔药使用准则》等一系列法规和政策,对水产养殖中禁止使用的药物做出了明确的规定,已规定禁止在水产养殖中使用的药物共有66种,种类包括抗菌类药物、水体消毒剂、抗寄生虫药物、抗真菌药物、抗病毒药物以及生物制剂等。其中最常见的水产养殖禁用药有氯霉素、呋喃唑酮、孔雀石绿、林丹、毒杀芬、甲基睾丸酮、己烯雌酚、喹乙醇、红霉素、泰乐菌素、杆菌肽锌、磺胺噻唑、磺胺咪、环丙沙星、恩诺沙星、呋喃西林、呋喃它酮、呋喃那斯、硝酸亚汞、氯化亚汞、醋酸汞、甘汞、吡啶基醋酸汞、氟氯氰菊酯、氟氰戊菊酯、地虫硫磷、六六六、毒杀酚、DDT、呋喃丹、杀虫脒、双甲脒、五氯酚钠等。

在我国加入了WTO之后,为了适应国际贸易环境和发展国内的绿色渔业,目前我国积极贯彻以综合预防为主的方针,大力推行HACCP质标体系,通过采取多种有效的手段,如严格禁止使用禁药、减少普通渔药的用量、注重生态养殖、合理开发有效的疫苗等,在很大程度上减少了药物生物积累与生物净化

但是任何事物都有两面性。如果跳出生物本身这个小圈子来看,生物积累也是件好事。因为生物积累的过程也是生物对环境的净化过程,人们把这个过程叫做生物净化。海洋生物通过这种方式将水中的有毒物质积累在它的体内,"牺牲了自己",净化了大家,对该水体起到了净化的作用。例如,很多贝类对水体中存在的重金属元素有很强的吸收作用;微生物能代谢溶解水中的各种有机污染物;流水中的藻类同细菌和微生物一起,形成黏土层吸附了水中的有机污染物等。总之,生物净化是大自然中一种自我修复的伟大杰作。当然,我们不能单纯依赖这种作用。最终治理污染、保护环境的重任,还得靠我们人类自己承担。

水体自净

水域遭受污染之后,我们通常是想尽一切办法人为清除污染物以修复水域环境。其实,水体自身就具有一定的自我净化能力。

水体自净与人为修复相辅相成,往往能够有效地治理污染,甚至在污染较轻的情况下无需人为净化,水体自净就能维护水域环境的清洁与健康。水体自净能力就是指海洋或淡水水体通过它本身的物理、化学和生物的作用,使其中的污染物质浓度自然地逐渐降低乃至消失的能力。水体自净能力受到很多因素的制约,这些因素主要有污染海区的地形、海水的运动形式、温度、盐度、pH、氧化还原电位和生物丰度以及污染物的性质和浓度等。

水体自净过程包括物理净化、化学净化和生物净化。这3个过程相互影响、同时发生或交错进行,通常情况下,物理净化是水体自净过程中的最重要环节。它是水体通过稀释、吸附、沉淀或汽化等作用而实现的自然净化,其中水流的输送和稀释扩散是物理净化的重要途径。在河口和内湾,污染物主要靠海流而稀释扩散,使污染物范围由小变大,浓度则由高变低,这时污染物对生物和环境的威胁就会大大降低。水体中的污染物质由于沉淀作

用从水体溶解状态变为了底泥固态,这样,水体中的毒害也能大大降低。化学净化,包括氧化还原电位、化合分解、交换和络合等一系列化学反应实现的自然净化。例如,重金属污染物在水体酸碱度和盐度变化的影响下,离子价态可能发生改变,从而改变毒性或由胶体物质吸附凝聚而沉淀于海底,这样就达到了水体净化的目的。此外,水体中含有的各种螯合剂也都可以与污染物发生络合反应,从而改变它们的存在形式和毒性。简而言之,化学净化就是污染物与水体中其他物质通过种种化学反应进而生成沉淀脱离水体,或者生成无毒或微毒的新物质。

生物净化是通过生物类群的生理代谢作用使环境污染物质的数量减少、浓度降低、毒性减弱直至消失的过程。例如,微生物能代谢溶解各种有机污染物,从而降低水体中的有机污染。有一种误解认为:既然水体具有自净功能,那么人类就可以肆无忌惮向水体中排污而且不加修复。这是大错特错的,因为水体自净能力还是相对微弱和不足的,它还不足以抵挡大量人为污染所带来的环境衰退,因此,对于防污治污我们必须常抓不懈。

残毒

有的时候,一盘精心烹调过的水产品端到你的面前,顿时让你食欲大增。可当你吃了第一口就感觉味道异常,有的泥腥味很大,有的柴油味很浓,于是,心情不快,胃口大减。这种情况大多都是鱼类在生长过程中,吸收了周围环境中的异味物质又不容易排出体外造成的。那些生活在被污染水体中的生物,摄食了有毒物质,经过消化、分解、吸收后,一些毒物被排出体外,但有少部分却无法排出,而是在它们体内留存下来,这些留存在生物体内的毒物,就称为残毒。

残毒通常被划分为四类,一是重金属类,如毒性较大的汞、铅等和有一定毒性的锌、铜、银等;二是放射性毒素,如锶等;三是有机卤素化合物,如狄氏剂、多氯联苯(PCB)等;四是石油烃类,如甲烷、乙烯等。以上这几类残毒的共同特性是相当稳定而不易分解,很容易被生物体吸收且较难分解和排泄。长期生活在污染水体的水产生物,呈现生长缓慢,体形瘦小,或呈畸形,或体色、味道特殊,外壳膜及鳃部均呈绿色;有特殊气味的污染物会使鱼、贝类具有污染物的臭味,而且其内脏常有肿瘤并伴有肌肉溃烂现象。尽管有些生物体内积累了残毒之后不会致命,但它们对人类却构成潜在的危害。

残毒对人体的危害程度则取决于积累性毒物的种类、性质、残毒含量及日摄入量。

探讨渔业生物残毒问题，对于保护渔业环境，防治水域污染，加强对水产品残毒的控制与检测，提高水产品质量管理和人们的食用卫生水平等，都有着重要的意义。这不仅是水产工作者要关注的重点，而且也应该是所有生活在这个地球上、热爱生命的人的共同责任。

人与鱼类的和谐不会仅仅是个梦想

人，作为具有高度智慧的动物，从洪荒时代走到了文明的世纪，创造了无数的奇迹。人类的能量是巨大的，能够把几倍于人的鱼类几乎捕光吃净，这，也算是个奇迹！但这种贪婪与无知同时给人类自己留下了可怕的隐患。

如今，环境污染、生态恶化，鱼类发出了绝望的呼叫，地球也发出了痛苦的呻吟，人与鱼类的关系已经到了最危急的时期。国外有专家提出，残害人类的传染病约有60%来自动物。据说，艾滋病来自黑猩猩；SARS来自果子狸；最近发现H7N9病毒来自某种候鸟，等等。动物的这些病毒，都是通过圈养和吃传染给人类的。专家由此提醒人们：人可以吃肉，也可以偶尔尝尝野味海鲜，但不可过度上瘾。"我们和它们的基因有太多的相同之处，你把它们关在小笼子里，肢体不得伸展，情绪始终恐慌，皮毛沾满污秽，这就极大地削弱了它们的免疫系统，于是病毒大量繁殖，稍有变异，就有可能传染到你身上，把你当作新寄主"。听听，这是多么可怕！

尊重鱼类，善待鱼类，保护鱼类，与鱼类建立起和谐共存的友好关系，成为全世界有良知的人们的共同呼声和美好梦想。

人与鱼类建立和谐关系，主要因素在人，因为人是高级动物，在改善人与鱼类的关系中，人类处于主动地位。当然，从一个主宰鱼类的主人到一个善待鱼类的朋友，人类需要意识的深刻觉醒，实现角色的根本转换，才能真正从"人类中心主义"走向"自然中心主义"。

实现这一角色的转换，人类需要做很多事情。

首先，我们应该从思想上崇尚自然、感恩自然。人不过是地球上的一种生物而已，骄傲的说是大自然的杰作，但也属于大自然的一部分。自然对于人类来说是最重要的。人的生存与发展，一刻也离不开自然。大气、水、土壤是人类生存的基本条件,没有大气和水,人类就无法生存,没有土壤,人类就没有食物,同样无法生存。如果没有自然,人类就不能呼吸空气,如果没有自然,人类就没有水喝,那么,人类就将灭绝。

其次,我们必须认识到自然是有规律的,人做任何事情都必须遵循自然规律。自然力无论如何都是超越人力的,自然规律的变化,总是决定人类的规律和人类社会的规律。与人相关的各种规律都必须服从于自然规律,违背自然规律必定受到惩罚。自然界的变化是动态的、千变万化的,人类的实践活动,也应该因时而动、因势而起、因地制宜,根据具体的时间、条件、环境,采取适当的措施。人也可以适度地改造自然,但不能违背自然规律,超高速度、超大规模地改造自然,否则就会造成自然界的失衡,带来灾难性后果。恩格斯曾告诫人们"不要过分陶醉于我们对自然的胜利。对于每一次这样的胜利,自然界都报复了我们,每一次胜利在每一步都确实取得了我们预期的结果,但在第二步、第三步却有了完全不同的,出乎我们预料的影响,常常把第一结果又取消了"。恩格斯的这段话,使我们认识到,在处理人与自然关系时,特别是在改善自然的实践中,必须尊重客观规律,按客观规律办事,盲目就会吃亏,蛮干就会受到处罚。

第三,人利用自然必须适度。尽管自然界里的很多资源,比如鱼类资源,是可以再生的,但也决不能无条件、无限制的获取,决不能超出自然界的承受能力。疯狂的贪婪的"杀鸡取卵"、"竭泽而渔"式的过度滥用,自然会遭到自然的报复,我们已经有过和正在遭受这样的教训,聪明的人类,不应该也不可能重淌已经淌过的水。在向自然获取的时候,不仅要考虑经济价值,而且还要考虑生态价值;不仅要考虑眼前利益,还要考虑长远利益;不仅要考虑从自然中获取,还要考虑如何回报自然。建立起人与自然的和谐关系,实现人与自然的和谐共存。

第四,力挽人鱼关系的残局。人与鱼类的关系已经出现危机。一般来讲,经济危机是暂时的,影响也是一时的,而违背自然规律造成的危机则是长期的,有些还是不可挽回的,一旦形成大范围不可逆转的生态破坏,最终将导致人与自然难以为继。认真研究这些客观规律,严格遵从这些客观规律,才能做到顺天应时,因势利导,趋利避害,事半功倍。我们应该从现在做起,从我做起,拜自然为师,循自然之道,从自然界中学习我们的生存和发展之道。

果断降低捕捞强度,杜绝污染排放,不捕杀鱼妈妈和鱼宝宝,保护好鱼类的产卵场所等,采取有效措施恢复已经破坏了的鱼类资源。

第五,加强法律的强制执行力度。建立人与鱼类的和谐关系,除了强化人类的良知和内在的道德力量以外,还需要加强外在的法律约束。目前,有关渔业法律已经很多,关键在于落实。对于捕鱼者来说,不是普法问题,而是要提高守法的自觉性,不能明知故犯;对于执法者,不是宣传、说教问题,而是必须严肃、公正,抓重点,破难点,敢于碰硬,善于寻找更有效的执法途径和方法。

集天地之灵气,采万物之精华。拯救地球,就是拯救人类自己;善待鱼类,就像善待人类的朋友。人类已经从噩梦中觉醒:人与自然和谐相处,才是人类生存与可持续发展的必由之路。

图书在版编目(CIP)数据

人与鱼类/刘元林编著.—济南:山东科学技术出版社,2013.10(2020.10 重印)
(简明自然科学向导丛书)
ISBN 978-7-5331-7030-1

Ⅰ.①人… Ⅱ.①刘… Ⅲ.①鱼类－青年读物
②鱼类－少年读物 Ⅳ.①Q959.4-49

中国版本图书馆 CIP 数据核字(2013)第 205779 号

简明自然科学向导丛书

人与鱼类

刘元林　编著

出版者:山东科学技术出版社
地址:济南市玉函路 16 号
邮编:250002　电话:(0531)82098088
网址:www.lkj.com.cn
电子邮件:sdkj@sdpress.com.cn
发行者:山东科学技术出版社
地址:济南市玉函路 16 号
邮编:250002　电话:(0531)82098071
印刷者:天津行知印刷有限公司
地址:天津市宝坻区牛道口镇产业园区一号路 1 号
邮编:301800　电话:(022)22453180

开本:720mm×1000mm　1/16
印张:15.25
版次:2013 年 10 月第 1 版　2020 年 10 月第 2 次印刷

ISBN 978-7-5331-7030-1
定价:29.00 元